造 境

——中国建筑园林与陶瓷艺术的哲学意境
THE PHILOSOPHICAL REALM OF CHINESE ARCHITECTURAL GARDENS AND CERAMIC ART

矫克华 李梅 著

西南交通大学出版社

·成都·

图书在版编目（CIP）数据

造境：中国建筑园林与陶瓷艺术的哲学意境 / 矫克华，李梅著. -- 成都：西南交通大学出版社，2024.
10. -- ISBN 978-7-5774-0153-9

Ⅰ. TU986.4；J527

中国国家版本馆 CIP 数据核字第 2024N89E89 号

Zaojing——Zhongguo Jianzhu Yuanlin yu Taoci Yishu de Zhexue Yijing

造境——中国建筑园林与陶瓷艺术的哲学意境

矫克华　李　梅　著

策 划 编 辑	胡　军
责 任 编 辑	杨　勇
文 化 创 意	张　于　梁　龙　刘风林　袁辉国　刘　浩
封 面 设 计	青岛未央国际环境艺术设计有限公司
出 版 发 行	西南交通大学出版社
	（四川省成都市金牛区二环路北一段 111 号
	西南交通大学创新大厦 21 楼）
营销部电话	028-87600564　028-87600533
邮 政 编 码	610031
网　　　址	http://www.xnjdcbs.com
印　　　刷	四川玖艺呈现印刷有限公司
成 品 尺 寸	210 mm×270 mm
印　　　张	21.25
字　　　数	275 千
版　　　次	2024 年 10 月第 1 版
印　　　次	2024 年 10 月第 1 次
书　　　号	ISBN 978-7-5774-0153-9
定　　　价	320.00 元

对外经济贸易大学中央高校基本科研业务费专项资金资助(22CB02)

SUPPORTED BY "THE FUNDAMENTAL RESEARCH FUNDS FOR THE CENTRAL UNIVERSITIES" IN UIBE(22CB02)

序言
INTRODUCTION

　　中国哲学精神是中华民族在几千年漫长历史中所创造出来的文明成果，并在数千年发展历程中，经历了诸多的变革和创新，汇集成一条具有极强生命力的文化长河。中国哲学精神作为文化的载体，滋生出其特有的中国哲学艺术审美。中国建筑景观与中国陶瓷作为一种实用的物质产物，以其高超的技艺和独特的风格，成为世界艺术审美的一个重要门类，并以其丰富的中国哲学审美内涵，成为世界物质文化的重要组成部分。世界古代三大建筑体系中，唯有中国建筑体系首尾相贯、一脉相承，延续了 3 000 余年。中国建筑景观文化既有物质形态的多元，更有哲学审美内涵的一体，是中华优秀传统文化的典范。而中国陶瓷艺术文化传承几千年，集精神、意象、形式三者合一，是在典型的中国哲学审美文化中孕育成长的艺术，也是包含着多重文化意蕴和多维审美要素的艺术表达，是中国哲学审美的优秀物质形态代表。

　　中国哲学的基本精神是天人合一的宇宙观。通俗地说就是人与万物的辩证统一关系。中国哲学既是入世的，又是出世的，既是理想主义的，又是现实主义的，既讲求实际，又不肤浅。中国哲学的使命正是要在这种两极对立中寻求它们的综合。中国建筑景观文化与中国陶瓷艺术都是中国哲学审美文化的物态显现。中国哲学审美的刚柔相济、虚实相生、情理相依、礼乐相和，在建筑形态上反映为宏观平衡的规划思想、秩序明晰的形制法式、节奏协调的群体构成、以人为本的空间尺度、寓意深远的象征符号、师法自然的园林形式等，呈现出人与自然、人与社会和谐共生的特征。中国陶瓷艺术文化是"自然"与人契合的向外延伸，同时也是对生活的真情体悟，是中国哲学审美独特的文化符号。中国建筑景观文化与中国陶瓷艺术文化在发展过程中，通过对中国传统哲学文化的梳理和重新诠释，确立起各自不同的风格特点与文化价值体系。本书将在更广阔的文化空间中，充分运用中华优秀传统文化的宝贵资源，遵循坚定文化自信，秉持开放包容，坚持守正创新的原则，从中国传统哲学审美传承与发展的角度出发，运用历史科学的研究方法，深入探讨中国建筑景观文化与中国陶瓷艺术文化在发展演变过程中的相互影响与深层次的哲学联系，并以新视角、新观点重新审视中国建筑景观文化与中国陶瓷艺术文化在中国传统哲学意境发展过程中的地位与价值。

中国建筑文化和陶瓷艺术作为中国优秀传统文化的重要组成部分，其哲学审美渊源的研究有助于社会各界更加深刻地理解这些非物质文化遗产的价值，从而在思想层面促进其保护与传承。研究两者之间的哲学审美渊源，挖掘其所蕴含的伟大智慧，还可以增强人们对中国优秀传统文化的理解与认同，提升文化自信。同时，这一研究还将有助于丰富社会主义核心价值体系，从而在新时代背景下，为坚持和发展中国特色社会主义提供坚实的文化支撑。

一个民族的复兴，需要强大的物质力量，也需要强大的精神力量。希望本书的出版可以促进中国传统哲学体系在应用方面更加完备与系统化，并以此指导现代建筑景观与陶瓷的发展，将这些饱含优秀中国传统文化的载体融合到当今时代中来，从而对当下中国哲学文化的传承与复兴提供理论依据及新的思考，并最终为在新的历史起点上继续推动文化繁荣、建设文化强国、建设中华民族现代文明，进一步增强中华文明传播力和影响力作出应有的贡献。

由于论述所需，本书中的部分图片引自网络并参考了一些著作，在此对其原作者及相关人士表示衷心感谢。

矫克华

于对外经济贸易大学

2024 年 10 月 北京

中国陶瓷/艺术寻美

造境——中国建筑园林与陶瓷艺术的哲学意境
THE PHILOSOPHICAL REALM OF CHINESE ARCHITECTURAL GARDENS AND CERAMIC ART

目录 | CONTENTS

建筑文化 / 哲学审美

ARCHITECTURAL CULTURE
PHILOSOPHICAL AESTHETICS

1901 年故宫雨花阁 乾隆十四年（1749 年）建造

以德化物　润物无声
中国园林景观植物设计理念与儒家文化思想

　　中国园林景观植物设计艺术以儒家文化思想为核心理念，以儒家美学思想与特征为构成因素。中国园林景观以特有的思想意蕴和精神文化内涵，凸显儒家文化审美思想对园林景观植物设计艺术的重要作用。和谐统一是儒家美学思想对园林景观植物设计审美形态的重要体现，中国园林景观植物设计艺术有着儒家美学的深刻印记，具有美善统一的风格。儒家思想主张以仁为本，以乐为熏陶，其更注重人格的锤炼和品性的培养。中国园林景观植物设计艺术注重的不仅仅是形式美，它通过造型与色彩、形式与内容的统一，实现了儒家文化思想美善相乐的追求。中国人在园林景观中对于植物的设计运用匠心独具，创造了鲜明的民族特色和独特的文化意趣，在传统园林景观植物文化的塑造过程中，会自然而然地为之刻上时代的印记，如春秋兰文化、唐代牡丹文化、宋代梅文化等，这些印记构成了中国园林景观植物文化成长的历史。西晋嵇含撰写《南方草木状》，北魏贾思勰撰《齐民要术》，唐王方庆撰《园庭草木疏》，宋周师厚撰《洛阳花木记》，明王象晋撰《二如亭群芳谱》，清吴其濬撰《植物名实图考》等等，总结并创造出宝贵的园林景观植物认知、栽艺及利用等方面的知识，进而丰富了中国园林景观植物设计文化体系物质层面的内涵。儒家文化是一种历史现象，随社会发展而不断变化，具有时代性。我们必须在尊重儒家传统文化的基础上，在科学性、艺术性、人文性的基础上增添创意元素，使中国园林植物景观设计艺术富有新的文化特征，呈现新的时代风貌。

一、中国园林景观植物设计"美善相乐之美"的文化理念

中国园林景观植物设计艺术体现了典型儒家文化思想的造型审美特征。中国园林景观植物设计注重美与善密不可分，美与善能从不同的角度达到对生命的完善，善使人共生，美使人共享。儒家文化思想审美心理的首要特性是美善相乐，最高境界是尽善尽美。文以载道，乐以教化，中国园林景观植物设计艺术形式，除了对美的追求之外，都表现出对善的强烈诉求。中国园林景观植物设计审美情趣的物质体现，饱含着劳动人民对美好生活的热切盼望和不懈追求，体现了儒家思想不变的民族文化心理。

中国园林景观植物设计艺术崇尚能够陶冶情操、催人奋进的审美精神，对高雅与高尚之美的形式情有独钟，创造了儒家文化思想的崇高之美。儒家的美学观点是建立在道德教化基础上的——《论语·八佾》记"子谓韶：'尽美矣，又尽善也。'谓武：'尽美矣，未尽善也。'"，从而引伸出儒家的一个重要美学观点：美善结合。即美的事物应该是表里合一的，是美的形式和美的思想的统一。荀子称"天之所覆，地之所载，莫不尽其美，致其用，上以饰贤良，下以养百姓而安乐之，夫是之谓大神"，认为世界万物都是尽美之体和尽善之用的紧密结合。也就是说，美和善的结合应该得体，要"合情合理"、相得益彰。在中国园林植物景观设计艺术中，南宋大诗人陆游对梅花最为欣赏，他称颂梅花"正是花中巢许辈，人间富贵不关渠"，"零落成泥碾作尘，只有香如故"。在他的诗词中，梅花俨然是一位具有崇高气节的君子，具有冰雪之姿、风骨傲然。东晋的陶渊明以爱菊著称，"怀此贞秀姿，卓为霜下杰"，比颂了菊花的高洁以及卓尔不群。牡丹被认为是"富贵花"，然而它不与百花众香争春斗妍，单选谷雨潮，在百花盛开之后开放，是为"非君子而实亦

君子者也，非隐逸而实亦隐逸者也"，象征了中华民族虚怀若谷、谦虚礼让、宽厚容人的品格和美善相乐之美的文化理念。中国园林景观植物设计艺术中蜡梅之标清，木犀之香胜，梨之韵，李之洁，莲花"出淤泥而不染"，而又"香远益清，亭亭净植"，这都是美善"和同"思想在园林植物设计审美中的具体体现，凡此种园林景观植物设计案例不胜枚举。

儒家美学思想经常把美善密切联系在一起，要求艺术既尽美，又尽善，美善统一。所以"美善相乐"便是儒家审美的中心话题。陶渊明的"采菊东篱下，悠然见南山"写出了一种超脱的心情，诗歌中的菊花象征着旷达，诗人借此希望自己也可以像菊花一样不同流合污。苏轼一生颠沛流离，从菊花身上看到了与自己相似的品质，写出"菊性介烈……天姿高洁"。宋代大儒周敦颐的"予独爱莲之出淤泥而不染"，赋予莲以最纯洁的品质。"为草当作兰，为木当作松。兰幽香风定，松寒不改容……"(李白《于五松山赠南陵常赞府》)，高度赞扬了这些植物的高尚品德和"美善相乐"的最高境界。兰花虽处幽谷，却芳香依旧，松柏大雪压枝，却傲然挺立，成了顽强不屈的君子的象征。儒家认为，美与善作为精神境界是处在不同的层次上，美比善高尚或深刻而完备，善是道德的起点，是对人性的普遍要求，善而达到美的程度，乃是一种高尚的道德，这种高尚的道德称之为"美德"，美德是带有理想成分的人格精神。荀子说：不全不粹之不足以为美也"(《劝学》)，既"全"又"粹"只能是一种理想。他在论述礼乐的功用时说："乐行而志清，礼修而行成，耳目聪明，血气平和，移风易俗，天下皆宁，美善相乐。"(《乐论》) 在"美善相乐"的境界中，心志与行动，情感与理智，生理与心理，个体与社会都处于一种和谐的状态。"乐"是一种审美属性，"善"而达到"乐"也就具有美的性质了，所以"美善相乐"不是"美"去俯就"善"，而是"善"去攀登"美"，唯有如此，也才能共有"乐"。

美不是独立于善、高于善的精神境界，而是一种外在的感性形式，大约等于今

1922 年拍摄的紫禁城御花园古柏

天所说的"形式美"，这种形式美正是中国园林景观植物设计艺术表达的重要理念。如中国传统文化中，竹因其竿节节挺拔，蓬勃向上之势，而受到人们的称颂，每当寒露突降，百草枯零时，竹却能临霜而不凋，可谓四时长茂。在儒家传统文化中，作为竹文化的精神境界，美比善更高尚，更纯粹，更完全；作为人生境界，美比善更充实，更丰富。中国园林景观植物设计过程中如何才能达到由善到美、美善相乐的境界，在儒家看来要通过礼乐教化来实现。孔子所说的"从心所欲不逾矩"的自由境界，也是荀子所说的"美善相乐"的高尚境界。在这种自由而高尚的境界中，美善得以合一。提高善的另一面的含义，就是给园林植物设计概念"善"赋予具体、生动的美感形式，使善成为可以激发情趣的观赏对象。中国园林景观植物种类"梅兰竹菊""玉堂富贵"等，都是精选出来的美善结合的超理想植物种类。从善而达到美，就园林景观植物设计艺术创作而言，美善相乐之美的儒家文化思想就更深刻，更自由，更自觉。

二、中国园林景观植物设计"比德与比兴之美"的文化理念

中国园林景观植物设计艺术的创作主题从自然界中汲取灵感，以儒家思想文化为创意根基，把握创作园林景观植物设计中的自然意识和自然气息，使人从身心上享受着大自然的单纯、安详、合理、永恒，感受生命的美好，让儒家文化精神给人以心灵的关怀。儒家文化思想的审美本质是以理节情，将伦理道德作为理义审美活动的根基，在艺术和自然的审美感受中体悟道德人格，注重人格的锤炼和品性的培养。孔子的自然美学观是"比德"，将仁、义、礼、智、信等道德理念比附到自然景物之上，在自然山水中体验道德观。君子以比德，这种审美本质的理义定势，实际上是对人格的一种欣赏，也是中国园林景观植物设计艺术的核心理念。

儒家文化思想要求人们在欣赏园林景观植物之美时注重发掘、领悟植物所体现

的人类美德，把欣赏植物美当作修身养性的手段，借以培养高尚的道德情操，即植物审美中的"比德"观。《论语·子罕》称"岁寒，然后知松柏之后凋也"，直接反映了儒家的"比德"观。孔子认为赋予园林植物人文涵义应该是有选择的，即以弘扬"德"为前提，从反面论述了"比德"观。儒家的"比德"观形成了植物观赏和园林植物设计中的"比德"手法。北宋墨梅画家华光著有《梅谱》，其中详述了"格梅致知"的过程："梅之有象，由制气也。花属阳而象天，木属阴而象地，而其故各有五，所以别奇偶而成变化。蒂者，花之所自出，象以太极，故有一丁。房者，花之所自彰，象以三才，故有三点。萼者，花之所自起，象以五行，故有五叶……"在严寒中，梅开百花之先，独天下而春，具有清雅俊逸的风度美，它的冰肌玉骨、凌寒留香被喻为民族的精华而为世人所敬重。梅花的自然形态被转译为自然、社会哲理，暗喻自然和社会的内在秩序。儒家文化思想认为，园林植物种植设计艺术，不仅仅是具有美丽外形的自然物，更成为表现哲理，启迪智慧的人文载体。

"比德"，儒家的自然审美观，它主张从伦理道德的角度来体验自然美，大自然的山水、花木、鸟兽、鱼虫等之所以能引起欣赏者的美感，就在于它们外在形态及神态上所表现出的内在意蕴，都与人的本质力量发生同构、对位与共振。与人的本质力量有相似形态、性质、精神的花木，可以与审美主体的人（君子）比德，即从园林山水植物欣赏中，可以体会到人的品格之美。儒家"君子比德"思想，在中国园林景观植物设计理念中得到了充分体现。《荀子》中有"岁不寒，无以知松柏；事不难，无以知君子"，这里很清楚地把松、柏的耐寒特性，比德于君子的坚强性格。另外"疏影横斜水清浅"的梅花，"挺拔虚心有节"的竹子，"秀雅清新，暗香远播"的深谷幽兰等，都是理想的比德植物。比德植物被赋予文化的内涵，构成中国园林景观植物设计艺术特有的传统理义审美方式，对园林景观植物设计理念和审美产生了巨大的影响。因此中国园林景观植物设计中常用的植物配置"四君子"（梅、兰、竹、菊）、"岁寒三友"（松、竹、梅）、"玉堂春富贵"（玉兰、海棠、牡丹）

等植物典故均源于"比德"思想。《楚辞》中也有赞美柑橘的《橘颂》，有"后皇嘉树，橘徕服兮。受命不迁，生南国兮"，以橘来比拟人的坚贞和忠诚。这些植物文化都在古典园林植物景观中有所体现。宋代大儒周敦颐《爱莲说》更把荷花"比德"于君子："予独爱莲之出淤泥而不染，濯清涟而不妖，中通外直，不蔓不枝，香远益清，亭亭净植，可远观而不可亵玩焉……莲，花之君子者也！"大儒周敦颐认为荷花出淤泥而不染的特性，正是君子洁身自好的品格的写照，是人们品格磨炼的极好榜样。

在中国园林景观植物设计艺术中，与"比德"思想不同的另一种审美理念就是"比兴"。中国园林景观植物设计艺术的一个突出特点是善用比兴，赋予花草树木以一定象征寓意，借花木形象含蓄地传达某种情趣、理趣，诸如：石榴有多子多福之意，紫荆象征兄弟和睦，竹报平安，玉棠富贵，前榉后朴等。又如紫薇象征高官，桂花意为折桂中状元，桑梓代表故乡，其内涵多是"福""禄""平安""富贵""如意""和谐美满"等吉祥的祝福之意。儒家比兴文化理念在园林景观植物设计艺术中应用广泛，运用植物在"比德"与"比兴"中被赋予的文化内涵，构成了中国园林景观植物设计艺术特有的传统审美方式。儒家思想认为对自然要采取顺应、尊崇的态度，人要与自然建立起一种亲密和谐的关系，推崇天地自然之美。这种儒家文化思想，反映在中国园林景观植物设计应用上就是，崇尚自然、追求天趣的本色美。儒家"比德"与"比兴"之美的文化思想，为中国园林景观植物设计艺术，提供了一个完全理性的理论基础和设计理念，决定了中国园林景观植物设计艺术的基本理念和设计风格走向。

三、中国园林景观植物设计"中和之美"的文化理念

从某种角度上说，中国文化就是以"中庸"精神为核心，中庸思想对中国古典

艺术精神也产生了重要影响，尤其在中国园林景观植物设计艺术的发展过程中，中庸思想具体物化为对"中和之美"的追求，中和之美是世界上最具有连续性的文化，也是中国众多文化流派中最具有价值的核心精神和观念。中国园林景观植物设计艺术也最能体现儒家文化思想的"中和之美"，如苏州拙政园、留园，北京颐和园，承德避暑山庄，并称为中国四大名园，都以此来寄托强烈的社会感情，使园林景观植物设计艺术风格带有浓厚的社会和谐意义。可以说，儒家文化思想为中国园林景观植物设计理念提供了较完整的"中和之美"的理论基础。

"中和之美"是儒家学说的重要特征。董仲舒《春秋繁露》载"以类合一，天人一也"，其实这些理论思想，实质上都是在统一的"中和"原则下达到对审美主体的"满足"，说明中国园林景观植物设计艺术，严格遵循了"中和之美"的设计理念。儒家文化思想"中和之美"的内涵，对园林景观植物设计文化的影响十分深刻持久，它强调人与自然的和谐，强调二者处于一个有机整体中。在园林景观植物设计艺术中表现为，追求"人——园林——景观植物"的和谐统一，也就是追求景观植物艺术与自然的"有机"美，要求园林景观植物设计与自然空间环境融为一体，主张在形式和功能上要有机结合，即"天人合一"。

儒家"中和之美"不仅有其特定的实质，也有由这种实质所决定的特定形态。这种特定形态就是"中和"。"中和"是孔子思想的核心。孔子赞美《关雎》云："《关雎》乐而不淫，哀而不伤。"（《论语·八佾》）"乐"与"哀"是动，"不淫"、"不伤"就是动而不过，动而适度。所以这句话集中而又明确地表达了孔子对美的形态观点，"乐而不淫，哀而不伤"，"动而不过、动而适度"的美学思想，这就是"中和"。"中和之美"最经典论述就是中国园林景观植物设计中最核心的审美形态。儒家"中和"美学思想在中国园林景观设计审美与艺术上产生了深刻影响，如苏州拙政园，包括远香堂、绣绮亭、雪香云蔚亭、待霜亭、松风水阁、小沧浪和清华阁七个主要景观区。利用七种带有象征意义的植物为主要营造，表达了主人的七个愿

苏州 网师园 引静桥

望。分别来说：远香堂，围绕"出淤泥而不染"的主题，遍种荷花，每每夏日，荷风扑面，清香满堂。绣绮亭，取牡丹富贵之意，遍植牡丹玉兰，表明家境殷实，勤劳而致，为人处世和善厚道。雪香云蔚亭，植梅数枝点题，表明"不要人夸好颜色，只留清气满乾坤"的傲世清高品格。待霜亭，取唐代韦应物"洞庭须待满林霜"为亭名点景。应洞庭产橘，待霜降始红之景，抒无奈隐忍之情。松风水阁，则源于"特爱松风，庭院皆植松，每闻其响，欣然为乐"，寓意永贞不渝、不屈不挠。小沧浪，因《孟子》"沧浪之水清兮，可以濯吾缨；沧浪之水浊兮，可以濯吾足"得名，寓明辨是非，做一个高洁的人。清华阁，创造出了志清意远的气氛，寓指即便闲散在家，也要做一个志远清高的人。如此"中和之美"的园林景观，好不令人称颂。拙政园园林植物设计和营造，达到了真正的"动而不过，动而适度"的美学思想境界并成为典范，从而使人获得"中和之美"的体验。孔子论"中和之美"，就是强调从园林景观设计创作到欣赏的中庸之度。儒家规定美的形态，即所谓"中和"。这种美的形态典范，孔子主张情感的宣泄要受到节制，思想情感的表达要委婉含蓄。就中国园林景观植物设计艺术审美而言，所设计的形象应有一定的整体性。整体与局部之间的节奏与韵律，比例与尺度和谐统一，是中国园林景观植物设计审美强弱适度、高低和谐的整体美原则。对中国园林景观植物设计艺术整体和谐统一之美的理解不能只观其表，而要进一步认识到"空间的合理性"和儒家"中和之美"的深意。

儒家"中和之美"思想，对中国园林景观植物设计艺术发展与创新等多个层面，具有重要指导意义和作用。中国园林景观植物设计艺术审美，应该是体会儒家"中和之美"文化与哲理的审美，其必将让人与自然产生更多共鸣，使中国园林景观得到更好的传承与发展，并逐步完善中国现代园林景观审美形态的实质。儒家"中和之美"的理念，都是确定中国园林景观植物设计艺术性和美学价值时，最重要的审美形态和至高境界。在遵循儒家审美形态的观念基础上，得到新的补充和发展，中国园林景观植物设计艺术将会具有更加强大的生命力。

四、中国园林景观植物设计"礼乐之美"的文化理念

中国文化的核心就是礼乐文化，"礼乐之美"的文化理念，对中国园林景观植物设计艺术也产生了深远影响，尤其在建筑、园林景观、植物设计的发展过程中，被具体物化为对"礼乐之美"的追求。"礼"是指人通过自身的主体意识，同产生于自己意识之外的"文化存在物"之间的沟通，它起着一种社会规范整合作用。礼的特点便是"有秩序"。在儒学的发扬下，礼就是等级，并得到了政治上的巩固。中国园林景观植物设计艺术体现儒家礼乐文化思想，儒家希望建立一个高度秩序化的社会，因此在他们眼里世界万物均有内在秩序，反映在园林景观设计艺术风格上，就是用植物来表示礼教制度。例如：泰山岱庙，曲阜孔庙，皇家园林颐和园，承德避暑山庄，清皇家十三陵的园林景观植物设计，是最具典型儒家礼制文化思想影响的案例，体现了儒家礼制文化思想对中国园林景观植物设计空间秩序的影响，体现了封建帝王权力的森严等级制度和园林景观设计艺术的庄重之美。中国园林景观通常可分为皇家园林、私家园林、寺观园林三大类型，不同风格的园林其植物景观也各有特色。其中皇家园林的景观植物设计最具儒家礼制文化的代表性，皇家园林代表着至高无上的皇权，故而植物景观设计也要处处彰显皇家气派，体现皇权文化。松柏常作为基调树种，象征其统治长存。承德避暑山庄处处可见苍劲的古松，更有多处以松命名的景点，如可聆听阵阵松涛的"万壑松风"，代表松鹤延年的"松鹤清樾"，以及"云牖松扉""松鹤斋"等。另外，庄内种植象征"玉堂富贵"的玉兰、海棠、牡丹，并搜集天下各地的珍奇花木，无一不体现出皇家的华丽富贵。至于"花之有使令，犹中宫之有嫔御"，认为配植花木时有主仆之分，讲究"君臣辅弼"之理，则更直白地表述了"礼"的影响。儒学倡导"礼者，天地之序也"，希望建立一个高度秩序化的社会，万物均按内在秩序发展。反映在园林景观植物设计上就是用植物来表示礼教制度。中国园林景观植物设计文化中的"礼乐之美"大大

丰富了园林景观文化的民族性，这些植物景观的精华一直都体现着儒家礼乐之美的文化精髓。

"乐"是指一种"和谐"的状态，一种人自身、人与社会、人与自然的和谐状态，是一种自由和理想。私家园林的面积相对皇家园林要小很多，往往充满诗情画意，自然、自由的和谐之美，体现了仕文化或隐逸文化。儒家认为"乐自内出，礼自外作"，乐主和，礼主敬，内能和而后外能敬。乐是情之不可变。《论语》又记孔子与子夏谈诗，孔子说到"绘事后素"，子夏就说："礼后乎！"孔子称赞他说"起予者商也"。乐是素，礼是绘。乐是质，礼是文。绘必后于素，文必后于质。儒家思想认为乐是情感的流露，意志的表现，用处在发扬宣泄，使人尽量地任生气洋溢；礼是行为仪表的纪律，制度文为的条理，用处在调整节制，使人于发扬生气之中不至泛滥横流。中国私家园林拙政园中的嘉实亭是取梅实为主景的；而枇杷园更是选择具有田园野趣的枇杷，并筑有田园风光的梯田状树坛来表达田园生活；秫香楼原本属王心一的归田园居，这是一处极富田园风光的景点，里面选择的植物以稻谷为主景，再配以其他观赏植物营造乡村生活的景观。这一园林景观植物设计完成了人性向善的天赋使命，而且还丰富了儒家"乐"文化的内涵，创造了乐的精神和情之不可变的经典园林景观植物设计案例。孔子称："质胜文则野，文胜质则史。文质彬彬，然后君子。"（《论语·雍也》）这句话的本义是人质朴的品质和广博的学识应该相称，推而广之即形式内容相和谐。乐的许多属性都可以用"和"字统摄。"和"是乐的精神，"序"是礼的精神。在私家园林景观植物设计中，拙政园的"海棠春坞"小庭院中，一丛翠竹，数块湖石，以沿阶草镶边，点题的海棠仲春开放，表现了"山坞春深日又迟"的意境。传说中凤凰"非梧桐不栖，非竹实不食"，因此古人多莳梧竹待凤凰之至，"梧竹幽居"便借用这一典故。一株梧桐和翠竹数竿的配置形式形成简洁却又富有儒家乐文化意蕴的植物景观设计艺术。以上儒家经典园林景观植物设计案例中，对"乐和"关系的阐述生动而具体，有比喻又有象征，在简洁的描述中给我们揭示了中国园林景观植物设计"礼乐之美"的真谛。

礼乐本是内外相应。中国园林景观植物设计理念，无论是皇家园林还是私家园林都深受儒家礼乐文化思想的影响。乐使人活跃，礼使人敛肃；乐使人任其自然，礼使人控制自然；乐是浪漫的精神，礼是古典的精神。乐的精神是和、乐、仁、爱，是自然，或是修养成自然；礼的精神是序、节、文、制，是人为，是修养所下的功夫。乐本乎情，而礼则求情当于理。综观以上所述，礼乐相遇相应，亦相友相成。就这两种看法说，礼乐都不能相离。中国园林景观植物设计理念必须具备乐的精神和礼的精神，才算完美。

中国园林景观植物设计理念，是随着社会文化的变化推进而不断创造发展，受到儒家审美思想的深厚影响，儒家文化思想为中国园林景观植物设计理念奠定了文化基础，架构了中国园林景观植物设计的美学方向。中国园林景观植物设计理念作为儒家文化的一个组成部分，塑造了人们的自然观和社会文化观，进而影响了对园林景观植物的审美方式，产生了植物的文化隐喻，使植物具有了人文美感，成为文化生活的有机组成部分。从儒家文化审美思想与中国园林景观植物设计的关系中，可以看到中国传统园林博大精深的文化力量，中国园林景观植物设计审美只有不断地自我完善和升华，最终才能成为自然情趣与儒家文化精神相融合的产物。现中国园林景观植物既要继承儒家义化的思想精髓，又要照顾现在的社会生活情境，追求时代性创新，在现代化浪潮中，对儒家文化思想，应该在继承的基础上进行创造性弘扬。积淀了数千年的儒家文化思想，还将为现代园林景观设计事业的发展，注入源源不断的新活力。

1945 年美国人拍摄的北京城

中正安和　礼乐相成
儒家文化思想与中国建筑景观设计理念

　　儒家文化思想是中国传统文化的主体与核心。中国建筑景观设计艺术在诸多方面浸透着儒家伦理的种种特征，儒家文化思想对中国建筑景观在建筑体系、景观园林营造、建筑形制、园林审美等多方面产生了深刻的影响。儒家文化思想有着旺盛的生命力和非凡的融通力，是中国建筑景观空间设计理念的根基。正是儒家文化思想中这些积极因素的影响，使全民族在思维方式、理想人格、伦理观念、审美情趣等精神文化方面渐趋认同。中国建筑景观设计艺术是东方文化的独特景观和宝贵财富。儒家文化思想随着时间的推移、历史的发展而不断地沉淀、延伸、衍变，从而形成中国特有的建筑景观精神文化与艺术体系，这一体系凝聚了中国建筑景观设计几千年的智慧精华，体现出独特、深厚并富有个性魅力的民族传统和民族精神。因此，我们应该立足于儒家文化思想研究，在传统文化的基础上研究中国建筑景观设计艺术，用"和谐"的理念指导中国建筑景观艺术创作与实践。

一、儒家"厚德"精神思想是中国建筑景观设计的核心理念

儒家精神文化思想有着十分丰富的内涵，在中国文化发展过程中起核心作用和主体作用。儒家精神文化思想基本可归纳为：自强不息的民族精神、崇尚气节的爱国精神、经世致用的救世精神、人定胜天的能动精神、民贵君轻的民本精神、厚德仁民的人道精神、大公无私的群体精神、勤谨睿智的创造精神等。正是这些儒家精神文化对中国建筑景观设计艺术理念的形成具有重要导向作用。中国建筑景观设计艺术题材广泛、内涵丰富、形式多样、流传久远，是其他艺术形式难以替代的。儒家厚德精神思想是中国传统文化的精髓是中国建筑景观设计理念的重要组成部分。儒家厚德文化的精神内涵可以概括为两个方面：一是人本主义精神。儒家文化在处理人与自然的关系方面，更多关注人在社会中的位置，主张通过个人道德的自我完善，实现人生的价值，从而形成了儒家文化注重人文、注重道德、注重感性的特点，并逐渐培养起一种道德的精神。儒家强调人与人、人与社会、人与自然之间的和谐统一。坚持"己所不欲，勿施于人"（《论语·颜渊》）和"己欲立而立人，己欲达而达人"（《论语·雍也》）的道德原则。二是内圣外王精神。内圣就是要重视对自我的关怀，追求自我道德的完善，也就是要通过格物、致知、诚意、正心、修身，把自己修炼成圣人，至少是按照圣人的标准去修炼。外王就是要重视对群体的关怀，强调通过个人的积极入世把修炼的内圣功夫释放出来，服务于社会，贡献于国家，从而达到齐家、治国、平天下的人生抱负。儒家厚德精神成为中国传统建筑景观设计艺术一个永恒的主题，奠定了中国建筑景观设计艺术理念追求和谐统一的理想主义特征。北京明清故宫、明清皇陵建筑群、苏州古典园林、北京颐和园、承德避暑山庄等，都是惊艳世界具有中国魅力的建筑景观艺术，都是将儒家厚德精神文化因素糅进建筑景观设计理念之中，其价值就在于将客观环境中美的因素和儒家厚德精神文化因素结合起来。独特的儒家厚德精神文化魅力正熠熠生辉。

中国建筑景观设计艺术本身是一门综合性的学科，其知识渗透的广度可以概括艺术、建筑景观、人文、历史、哲学、地域、科技等方面，并且互相交融。儒家厚德精神文化是建构中国建筑景观设计文化理念的主要资源，我们必须深入了解传统儒家厚德精神文化的内容及特征，并结合中国建筑景观设计艺术的特点加以发展。中国十大建筑如人民大会堂、革命历史博物馆、中国美术馆、民族文化宫等建筑的设计，掀起了建筑创作和建设的高潮，代表了当时中国的最高水平，体现了中国建筑艺术的厚德精神和庄严之美。再如上海世博会中国馆的设计，建筑语言简练直率，对称均衡，简约笔直的外轮廓呈现出平衡与稳重感，充分体现了中国建筑的结构美。中国馆的设计主要是从儒家厚德精神文化中汲取灵感，体现"厚德仁民"的精神理念。整个建筑的造型介于具象与抽象之间，意涵深邃，耐人寻味。如同超巨型积木搭建而成的中国馆，从表面上看是采用了古代建筑中的"斗拱"这一传统建筑构件和技术，实则体现了中国人特有的和谐观，是儒家厚德精神文化的寄托。国家馆建筑景观设计的文化理念、视觉符号、建筑语汇被有机地整合，体现了儒家厚德思想规范而成的平稳、冷静、自持、静穆、壮阔之美，体现了当代中国建筑景观设计艺术积极进取、自强不息的精神，体现了勤谨睿智的创造精神和儒家厚德文化深邃智慧的哲学思考。中国馆建筑景观设计是对传统儒家精神文化思想进行分析、研究、衡估、扬弃及更新发展，体现了"厚德仁民"的宽容品格和容人所不能容的美德，融合儒家厚德精神中优良部分并转化成为适合中国建筑景观设计艺术发展需要的积极因素，同时也体现出了中国建筑景观设计艺术所特有的厚德精神文化的个性魅力。

立足于中国传统建筑景观设计的实践，利用传统儒家厚德精神文化资源；根据时代的发展变化，赋予中国建筑景观设计艺术新的内涵。中国建筑景观设计艺术，本质是崇德、尚德、重德、厚德的品格。"厚德"就是要用像大地一样宽厚的德性德行来容载万众、万象、万事、万物。儒家厚德精神文化具有强大生命力，只有体现儒家厚德文化思想内涵的建筑景观设计，才能拥有真正的生命力，只有体现儒家厚德精神文化思想特征的设计理念，才能真正给人以精神上的慰藉和归属感。

二、儒家"礼乐"文化思想是中国建筑景观布局设计的理念

中国文化就是以"中庸"精神为核心的礼乐文化，礼乐文化思想对中国古典艺术精神也产生了重要影响。尤其在建筑、景观园林、艺术的发展过程中，被具体物化为庄重、秩序、自然、自由的设计审美追求。礼乐文化也是中国众多文化流派中最具有价值的核心精神和观念。"礼"是指人通过自身的主体意识，同产生于自己意识之外的"文化存在物"之间的沟通，起着一种社会规范整合作用。礼的特点是"有秩序"，在儒学的发扬下，礼就是等级、尊卑、上下间沟通的中介，由于对王权的绝对有利，得到了政治上的巩固。在儒家文化思想影响下的中国建筑景观设计艺术风格，一般都具有严格的空间秩序，讲究布局的对称与均衡。如北京故宫的设计思想突出体现了儒家礼乐文化思想对中国建筑景观的影响，以及封建帝王权力的森严等级制度。北京故宫传统建筑景观深受儒家美学思想规范、礼制的影响，以华丽炫耀于世，建筑风格追求一种绚烂之美，主要在于显示帝王的权威与富有，格局整齐、气势宏大的建筑群体布局，都体现出一种礼制文化的庄重和威严之美。

"乐"是一种人与社会、人与自然的和谐状态。在这里，乐不是指"音乐"，而是泛指一种自由的理想。在原始状态下"礼"和"乐"应当说是糅合在一起的。对于礼乐的关系，《礼记·郊特牲》说"乐由阳来"，"礼由阴作"。《乐记》说："乐者天地之和也，礼者天地之序也。和故百物皆化，序故百物皆别。乐由天作，礼以地制。过制则乱，过作则暴，明于天地，然后能兴礼乐"，"大乐与天地同和，大礼与天地同节"，"故圣人作乐以应天，制礼以配地"等。由于儒家礼乐文化思想对中国建筑景观设计艺术产生了积极的影响，所以中国建筑景观设计都具有两个基本内涵，即礼制文化和隐逸文化。这可看成是礼乐文化的二元

1930 年德国人航拍的北京城：颐和园

对位，但在中国建筑景观空间设计艺术中，这种二元对位实质上是在统一"和谐"原则之下的。形式对立的二元在审美主体活动过程中不断地互相作用，以达到对审美主体的"满足"。儒家礼、乐文化对于中国人是如此重要，礼乐文化理念也充分反映在中国建筑景观设计艺术的形态上。以江南私家名园扬州个园为例来分析，从中可以了解士大夫园居生活中的建筑园林布局。园林的南半部分是以建筑、院落为主，均按轴线布置，在这里有明显尊卑次序，是"礼"的充分体现。从院落中间的火巷行至北端到达园门，这里修竹数杆，竹子间散置石笋象征"春山"，入园门东向有"透风漏月"厅，厅南有"冬山"之景，园门北的"桂花厅"位于园林中部，再往北"抱山楼"两厅之间夹着一泓清水，东西各有"秋山"与"夏山"。在个园的后半部，建筑、景物虽然也是有组织的布置，但与南半部相比则明显更加随意与自由，个园南半部与北半部的明显差异很好地说明了中国建筑园林景观有严格"礼乐"布局的特征。与私家园林相比，皇家建筑景观圆明园实际上是扩大的礼乐布局的经典案例。圆明园从大宫门——出入贤良门——正大光明殿——九洲清晏这条中轴线及左右勤政亲贤和长春仙馆一起为园居生活中的"礼"区；而后湖景区、福海景区、北部景区则为园居生活中的"乐"区。长春园中从宫门区（由外照壁——朝房——宫门——牌坊——澹怀堂庭院——游廊院落——众乐亭）到中心区（过十孔桥长春桥到了全园中部大岛上的含经堂——淳化轩——蕴真斋一组废天酌建筑群落）为"礼"区，外环景区和西洋楼景区则可视为"乐"区。绮春园中宫门连寝宫区（从南到北有宫门——迎晖殿——中和堂——敷春堂——后殿——问月楼）这条纵深达三百余米的明显中轴线可视为"礼"区，余下到各处水岛、园林可视为"乐"区。圆明园案例在"礼"区里，院落是层层相推，是礼制的尊卑、等级及礼数等控制着建筑景观的形态，这种建筑景观形态的特征便是"秩序感"。在"乐"区中，山水树木等自然景观的介入，使建筑物呈现一种"自然""自由"的状态，以达到与自然山水的和谐相处，这种"和谐"便是我们常说到的"诗情画意"。

总观以上所述，礼乐相遇相应，亦相友相成。就这两种看法说，礼乐都不能相离。"乐胜则流，礼胜则离"，"达于乐而不达于礼，谓之素；达于礼而不达于乐，谓之偏"。一个理想的建筑设计，或是一个理想的景观设计，必须同时具备乐的精神和礼的精神才算完美。

三、儒家"比德"文化思想是中国建筑景观本质设计的理念

中国建筑景观设计的艺术创作主题从自然界中汲取灵感，以儒家思想文化为创意根基，把握创作元素中的自然意识和自然气息，使人从身心上享受着大自然的单纯、安详、合理、永恒，感受生命的美好。儒家比德文化思想，一般认为是以仁为根本、以乐为熏陶，注重人格的锤炼和品性的培养。儒家比德文化思想的审美本质是美善统一，将伦理道德作为理义审美活动的根基，在艺术和自然的审美感受中体悟道德人格。孔子的自然美学观是"比德"，将仁、义、礼、智、信等道德理念比附到自然景物之上，在自然山水中体验道德观。君子以比德，这种审美本质的理义定势，实际上是对人格的一种欣赏。

"比德"是儒家的自然审美观，主张从伦理道德的角度来体验自然美。大自然之所以能引起欣赏者的美感，就在于它们外在形态，以及神态上所表现出的内在意蕴都与人的本质力量发生同构、对位与共振。儒家"君子比德"思想在中国传统建筑景观设计艺术中得到了充分体现，推崇某种高尚的道德人格之美。孔子说"岁寒，然后知松柏之后凋也"（《论语·子罕》）；《荀子》中又有"岁不寒，无以知松柏；事不难，无以知君子"。这里很清楚地把松、柏的耐寒特性，比德于君子的坚强性格。另外"疏影横斜水清浅"的梅花、"挺拔虚心有节"的竹子、"秀雅清新，暗香远播"的深谷幽兰等都是理想的比德植物。比德植物被赋予文化的内涵，构成

园林景观造景艺术特有的传统理义审美方式。孟子更充分地讨论了"观水"的问题："孔子登东山而小鲁，登泰山而小天下，故观于海者难为水，游于圣人之门者难为言。观水有术，必观其澜。日月有明，容光必照焉。流水之为物也，不盈科不行。君子之志于道也，不成章不达。"（《孟子·尽心上》）所谓"观水"，就是要从水的形态获得某种人生心理审美本质体验。孟子强调了活水的清明，以及活水奔流不息的毅力和日积月累、盈科而后进的踏实作风，都是人所应该具有的人格精神。孟子比孔子前进了一步，把儒家的审美方式和本质说得更加清晰。中国传统建筑景观园林设计审美里有高尚的比德观念，对现代建筑景观设计审美产生了巨大的影响，因此现代建筑景观设计中常用的植物配置"四君子"（梅、兰、竹、菊）、"岁寒三友"（松、竹、梅）、"玉堂春富贵"（玉兰、海棠、牡丹）等植物典故均源于"比德"思想。如：竹竿节节挺拔，其蓬勃向上之势，受到人们的称颂。每当寒露突降，百草枯零时，竹却能临霜而不凋，可谓四时长茂。人们赋予它性格坚贞、志高万丈的高风亮节，和虚心向上，风度潇洒的"君子"美誉。它与梅、兰、菊、松一样，既有出众的奇姿，更有高尚的品格而深受文人志士的偏爱，被择入"岁寒三友"和"四君子"之列。梅花乃中国传统名花，在严寒中，梅开百花之先，独天下而春，具有清雅俊逸的风度美。它的冰肌玉骨、凌寒留香被喻为民族的精华而为世人所敬重。

与"比德"传统不同，"比兴"是借花木形象含蓄地传达某种情趣、理趣。诸如：石榴有多子多福之意、紫荆象征兄弟和睦、竹报平安、玉棠富贵、前榉后朴等。总之，中国传统园林景观赏花的一个突出特点是善用比兴，赋予花草树木以一定象征寓意，其内涵多是"福""禄""平安""富贵""如意""和谐美满"等吉祥的祝愿之意。

在中国建筑景观设计中运用植物在"比德"与"比兴"中被赋予的文化内涵，构成了中国建筑景观设计造景艺术特有的传统审美方式和设计理念。儒家文化思想对自然要采取顺应、尊崇的态度，人要与自然建立起一种亲密和谐的关系，推崇天地自然之美。这种儒家文化思想反映在建筑景观设计应用上，就是崇尚自然、追求天趣的本色美。儒家文化思想为中国建筑景观设计提供了一个完全理性的理论基础和设计理念，决定了中国建筑景观设计艺术的基本风格走向。

四、儒家"中和"文化思想是中国建筑景观审美设计的理念

在中国建筑景观设计艺术的发展过程中，儒家中庸思想具体物化为对"中和之美"的追求。中国建筑景观设计艺术也最能体现儒家文化思想的"中和之美"，如苏州拙政园、留园，北京颐和园，承德避暑山庄，并称为中国四大名园，都以此来寄托强烈的中和之美情感，使建筑景观设计艺术风格带有浓厚的社会和谐意义。儒家文化思想为中国建筑景观设计理念提供了较完整的"中和之美"的理论基础。"中和之美"是儒家学说的重要特征。董仲舒《春秋繁露》载"以类合一，天人一也"，其实这些理论思想，实质上都是在统一的"中和"原则下达到对审美主体的"满足"，说明中国建筑景观设计艺术，严格遵循了"中和之美"的设计理念。儒家的文化思想"中和之美"的内涵，对建筑景观设计文化的影响十分深刻持久，它强调人与自然的和谐，强调二者处于一个有机整体中，在建筑景观设计艺术中表现为，追求"人——建筑——景观"的和谐统一，即"天人合一"。

儒家"中和之美"不仅有其特定的实质，也有由这种实质所决定的特定形态。这种特定形态就是"中和"。"中和"是孔子思想的核心。孔子赞美《关雎》又云："《关雎》乐而不淫，哀而不伤。"(《论语·八佾》)"乐"与"哀"是动，"不淫"、"不伤"就是动而不过，动而适度。所以这句话集中而又明确地表达了孔子对美的形态观点，"乐而不淫，哀而不伤"，"动而不过、动而适度"的美学思想，这就是"中和"。儒家"中和之美"最经典论述就是中国建筑景观设计艺术中最核心的审美形态。儒家"中和"美学思想在中国建筑景观设计审美与艺术上产生了深刻影

响，如苏州拙政园，包括远香堂、绣绮亭、雪香云蔚亭、待霜亭、松风水阁、小沧浪和清华阁七个主要景观区。利用七种有象征意义的植物主要营造，表达了主人七个愿望。拙政园建筑景观设计和营造，成为真正的"动而不过，动而适度"美学思想境界的典范。从而获得了"中和之美"的体验。孔子论"中和之美"，就是强调从建筑景观设计创作到欣赏的中庸之度。儒家规定美的形态，即所谓"中和"。孔子思想情感的表达要委婉含蓄，讲究"乐而不淫，哀而不伤"。就中国建筑景观设计艺术审美而言，所设计的建筑景观形象应有一定整体美的原则，整体与局部之间的节奏与韵律，比例与尺度和谐统一。对中国建筑景观设计艺术整体和谐统一之美的理解不能只观其表，而要进一步认识到儒家"中和之美"的深意。

中国建筑景观中和设计理念是儒家美学思想"贵和尚中"对称之美的具体体现。儒家"尚中"思想造就了富有中和情韵的道德美学原则，对中国传统建筑景观的创作思想理念、建筑风格、景观整体格局等方面有明显影响，大到都城规划，小到合院民居，都强调秩序井然的中轴对称布局，无不渗透着"居中为尊"的儒家中和美学思想。这里的"中"，既有"中间"的位置指向，又有"不偏不倚""无过不及"的含义，与儒家的"中庸""中和"美学思想相吻合。如山东曲阜孔庙，堪称中国古典庙堂的杰出代表，是中国自古以来无数孔庙的"领袖"，是一座十分宏伟而且条理清晰、平面布局规则的古建筑群。整座曲阜孔庙的平面布局，具有强烈的中轴对称特点，其主要建筑排列在中轴线上，形成递进的重复院落，中轴两侧是左右对称的副题建筑，象征伦理的秩序和建筑景观设计理念的中和之美。再如北京城，其最突出的设计成就是以宫城为中心的向心式格局和自永定门到钟楼长 7.8 千米的城市中轴线，体现了儒家美学的"贵和尚中"思想，以及中和之美的追求。这条全世界最长、最伟大的南北中轴线以其独有的雄伟气魄穿过了全城，前后起伏左右对称的体型和空间建筑的分配，都是以这条中轴线为依据的，使北京城成为世界城市建设历史上中和之美艺术风格最杰出典范。

儒家"中和之美"思想，对中国建筑景观设计艺术发展与创新等多个层面，具有重要指导意义和作用。中国建筑景观设计艺术审美，应该是体会儒家"中和之美"文化与哲理的审美，其必将让人与自然产生更多共鸣。在遵循儒家中和审美形态的观念基础上，中国建筑景观设计艺术将会具有更加强大的生命力。儒家"中和之美"的理念，是中国建筑景观设计艺术最重要的审美形态和至高境界。

儒家文化思想作为文化的载体，滋生出其特有的中国建筑景观艺术精神，纵观中国建筑景观艺术的发展可以看到，表现具有中国审美特征和自然观的建筑景观，绝不仅仅限于造型和色彩上的视觉感受，以及一般意义上的对人类征服大自然的心理描述，更重要的还是对中国儒家文化思想要有深厚的理解。中国建筑景观作为一种实用的物质产品，以其高超的技艺和独特的风格，成为中国传统艺术的一个重要门类，并以其丰富的思想内涵，成为中国建筑景观精神文化的重要组成部分。儒家文化思想有着十分丰富的内涵，包含着坚韧不拔的从道精神、厚德载物的宽容品格、贵和尚中的和谐理想。中国建筑景观设计艺术体现了儒家文化思想的包容意识、超越功利的人文精神、成圣成贤的人格追求等方面的精神特征。儒家文化思想是中国建筑景观设计艺术不可或缺的灿烂音符，它以一种独具神韵的侧影屹立于伟大的东方地平线上，成为一种深邃而丰富的"生命"。

1930 年德国人航拍的北京城：紫禁城全貌

礼乐交辉　德配天地
儒学与东北亚国家建筑景观

　　儒学是民族传统精神的积淀和人类智慧的结晶，儒学在构建东北亚"文化环境"中起到重要的作用，是东北亚国家文化环境中重要的哲学思想基础。儒学是东北亚建筑景观审美体系中建筑类型、建筑形制、景观审美、空间布局及装饰风格等方面的哲学基础。儒学产生于河洛，并来源于礼乐文化，因此，"礼乐之制"是中国最古老的法典，又是儒学之源。儒学发展的历史主要经历了先秦儒学、汉唐经学、宋明理学、明清实学等四个阶段，这四个阶段大体上反映了儒学思想从产生到发展、鼎盛到衰微的全过程。

　　儒学很早就传到东北亚国家和地区，据朝鲜王朝时期编写的《东国通鉴》记载，早在公元前11世纪，中国西周时的箕子就率领"五千人入朝鲜"，中国的诗书礼乐"皆从而往焉"。在秦始皇统一六国时，燕、齐、赵等地的人们多有前往朝鲜半岛者，他们把中国的物质文化和儒家的礼乐文化也带到了那里。到了西汉时期，儒家的经典著作《论语》传到了朝鲜半岛。在公元1世纪前后，儒学在朝鲜传播较为广泛，最先接受儒学文化思想的是高句丽，其次是百济，最后是新罗，史称三国时期。据史载，公元3世纪末，朝鲜半岛的王仁将《论语》传入日本，并帮助日本设立五经博士。当时应神天皇的太子还拜王仁为师，"习诸典籍，莫不通达"，这是有记载的儒学传日之始。东北亚国家最全面和最大量地吸收中华文化的时期，正是中国的唐朝，朝鲜半岛和日本的建筑景观中保存着比较浓厚的中国唐代建筑景观审美特色。儒学文化思想的天人观、中和思想对东北亚国家建筑景观审美诸多方面产生了深刻的影响。儒学礼乐文化思想是东北亚国家建筑景观艺术审美理念的根基。正是儒学文化思想中这些积极因素的影响，使东北亚各国在思维方式、理想人格、伦理观念、审美情趣等精神文化方面渐趋认同。儒学文化思想随着时间的推移、历史的发展而不断地沉淀、延伸、衍变，从而形成了东北亚国家特有的建筑景观精神文化与艺术审美体系。

一、儒学"天人"哲学思想是东北亚国家建筑景观的核心理念

1. 儒学"天人"思想是东北亚国家建筑景观审美的精神境界

儒学是一种内在的、本质的、一以贯之的哲学精神。儒家把上下内外的高度和谐作为真善美的最高境界。先秦儒家把天看成本源，尽管人生于天，但人不同于自然界其他事物，人类可以发展成为与天"平衡"的对象，达到"天人观"的境界。儒学"天人"思想体系渗透于东北亚国家文化、哲学思想以及社会生活中的各个领域之中，潜移默化地影响着东北亚国家建筑景观的营造审美理念。

"天人观"起源于伏羲氏时代《周易》的八卦。上象征天，下象征地，中间象征人。将人与天地并提，认为人应该与天地变化相协调，尤其要求君子与天地合其德，与日月合其明，与四时合其序。在先秦儒学中，孔子第一次从真正哲学自觉的意义上创立了儒家天人观，"天何言哉？四时行焉，百物生焉，天何言哉？"，天即自然界的功能是运行和生长。关于天人合德，孔子承继了周公"以德配天"的治国理念，直接明了地说："天生德于予。"孔子从"敬天畏命"出发，把"天"看成一个有意志的人格精神，要求人要顺应自然界的规律和变化，按照一定的道德原

则对待自然万物。在儒家哲学思想体系中，孟子认为天道与人道、人性是相通的，存其心养其性是为了更好地"事天"，并主张天人相通，人性即天性。荀子发展了天人合一观，认为"明于天人之分"，"分"不是一般地断定天人的分离，而是重在阐明天与人各有自己的职分和规律，而不能互相代替。因此，儒家理解的"天"不是上帝，也不是绝对超越的精神实体，而是自然界的总称，但是有超越的层面。其"形而上者"即天道、天德，便是超越层面；其"形而下者"即有形的自然界。儒学天人观更多凸显天人合一、天人一体的理念，从不同维度对东北亚国家哲学思想体系和精神理念产生了深远的影响。

儒学天人观的天道天德哲学思想对日本早期思想体系和精神理念也产生了重要影响。16 世纪下半叶兴起的日本文化中倾慕儒学天人观思想、崇尚大自然的潮流，就渗入到了皇宫的建筑景观中来。京都御所虽然在几个世纪里是日本的皇宫，但始终保持着离宫的特色，在建筑景观中则表现为流行田舍风的府邸、草庵风的茶室等等。日本京都御所建筑园林景观建立在儒家治世哲学之上，儒家天人哲学观为其提供了一个完整的理论基础。由于深受儒家天人自然合一的思想影响，日本匠师大大发扬了传统的各种材料素质和它们的配合精鉴能力，发扬了他们对最简洁的构件比例权衡、宽窄厚薄、方圆曲直、横竖进退、交接过渡等形式美的细致入微的推敲能力，充分体现了仁者以天地万物为一体，人与自然融合的儒家哲学思想。京都御所的建筑景观，没有华贵的材料，没有鲜艳的色彩，没有精巧的装饰，淡泊明洁而典雅和谐，又富有层次、节奏的变化，空间开阔、构图奇正、姿态百出。而这一切都是遵守儒家道德原则来对待自然万物，仿佛出于天人与自然，很难能可贵。日本京都御所庭园通过对场所的认识，在对人工环境与自然环境关系考虑的基础上，把人工山水、建筑景物按人的活动为逻辑依据安排其空间秩序；通过展现建筑园林合理的功能、宜人的比例、恰当的布局、独具匠心的构思以及准确的用色、用材等设计手法，来体现儒家的意志和人格精神，建造出了以"京都庭园"为代表的极具天人自然的儒家文化境界又不失民族特色的古典日本庭园。

　　东北亚国家日本建筑景观文化深刻地体现了儒家的"天人观"，既有道德价值层面上的含义，又蕴涵着自然层面上的意义。古代日本国家无论是哲学文化思想还是建筑景观营造审美理念都是把天地人看成整体系统，强调天道与人道、自然与人为的息息相通，和谐统一是"天人合一"的自然精神境界。

2. 儒学"天人"思想是东北亚国家建筑景观审美的仁学美德

　　儒学在很大意义上可以被定义为"仁学"，仁爱是孔子整个天人思想体系的核心，是孔子的最高理想。孔、孟所说的仁，它具有双重的含义：仁由"一种美德"，成为"一个学说"，仁是最高的善。孔子说："仁远乎哉，我欲仁斯仁至矣。"仁是自由意志的要求，不是强制的结果。《韩非子·解老篇》："仁者，谓其中心欣然爱人也。"欣然是自由的心理态度，缺乏这种心理状态，就没有真正的爱。儒家的仁学，从仁心出发，水平面将它扩及家国天下，垂直面它可以延伸到宇宙万物；从近处看，是"仁者爱人"，从远处看，仁完全同于"万物以生，万物以成"的"道"。"仁"不仅充满了对生命的热爱，而且凝聚着对天人观理想和真理的追求。孟子的"仁政"是建立在以人为中心的天道观之上，并以"人性善"论为伦理哲学基础，形成了较独特的治国哲学思路。董仲舒立足于天人感应论，吸收先秦儒家"仁者爱人"的思想，并作了扬弃和发展，形成了一整套系统而完备的新仁学思想。朱熹把仁看成在现实的气化世界中实现，同时又具有超越性的鲜活生命体。王阳明又以"良知"说拓展了仁学，仁即"天地万物一体之仁"，理学家的仁学体系，代表了中国古代仁学的最高成就。从"天人合一"出发，儒家普遍怀有一种热爱大自然的伦理情怀，即"亲亲而仁民，仁民而爱物"，将爱心由亲情的范围扩大到整个人类社会，然后更进一步贯注于无限广大的自然万物，用爱心将人与万物连为一体。儒家仁学思想体系和仁民爱物的情怀对东北亚国家建筑景观的影响得以体现，符合古代朝鲜高句丽、百济、新罗三国封建社会的发展需要，所以，古代朝鲜就采取积极、主动

日本　法隆寺

的态度吸取儒家"仁学"文化，"仁"即"爱民"作为重要社会政治思想体系。高句丽根据"以仁为奇"，提出要"爱民"，并强调把它体现于政治之中，这一儒家仁学思想体系给古代朝鲜建筑景观审美以深刻影响。

从公元前37年至公元3年高句丽定都纥升骨城后，宫殿类建筑景观审美体系深受儒学天人观理念的影响，在天人合一的原则下对自然山水的热爱情怀中，在因地制宜运用石料的基础上构建了草木结构的房屋。建筑也开始以土石木结构为主，运用了板瓦、筒瓦、瓦当等较为高级的建筑饰件。建筑风格也充分吸收了中国儒学哲学思想中同类建筑的特点，布局与结构匀称，格律谨严，比例正确，形式美观。可以看出高句丽建筑文化也同儒家仁学文化思想有着很深的渊源关系。从遗址出土的板瓦、筒瓦和莲花纹瓦当以及雕琢精致的础石等，均颇似汉魏以及南北朝以来的遗物的艺术风格。百济的王宫，更富有园池之美，充分体现了儒家文化思想的天人合一之美，王宫建筑群很大，而且殿宇宏壮。王宫的建筑景观整体强调了人与自然的和谐，体现了儒学崇尚道德和仁学美德的思想境界，正门为升平门，其次是神风门、阊阖门、会庆门。会庆门里是一个周围廊式的大院子，院子中央立着王宫的正殿，会庆殿。会庆殿面阔九间，据《高丽图经》记述，"规模甚庄，基址高五丈余，东西两阶，丹漆栏槛，饰以铜花，文彩雄丽，冠于诸殿"。会庆殿之后，地势渐高。还有长和、元德、乾德、万龄、长龄等殿和延英阁，有些分布在山上。朝鲜多山，宫殿也有一部分在山上，同自然环境的融合，利用自然条件在宫殿里布置苑囿林池，是当时宫殿的"天人观"审美一个大特点，同时也体现了儒家仁民爱物的思想和对自然万物的道德情感。高句丽、百济、新罗时代儒家天人合一的仁学思想文化潮流鲜明地在建筑景观性格上体现出来。

儒家提出仁民而爱物的天人合一思想，对东北亚国家建筑景观审美的影响是将人类特有的道德情感贯注于自然万物，激起人类强烈的保护生物生存的情感。可见，孔子所说的"知者乐水，仁者乐山"、孟子主张的"仁民爱物"等思想情怀所追求的"上下与天地同流"的境界，朝鲜三国时代的建筑景观审美理念，表达了儒家"仁学"哲学思想对自然界生命意义的崇敬与热爱之情，同时也表达了人与自然"合一"的生命体悟。

二、儒学"中和"哲学思想是东北亚国家建筑景观的审美理念

1. 儒学"中和"思想是东北亚建筑景观体系的完美统一

早在我国夏商周三代文化之中，中和概念即被提出并得到运用，尧舜禹就已萌生"允执厥中"理念，由《诗》《书》《礼》《易》《乐》和《春秋》所构成的六经蕴含着较为丰富的中和思想。孔子赋予"中"和"和"以新的内容和形式，提出并阐释了"贵和尚中"学说。在儒学系统中，中和具有不同的丰富内涵，它既是一种祈求圆润融通、协和万邦的人格境界，又是一种宽容大度、和衷共济的伦理品性。儒学"中和"思想不仅成为中国建筑景观文化营造的审美指导思想，也是整个东北亚国家建筑景观体系的重要审美理念。中国的先秦时代，是一个大剧变的时代，是中国历史上一个重要的转折时期，儒家思想家们提出中庸哲学，用中和作为时代走向新生的"大本""达道"。在"中和之为用"的中心原则下，孔子、孟子、荀子、《易传》、《中庸》各自从根据、内容、手段、方式、途径等各个方面提出了"用中"理论，塑造了中华民族根本的精神品格。"儒家最重视'和'的原则"，"和为贵"是中华文明的最高信条。中和的根本思维方式和价值取向的完整统一体，构成了东北亚国家传统文化的核心，塑造了东北亚国家建筑景观园林艺术审美的精神风骨。

儒家中和哲学文化思想的思维方式和价值观内涵，对日本国家大和文化建设有着极大的影响，日本人自称为"和"族，某种意义上可以说是与儒家传统文化的"中和"思想分不开的，"中和""大和""太和""保和"理念，在日本传统文化建筑景观审美体系中沿用至今。日本进入 7 世纪以后，当时圣德太子进行了社会改革，最重要的就是制定了日本法制史上第一部成文法典，其第一条就是"以和为贵、无

韩国首尔 崇礼门

忾为宗"。这就是儒家哲学文化思想的"和为贵"被日本称为"大和魂"的民族精神。儒学中和文化在 7 至 8 世纪的日本进入了一个文化高潮,在日本飞鸟和平安时代,历代皇权先后建造了平城京和平安京。平城京为当时日本首都,即今奈良,全仿隋唐的长安城,严格按照儒家中和之道的德性智慧文化制式布局规划建筑景观,运用贵和尚中、中轴对称致中和的理念。正中一条朱雀大路把城市分为"左京"和"右京"两半,朱雀大路的北端是宫城,宫城正门对着朱雀大路,叫朱雀门。正中轴线上是朝堂院,布局朝堂院之北,中轴线上是皇宫,称为内里,周围有复廊。朝堂院和皇宫的四周,宫城里满布着中央政府各部门的建筑物。平城京的建筑景观充分体现了儒家"执中""用中"的审美理念,"致中和"包含着以理想的中和去规范构建日本建筑景观体系中现实的审美关系,以实现中和之"善"的目的。

儒学中和之美构成了东北亚国家传统文化美的基本形态。无论是自然美、社会美、艺术美或人格美,本质上都是一种中和之美,都以中和为标准取舍美。东北亚国家日本的建筑景观审美体系就表现为人格理想的"至德"和自我超越化的中和理想人格的实现过程。而这种以中和为真善美统一的核心是整个东北亚国家传统哲学文化的指导思想。这也正是儒学中和哲学在东北亚国家建筑景观审美中居有核心地位的重要根据。

2. 儒学"中和"思想是东北亚国家建筑景观审美体系的德性智慧

儒家"君子之中庸也,君子而时中"。"时中"所体现的就是生生日新、变通创造、自强不息的品性,"时中"包含着一系列的文化创造、文明创新。中和所蕴发的自强日新、厚德载物、中立不倚、和而不流的人格正是中华民族德性智慧与真善美统一的精神写照。儒家中和德性智慧思想孕育了道德自由。孔子的中和道德自由以仁为伦理根基,"仁者,人也"昭彰了其中和道德自由的终极关怀,"仁者,亲也"标识了孔子中和道德自由的根基所在,"仁者,心也"则回复了孔子中和道德自由的发生机制及其由来;孟子认为中和道德社会化就是社会个体通过"养气""寡欲"等自我教育方式成为兼具"仁义礼智"高尚道德的人;

荀子则认为中和道德社会化是通过建立一个统一的道德教育系统，在"君子""圣人"的榜样作用下，在良好社会环境的熏陶下，教育社会成员成为自觉遵循礼法的人。儒家中和文化思想的德性智慧与真善美对东北亚国家建筑景观营造理念有着十分重要的借鉴意义。

儒学的"礼以制中，乐以作和"的理念对东北亚国家朝鲜高句丽时代建筑景观审美影响深远。安鹤宫遗址位于平壤市东北部的大城山山麓，是公元427年高句丽长寿王把首都迁至平壤的时候所修筑的宏伟王宫。安鹤宫的建筑景观规划理念典型地体现了儒家"贵和尚中"思想哲学的德性智慧和真善美统一的价值取向。王宫土城，以外殿、内殿及寝殿等3个部分为中心，运用了对称中轴的设计布局，体现了

朝鲜历史上的安鹤宫

以中和之美为主的儒家文化审美理念。整个安鹤宫共由 5 个建筑群 52 幢大小建筑物组成。安鹤宫位于大城山城南侧山麓，整个宫殿在大自然的怀抱之中，形成了中正安和之美，宫殿规划平面略呈方形，城墙为土石混筑。东、西、北三面城墙各开 1 座城门，南墙开有 3 座城门。城内有环城街，主体建筑位于南墙正门之内的中轴线上，形成了王者之轴、中和之道的儒家哲学审美内涵，皆有廊道相通。安鹤宫的建筑景观布局形式完美地体现了儒家中和之美的文化理念制式。安鹤宫的营造方式是儒家中和文化的思维方式和价值取向的完美统一。中和之道是王道之至，"中和治天下"是东北亚国家民族审美方式，对真善美的探索和沉思构成了东北亚国家儒学思想哲学发展的永恒主题，真善美体现了儒家中和思想崇高美好的理想，人类社会发展的总趋势就是达到真善美统一的"自由境界"。中和之道作为儒家最高的德性智慧，是儒家中和思想德性智慧与真善美的完美统一，是东北亚国家建筑景观建设营造体系审美文化的思想根基。

在儒家文化中，中和之美构成了东北亚国家传统文化美的基本形态。"天地之道美于和"，"和者，天地之大美"。无论是自然美、社会美、艺术美或人格美，本质上都是一种中和之美，都以中和为标准取舍美。东北亚国家朝鲜、日本的建筑景观审美体系就表现为人格理想的"至德"和自我超越化的中和理想人格的实现过程。而这种以中和为真善美统一的核心和基础思想不仅是儒家哲学文化的理念，也是整个东北亚国家传统建筑景观文化审美的指导思想。

三、儒学"礼乐"哲学思想是东北亚国家建筑景观的精神理念

1. 儒学"礼"的精神是东北亚国家建筑景观的审美精髓

在《礼记·孔子闲居》篇里，有"无声之乐"与"无礼之礼"的解读。儒家论礼乐着重礼乐所表现的精神，礼乐的精神是大乐与天地同和，大礼与天地同节。乐者天地之和也，礼者天地之序也。乐的精神是和，静，乐，仁，爱，道志，情之不

可变；礼的精神是序，节，中，文，理，义，敬，节事，理之不可易。"礼只是一个序，乐只是一个和"，"和"是个人修养与社会生展的一种胜境，而达到这个胜境的路径是"序"。世间绝没有一个无"序"而能"和"的现象。"和"是乐的精神，"序"是礼的精神。礼乐相遇相应亦相友相成。《礼记·明堂位》有周公制礼作乐的记载。自周公制礼作乐开始，是首次有意识地对于"礼"加工改造，他用"德"字概括了过去的"礼"。到春秋末年的孔子，更提出"仁"来作为礼的理论依据。周公逐渐脱离了"天人之际"而倡德；孔子转向"人人之际"故倡仁，以为人人之际的亲密关系则天下治。至孟子则以"仁"为人心，倡性善及良知良能而认为人心本天，这是新的"天人之际"。先秦儒家的世界观遂为两千多年中国哲学文化的礼乐文明奠定了基础，儒学"礼乐"文化思想也是东北亚建筑景观审美的精神理念。

　　儒家"礼"的精神审美对古代朝鲜的建筑景观审美的影响至深。在礼制和宗法教化关系影响下的古代朝鲜文庙建筑作为儒学道统的象征，祭祀着孔子等圣贤，并得到广泛的普及，已经成为儒家文化的规范与古代朝鲜社会实际所结合的必然产物。它遵循了中国礼制制度，规划布局配置形式对称严整，大成殿、明伦堂依次严整排列在以礼为序中轴线上的结构布局。以儒立国的古代朝鲜王朝宗庙和社稷坛的布局按照《考工记》所载"左祖右社"的形式。汉城宗庙建于王宫东方，社稷坛建于王宫的西方。由于地势的关系，汉城的宗庙遵守了儒家文化思想礼制精神，严格组织建筑布局，宗庙建筑群，分布着斋宫、正殿、永宁殿等建筑。整体的建筑环境艺术风格简洁质朴，加之殿前空旷的场地和整齐又不施丹青彩画的柱列，使人肃然起敬，构建了儒家文化思想礼制庄重肃穆的祭祀空间。在古代朝鲜发展起来的书院是新建筑类型，书院的作用是培养真正钻研儒学的儒者。古代朝鲜书院建筑群的整体建筑环境规划就体现了"礼"的精神。书院建筑的平面规划布局规整，单体建筑的布置也严格遵守礼制限定，"遵循'礼乐相成、情理并重、天人合一、以人为本'的空间布局原则"。按照儒家礼制精神和庄重、秩序的原则把主要的空间安排在中轴线上，并利用轴线纵向的导向作用，来强化建筑间的组织，使整个建筑群布局严谨，秩序井然。古代朝鲜的书院还继承和发展了中国传统建筑中利用院落组织、分隔、渗透并发展空间的传统设计手法，巧妙地把儒家文化礼制的精神理念融入其中，使书院的整体建筑环境艺术在体现礼制规范的同时，也关注了人文的和谐精神。

古代朝鲜建筑景观营造理念，无论是皇家建筑景观还是宗庙、社稷、文庙书院都深受儒家礼乐文化思想的影响。乐使人活跃，礼使人敛肃；乐使人任其自然，礼使人控制自然；乐是浪漫的精神，礼是古典的精神。礼乐相遇相应，亦相友相成。古代朝鲜建筑景观营造理念都具备乐的精神和礼的精神，其建筑景观环境设计基本都参照中国官学与书院建筑来建造，其建筑选址、功能分区以及书院的命名，都是以中国的传统儒学礼制建筑为原型。朝鲜的书院建筑景观营造体系是对儒家礼制文化思想的传承和发展，儒家礼乐精神是古代朝鲜书院建筑景观审美的核心理念。

2. 儒学"乐"的精神是东北亚国家建筑景观的审美理想

儒学作为中国传统文化的主流，为东北亚国家提供了理想的生存模式和它的开放性品格，对东北亚国家社会的影响是毋庸置疑的。"礼乐传统"中的"乐者，乐也"，在孔子这里获得了全人格塑造的自觉意识的含义。它不只在使人快乐，使人的情、感、欲符合社会的规范、要求而得到宣泄和满足，而且还使这快乐本身成为人生最高理想和人格的最终实现。

如前所述，"乐"是指一种"和谐"的状态，一种人自身、人与社会、人与自然的和谐状态，是一种自由和理想。儒家认为"乐自内出，礼自外作"。乐主和，礼主敬，内能和而后外能敬。乐是情之不可变。《论语》记孔子与子夏谈诗，孔子说"绘事后素"，子夏就说："礼后乎！"孔子称赞他说"起予者商也"。乐是素，礼是绘。乐是质，礼是文。绘必后于素，文必后于质。儒家思想认为乐是情感的流露，意志的表现，用处在发扬宣泄，使人尽量地生气洋溢。东北亚国家建筑景观园林营造体系完成了人性向善的天赋使命，而且还丰富了儒家"乐"文化的内涵，创造了乐的精神和情之不可变的经典建筑景观。东北亚国家建筑景观对"乐和"关系的阐述生动而具体，有比喻又有象征，在简洁的描述中揭示了东北亚国家建筑景观营造审美理念"礼乐之美"的真谛。儒家礼乐思想对东北亚国家的审美影响就几乎从未中断过，一直作为正统思想而受到古代朝鲜王权的高度重视和大力提倡，对于东北亚国家文化建筑景观审美体系等诸方面均有极大的影响。

景福宫始建于 1395 年，得名于《诗经》中"君子万年，介尔景福"中"景福"二字，是朝鲜半岛历史上最后一个统一王朝的正宫。王宫面积与规制严格遵循与宗主国中国的宗藩关系，为亲王规制的郡王府，所有建筑均以丹青之色来区别于中国皇宫的黄色。景福宫传统建筑景观深受儒家美学规范礼制德性修养思想的影响，以华丽炫耀于世，建筑风格追求一种绚烂之美，主要在于显示帝王的权威与富有，格局整齐、气势宏大的建筑群体布局，都体现出一种礼制文化的庄重之美。建筑布局呈正方形，南面是正门光化门，东为建春门，西为迎秋门，北为神武门。景福宫的正殿勤政殿是韩国古代最大的木结构建筑物，最雄伟壮丽。庆会楼和香远亭与宽阔的池塘相呼应，使景福宫更添韵味。这是儒家乐的精神典型体现，是形式与内容的和谐，乐的许多属性都可以用"和"字统摄。"和"是乐的精神，"序"是礼的精神。庆会楼位于勤政殿西北边，是国家每逢喜事时或迎接外交使节时举行宴会的地方，建于一个巨大的人工池塘之上。楼阁造型被誉为韩国之最，方形河池上耸立的石柱楼阁，看似巨大楼阁漂浮在池上，显得异常壮丽。香远亭是位于寝殿后面的后院，坐落于景福宫后苑莲池中央的小岛上，特别是建造时充分保留了峨嵋山及自然地形的特点，将人工建筑完全融入其中，可谓是韩国典型的宫内后院。与香远亭连接的渡桥叫为"醉响桥"，与池亭和谐为一体，更增乐雅之趣。景福宫的建筑景观营造审美理念中体现了乐之中有礼，礼之中也必有乐。"乐自内出，礼自外作。"乐主和，礼主敬，内能和而后外能敬。乐是情之不可变，礼是理之不可易，合乎情然后当于理。所以景福宫建筑景观群的营造充分体现了儒家哲学文化是礼乐内外相应的，独特建筑景观之美。

东北亚国家建筑景观营造体系始终遵守礼乐哲学文化思想，乐的精神是和、乐、仁、爱，是自然，或是修养成自然，礼的精神是序、节、文、制，是人为，是修养所下的功夫。"乐"是一种人与社会、人与自然的和谐状态，在这里是泛指一种自由的理想。《乐记》说："乐者天地之和也，礼者天地之序也。""大乐与天地同和，大礼与天地同节"，"故圣人作乐以应天，制礼以配地"。由于儒家礼乐文化思想对东北亚建筑景观艺术审美产生了积极的影响，乐的文化精神理念也充分反映在东北亚国家建筑景观营造体系和审美的形态上。

儒学是中华民族在几千年漫长历史里所创造出来的文明成果，在数千年发展历程中，经历了诸多的变革和创新，汇集成一条具有极强生命力的文化长河。儒学文化思想作为文化的载体，滋生出其特有的东北亚国家建筑景观艺术审美精神，表现具有东北亚国家审美特征和自然观的建筑景观体系，绝不仅仅限于造型和色彩上的视觉感受，以及一般意义上的对人类征服大自然的心理描述，更重要的是东北亚国家对儒家文化思想有深厚的理解和广泛的实践应用，并赋予了时代意义和走向未来的生命力。东北亚国家建筑景观作为一种实用的物质产物，以其高超的技艺和独特的风格，成为东北亚国家传统艺术审美的一个重要门类，并以其丰富的儒家思想内涵，成为东北亚国家建筑景观精神文化的重要组成部分。可以说，儒学是东北亚国家哲学文化思想的基础，东北亚国家建筑景观审美艺术体现了儒学文化思想的包容意识，超越功利的人文精神，求善求美、成圣成贤的人格追求等方面的精神特征。儒学文化思想是东北亚国家建筑景观艺术审美不可或缺的灿烂音符，它以一种独具神韵的侧影屹立于伟大的东方地平线上，成为一种深邃而丰富的"生命"。

中国精神　一以贯之
现代景观设计的中国精神文化体现

　　现代景观设计面临最重要的问题是如何建构和体现中国精神文化因素。所谓精神文化，是指属于精神、思想、观念范畴的文化，是代表一定民族的特点，反映其理论思维水平、思维方式、伦理观念、理想人格、审美情趣等精神成果的总和。中国的精神文化在其久远的历史发展过程中，积蕴了丰富的内涵，每个特定时代的景观设计都需要有与之相符合的精神文化。随着国力水平的不断提高，我们可以掌握和利用景观设计建造中的先进科学技术，来营造符合可持续发展的生态环境，但我们更要重视的是在景观建造的过程中如何运用体现中国民族的、传统的精神文化艺术因素，传承我们自己的文脉，体现我们自己的精神风格。当代设计师更多的注意力应该放在去寻求具有中国精神文化的景观设计契合点，因为只有民族的，才是世界的；我国未来的城市景观设计，只有植根于地域文化的沃土中，现代景观设计才可能具有独特面貌；只有具有鲜明的中国精神文化，景观才有生命力。

河北承德 热河行宫的琉璃塔

一、现代景观设计的中国精神文化的历史背景与现状

中国的景观设计思想源于中国的传统文化，中国的传统文化到了一定历史时期主要是建立在儒、道、佛三家交融杂糅的基本框架基础之上的。我国古代的园林景观设计基本都体现了儒家的哲学思想、道家的美学思想和佛家的玄学思想。儒家思想影响下的景观设计风格一般都具有严格的空间秩序，讲究布局的对称与均衡。皇家园林和宫殿建筑是最典型的受儒家思想影响的景观，例如北京故宫。北京故宫是现在保存下来规模最大、最完整、最精美的宫殿景观建筑，整个故宫的设计突出体现了儒家思想对中国景观的影响，也体现了代表封建帝王权力的森严等级制度。古典文人园林也同样体现了儒家思想，如苏州的拙政园，这些园林寄托了个人强烈的社会感情，其设计风格也带有浓厚的社会意义。从另外角度来讲，儒家思想为景观设计提供了一个较完全的理性的理论基础，对园林景观设计最大的影响在于营造了一个整体化的气氛，而对中国园林设计思想影响更大的禅宗和道家的思想以及风水理论，决定了中国景观设计的基本风格和走向。道家和道教思想对中国古代园林景观设计所体现出来的影响是全面而深刻的。如：北京的天坛，其景观规划和建筑景观都是从道教文化中拾取的道教符号组合而成；至今保存完好的安徽宏村民居和道教文化也有着直接的关系，其充分展示了中国古代园林景观设计的群体美，亲和自然之美，创造出"天人合一"的理想境界，体现了中国古代景观设计深厚的文化底蕴。自从佛教传入中国以后，中国传统的山林审美观与之相结合，使大多数的佛教景观都依附在名山大川中，以供人们修身养性之所需，佛教名山于是成为中国景观中的一大特色。佛教的传入使石窟、寺庙、佛塔景观都有了快速的发展，同时也进一步丰富了我国佛教园林景观设计的发展内涵。

我国地域辽阔，地理环境差异大，几千年历史沉淀下各地形成了巨大的文化差异。城市的历史文脉不同，景观风格面貌就不同，所承载的精神文化也不同，理清

中国城市的历史发展的精神文化对当代城市景观设计中风格定位的把握显得尤其重要。当今我国城市景观建设取得的成就有目共睹，但也存在一定问题：有些地方植物绿化无视地域气候差异、工业化批量生产园林小品及建筑设施、牺牲原有地形盲目追求平面形式，缺少对精神文化的重视，多城一面，忽视了自己的文化内涵，消解着人们对于传统精神文化的理解和继承。可以说，精神文化的丧失直接影响着人们对景观的设计及对景观的塑造，人们会在现代景观设计中缺少精神文化感动。因此，重塑精神文化，已成为现代景观设计急需解决的问题。

二、现代景观设计的中国精神文化的特征体现

中国精神文化有着十分丰富的内涵，中国传统园林景观作为一种实用的物质产品，以其高超的技艺和独特的风格，成为中国传统艺术的一个重要门类，并以其丰富的思想观念，成为中国传统精神文化的重要组成部分。它包含着坚韧不拔的从道精神、厚德载物的宽容品格、贵和尚中的和谐理想、文化中国的包容意识、超越功利的人文精神、整体趋同的思维方式、成圣成贤的人格追求等等精神特征，正是传统精神文化中这些积极因素的影响，通过传统精神文化诸多方面的长期熏陶，代代传承，使全民族在思维方式、理想人格、伦理观念、审美情趣等精神文化方面渐趋认同。

中国园林景观设计从其诞生之初似乎就是按照这样的特征及规律发展的，主要是指"虽由人作，宛自天开"的山水园林景观，如清代皇家园林避暑山庄、圆明园和私家园林苏州留园等等，这些往往是帝王及文人士大夫根据他们的审美情趣建造的"人造风景"。景观一词沿用到现在历经了数次内涵上的扩展，受"天人合一"哲学思想的影响，尊崇自然成了中国传统园林景观艺术的一个重要审美观念，崇尚自然、赞美自然，是中国传统艺术一个永恒的主题。园林景观设计由最原始的自然

圆明园遗址

承德 须弥福寿之庙

景观上升到现在具有人文精神意义的景观设计，可以说，人类是逐渐将精神文化因素糅进园林景观设计中的，中国的传统园林景观，其价值就在于它将客观环境中美的因素和自己的精神文化因素结合起来。在现代园林景观设计过程中，应始终围绕着"以人为本"的理念进行每一个细部的设计。"以人为本"的理念，应是长远的、尊重自然的、维护生态的、切实为人类创造可持续发展的精神文化生存空间，无论是纯自然景观还是人造景观都要体现精神文化内涵。

现代景观设计本身是一门综合性的学科，其知识渗透的广度可以概括艺术、建筑、人文、历史、心理、地域、科技等方面的互相交融。中国优秀的文化传统是建构中国当代精神文化的主要资源，我们必须深入了解传统精神文化的具体丰富的内容及特征，并结合现代景观设计的特点加以发展，推陈出新，使它不断发扬光大。因此，我们面临的一个重要任务是现代景观设计与传统精神文化的当代转换问题，如深圳万科第五园现代景观设计、北京奥运主题现代景观设计等成功案例都是对传统精神文化进行分析、研究、衡估、扬弃及更新发展，这种传统精神文化的当代转换，就是传统精神文化与现代景观设计实际相结合并经过实践选择、改造和转化的过程。在现代景观设计中传统精神文化具有积极意义和当代价值，应当在思想内容上进行转换的，主要的有以下两个方面：其一，体现和表达民族精神和民族品格的内容；其二，注重人格和道德修养的伦理精神。在对传统精神文化与景观设计观念的系统转换上，我们要立足当代，从现实的需要出发，寻求其中的民族智慧。在实际的转化中有些内容是可以直接借鉴转化的，如传统精神文化中有名的"厚德载物"，指的是宽容精神，容人所不能容的美德，现代景观设计必须具有这种宽容品格，即对待异族文化以一种博大的胸怀去正视、分析它，给其一席之地以吸纳和融合其优良部分，并转化成为适合现代景观设计发展需要的积极因素。

总之，我们可以把对传统精神文化的转换过程归纳为：立足于中国现代化景观设计的实践，创造性地合理地开发、利用传统精神文化资源；在继承本民族优秀的传统精神文化特征的基础上，根据时代的发展变化，赋予现代景观设计新的内涵。优秀的现代景观作品的本质问题在于，既要了解传统的文化历史，也要认清时代文化趋势。了解了传统文化的精美与博大，才能拥有一份精神与文化上的底蕴，并能更好地加以利用以彰显现代中国景观特色，但是作为现代景观设计，更应该是一种面向大众的行为，而并非是满足士大夫阶层审美情趣的设计。所以，在现代景观理想的探索过程中，都应该有体现我们时代的全新思路，体现现代景观设计的精神文化理念，只有体现中国精神文化内涵的景观设计才拥有真正的生命力，只有体现中国精神文化特征的设计才能真正给人以精神上的慰藉和归属感。

三、现代景观设计的中国精神文化的思维体现

精神文化是人们在日常的生活中总结出的经验理论，在现代景观设计中具体地表现在伦理道德、对美的事物的感受、对于艺术的品位和精神世界的追求，精神的文化的范畴就是科学、艺术和道德，用我们现在的物质理论概念来解释就是真善美的统一。俞孔坚教授曾说过："我们的每一条小溪、每一块界碑、每一条古道、每一座龙王庙、每一座祖坟，都是一村、一族、一家人的精神寄托和认同的载体……这些乡土的、民间的遗产景观，与他们祖先和先贤的灵魂一起，恰恰是构成中华民族草根信仰的基础。"现代景观设计的精神体现：首先，要立足于尊重当地自然。只有尊重当地土地、当地自然景观的独有特性，在建设过程中尽量使用当地植物和建材，才能让设计更体现本土精神文化特色。其次，要尊重体现当地风俗和精神文化。设计者要从当地特有的精神文化、物质财产中去寻找设计的灵感，再将其融入景观设计作品中去，体现本土精神文化特色。最后，设计师应改变固有的思维方式，要体现"以人为本"。应该站在当地人的立场上，了解当地人的习性和生活方式，因为各地风俗风格都有其相对性，设计者不能以自身所处的文化视角去考虑问题。

如何在景观设计中体现中国精神文化的思维：

1. 景观设计的意境

中国人自然精神里最可贵的是高度的"自然精神境界"，即意境的表达。"意"就是情与思，"境"就是物与象，"意境"就是意与境的有机融合与和谐统一，境中有意，意中有境，可以说不理解意境就不能理解这些艺术形象，意境是这些艺术形象的精髓所在。现代景观设计的意境是情景交融的艺术形象。从意与境的关系来看，只有做到意与境交融无间、完美结合、浑然一体，景中有情，情中有景，方是意境上品。情景交融是意境的主要内容，也是现代景观设计的根本特征体现，现代景观设计的意境是虚实相生、物我同一的艺术形象，是中国景观设计所追求的最高境界。意境的存在是在物我之间，艺术家对自然景物的创作，从来不主张照相式的模仿和照搬照抄。东方庭院的自然风格，之所以有如此的魅力，全在于对自然景物的加工和提炼，所以现代景观设计对自然的表现，不应局限于我们眼睛看到的东西，而且还要表现它在我们心灵中的内在映像。

2. 景观设计的艺术风格与流派

景观设计风格随着人们不断提升的审美要求，呈现出多元化的发展趋势。风格就是艺术作品在内容与形式的统一中所呈现的独特性。在现代景观设计中艺术风格是艺术家精神个性在景观设计中的体现，艺术风格归根到底来自艺术家的精神个性，在现代景观设计中艺术家的风格和精神个性体现在作品中便形成了艺术作品的风格。艺术流派就是指艺术风格相近或相似的艺术家所组成的艺术派别，艺术风格是艺术流派产生的前提，没有艺术风格就没有艺术流派。艺术风格与艺术流派既是多样的，又是统一的，每一位优秀的景观设计师都有自己的艺术风格，这样就产生了现代景观设计作品风格的多样性，流派风格、时代风格、民族风格，体现了现代景观艺术设计风格与流派的统一性。

3. 景观设计的意蕴与气韵

意蕴与气韵一直是中国古代艺术的追求目标。中国传统艺术中意蕴与气韵的审美观念，就像一条红线，贯穿中国传统艺术发展史的始终，使中国传统艺术形成了鲜明的民族特色。意蕴是艺术作品内在的"生气，情感，灵魂、风骨和精神"，因而它不能由人的感官所直接把握，要靠心灵的体察才能感悟。换言之，意蕴是艺术作品深藏于自身内部的、只能靠欣赏者心灵的体察去感悟的、体现作品最高境界的精神或灵魂。"气韵"在中国传统艺术作品鉴赏中居首要地位，艺术作品神形兼备，即谓之有"气韵"，气韵在中国传统景观设计中也占首要地位。在景观设计的深处，隐藏着一种东西，有了它，景观作品就神采飞扬，失去了它，则黯淡无光，这种深层次的东西，就叫作气韵，这也是现代景观设计崇高的精神文化境界。意蕴与气韵都是在有限的艺术形象中蕴含着无限的内在精神，是景观设计的最高精神境界的体现。

四、现代景观设计的中国精神文化的个性魅力体现

中国传统景观设计是东方文化的一处独特景观和宝贵财富，它题材广泛、内涵丰富、形式多样、流传久远，是其他艺术形式难以替代的，在世界艺术之林中，它那独特的东方文化魅力正熠熠生辉。如明清故宫、颐和园、武当山建筑群、丽江古城、苏州古典园林等，都是惊艳世界的中国魅力景观。传统景观设计在现代景观设计中的应用，开创了多元化的设计潮流，是新一代景观设计师们所面临的课题。将传统精神文化结合到现代景观设计中，这是设计出具有时代性和国际性的现代景观的关键，但这样的一种结合，并不是指对传统精神文化进行纯粹的拷贝或者简单的挪用，而是去认识和了解传统精神文化的独特魅力，并在此基础上，逐步挖掘、变化和改造，让传统精神文化成为设计的一个新的创意点和启示点，从而设计出焕有生命力与独特个性魅力的中国型现代景观。如2010年上海世博会中国馆建筑景观设计就是经典案例。中国传统精神文化资源是极为丰富的，它们在自己的发展和演变中，既有一以贯之的脉络，又有多姿多彩的风貌，它们以其多样而又统一的格调，

体现出独特、深厚并富有个性魅力的民族传统和民族精神。这些精神文化随着时间的推移、历史的发展而不断地沉淀、延伸、衍变，从而形成中国特有的传统精神文化与艺术体系，这一体系凝聚了中国景观设计几千年的智慧精华，同时也体现出了中国景观设计所具有的个性魅力。

个性魅力是景观设计文化的灵魂。景观设计一定是因为独特的精神文化才会富有魅力，才能称得上优秀的设计，因为与众不同、匠心独运，才会引来关注和兴趣。当然，文化不完全等同于魅力，仅仅是与众不同不一定就是有魅力的，精神文化的魅力来自于完整的道德构架，来自于审美的愉悦，来自于真情实感的流露，来自于精神世界的和谐与丰厚。现代景观设计关注人的感官和心理的细腻感受，更关注人的内心世界的构建与成长。富有精彩个性的现代景观设计不仅散发出迷人的风格魅力，更体现出创造的价值，这个价值不仅体现在设计的结果本身，更体现出人文精神的回归。尊重个性、发展个性从本质上就是尊重个人的利益和价值，完善个人追求从而达成整个社会的和谐。个性的价值正是人文复兴的体现，在现代景观设计中对个性和精神文化的追求体现了对人的尊重和解放。

现代景观设计师要深刻认识到传统文化内涵在现代景观设计中的意义，要激活历史，创造未来，在对待传统文化因素的时候不但要有所作为，而且要敢于追求景观设计中的文化创新。本土文化只有不断吸收外来文化的有益营养，才能富有更强的生命力，才能使传统文化与现代文化成功结合。对于目前迅猛发展的景观设计产业和新兴的景观设计学科来说，景观设计的发展前景应该是多元化的、生态性的、自然性的、科学性的。对于景观设计学科的发展，设计师们要大量地学习和汲取当代先进的景观设计理念及相关设计理论的知识，并积极主动地参加景观设计的实施，这是尤为重要的。面向未来，中国景观设计的发展方向也应该是更加多元化、复合化、生态化，要与环境艺术相结合，注重中国景观精神文化、形象的创造和体现；寻求体现中国情结的景观设计是中国景观设计的创新发展之路。相信中国不同城市的景观类同化现象将会减少，景观设计更朝着具有不同地域特色的风格方向发展，立足于中国精神文化并创造出当代中国景观设计的新风格，这也必将成为中国现代景观设计发展的新趋势。

神明昭日月指揮水伯天聖

宁波 福建会馆内景

儒风美学 润物化志
中国传统家具设计与儒家文化思想

中国的传统家具真正意义的形成受到了儒家文化的熏陶，无论是审美还是应用，都与儒家文化密不可分。儒家思想一定意义上可以称为中国的行为理论学和自然理论学，特别是对中国传统家具来说它起着关键性的作用而且影响深远。儒家文化对中国传统家具设计的影响主要是通过对中国人文性格和审美情趣的影响，有许多纹饰元素一直沿用至今，具有自己独特的文化寓意和艺术风格，包括人物、动物、植物、几何符号等形式在内的图案纹饰。从中国家具的造型及其装饰纹样可以看到，家具是随着社会文化的变化推进而不断创造发展的，它具有一定的社会性、时间性及地方性，它的演变过程也是一个继承和发展的过程。作为儒家文化的一个组成部分，受其影响的传统家具从不同程度上反映了不同时期的历史和文化传统，反映了各个时期的审美观及人们对文化情趣的追求。

一、儒家文化思想是中国传统家具设计的核心理念

儒家文化思想有着旺盛的生命力和非凡的通融力，是传统家具设计的根基，传统家具设计是人的一种生命本真的艺术活动。儒家文化思想有着十分丰富的内涵，

其凝聚力和生命力来自其基本精神。儒家文化思想的基本精神，大体可以归纳为如下几点：自强不息的刚健精神、崇尚气节的爱国精神、经世致用的救世精神、人定胜天的能动精神、民贵君轻的民本精神、厚德仁民的人道精神、大公无私的群体精神、勤谨睿智的创造精神等。这些精神对中国传统家具设计精神的形成具有重要作用。中国传统家具作为一种实用的物质产品，以其高超的技艺和独特的风格，成为中国传统艺术的一个重要门类，并以其丰富的思想观念，成为中国传统精神文化的重要组成部分。正是儒家文化思想中这些积极因素的影响，使全民族在思维方式、理想人格、伦理观念、美学思想等精神文化方面渐趋认同，中国传统家具设计的美学思想似乎就是按照这样的特征及规律发展的。

儒家文化思想在中国传统家具发展过程中起着核心作用和主体作用，儒家文化思想是先秦时期形成的一种地域文化，是先秦文化的重要组成部分，是一种混合型文化，是中国文化的核心之一。它不仅融合了齐文化和鲁文化，而且兼收并蓄，广泛吸收了其他地域文化的长处，逐渐形成了一种具有完备的自我调节和更新功能、再生能力很强的文化，也成为一种政治大一统背景下的官方文化，最终融入统一的传统文化之中，并成为中国传统文化的主流。孔子、孟子等儒家代表人物的思想，是中国文化的宝贵资源。儒家文化就是以"中庸"精神为核心的礼乐文化，中庸思想对中国古典艺术精神也产生了重要影响，尤其在传统家具的发展过程中，中庸思想具体物化为对"中和之美"的追求，中庸之道是世界上最具有连续性的文化，也是中国众多文化流派中最具有价值的核心精神和观念。"中"是适合，"庸"是按照适宜的方式做事，作为传统文化，"中庸"精神就是适度把握，按照适中方式做事，并力求保持在一个合情合理的范围之内。"礼"是指人通过自身的主体意识，同产生于自己意识之外的"文化存在物"之间的沟通，它起着一种社会规范整合作用。礼的特点便是"有秩序"，"乐"是指一种"和谐"的状态，一种人自身、人与社会、人与自然的和谐状态，也泛指一种自由的理想。在传统家具设计中既要达到人与自然的和谐，也要达到人与人的和谐，要达到这一双重目的，中国传统家具设计中是严谨地遵循了儒家思想文化的礼乐规矩。传统家具设计给人是一种情感教育，是一个润物无声的过程，我们应该立足于儒家文化思想，在传统文化的基础上研究现代，用"和谐"理念指导家具设计的艺术创作。

二、儒家文化思想在传统家具设计中的美学思想与特征

1. 规范秩序的"礼"：庄严之美

"礼"是中国文化人伦秩序与人伦原理最集中的体现，儒家的伦理规范就是"礼"的秩序。"礼"原先是尊敬和祭祀祖先的仪式、典章或规矩，后在长期社会发展中逐步演变为以血缘为基础、以等级为特征的伦理规范，并渗透在君臣、父子、夫妇、兄弟等各种人伦关系和社会生活的各个领域之中。"礼"的突出特征就是它有上下等级、尊卑贵贱等明确而严格的秩序规定。儒家思想为中国传统家具设计提供了一个较完整的理论基础，对中国传统家具设计最大的影响在于营造了一个整体化的礼制气氛和庄严之美，家具按使用等级可划分为：皇室御用家具、官宦贵族家具、文人雅士家具、民间民居家具等。荀子说："礼者，贵贱有等，长幼有差，贫富轻重皆有称者也。"作为一种统治秩序和人伦秩序规定的"礼"往往把强调整体秩序作为最高价值取向。例如靠背椅，其椅背较高，给人一种威严的感觉，这是当时制度下地位的象征，座椅靠背板与座面大多成直角，使座上宾只能正襟端坐，这是儒家所提倡的以礼待人，所崇尚的行为举止的端庄。中国传统家具设计受儒家规范、礼制的影响，无论从室内陈设格局及功能的应用上都有严格的礼制规范。中国传统家具设计以儒雅炫耀于世，家具风格追求一种绚烂之美，一种庄重和威严之美。

2. "天人合一"：和谐之美

"天人合一"是中国传统哲学的主要特点之一，也是儒家学说的重要特征。儒

家哲学认为人与自然"浑然一体",认为宇宙的终极本体与人的道德原则是统一的,达到天人合一境界的人方是理想人格。董仲舒《春秋繁露》载:"以类合一,天人一也。"其实这些理论思想实质上都是在统一的"和谐"原则下达到对审美主体的"满足",整体布局严格遵循了天人合一的和谐之美。儒家的理想人格既是天人关系的中枢,又是天人合一的化身。儒家的"天道""人道"合一是儒家思想的精华所在,"天道"指自然界的现象及其运动变化规律,"人道"指人应遵守的社会规范,儒家学说认为不仅要实现社会内部的协调,而且社会应与自然相和谐。儒家的"天人合一"说,对中国传统家具文化的影响十分深刻持久,它强调人与自然的和谐,强调二者处于一个有机整体中。例如:明式家具中的圈椅"上圆下方",正是"天圆地方"的隐喻,大装饰图案多取自自然万物,表达出古人追求人与自然相统一的和谐、"天人合一"的崇高境界,圈椅的造型和比例尺度则体现了"以人为本""以实际为重"的人文主义精神,在传统家具设计中表现为追求"人——家具——自然环境"的和谐统一,也就是追求家具与自然的"有机"美。要求家具与周围的自然环境融为一体,主张整个环境在形式和功能上要有机结合,这种"天人合一"的有机观在传统家具设计中具体表现为以下两个方面:一是顺应自然。中国传统家具设计从选材制作到总体陈设布局早已达到它的最高水平,将深沉的对自然谦逊的情怀与崇高的诗意组合起来,形成任何文化都未能超越的造型、纹饰及图案。二是师法自然。模仿自然的法则,巧妙地吸取自然的形式,使家具设计与自然达到统一。

3."尚中":对称之美

儒家"尚中"思想造就了富有中和情韵的道德美学原则,对传统家具的创作思想、家具风格、整体格局等方面有明显影响。传统家具文化在设计上的主要特征莫过于对"中"的空间意识的崇尚,大到床、榻、屏风类,小到几、案、椅、凳类,都有强调秩序井然的中轴对称布局,形成了以"中"为特色的传统家具美学性格。中国传统家具强调尊者居中、等级严格的儒家之"礼",其空间布局常做中轴对称均齐布置。这种关于中轴对称均齐的"尚中"对称之美与家具形象，不仅具有礼的特性，而且兼备乐的意蕴，具有中国式的以礼为基调的礼乐和谐之美。这种和谐美，不仅受儒家礼数几千年的影响，而且在一定意义上契合了包括中华民族审美生理与心理机制，平稳、静穆、壮阔甚至伟大。在儒家思想影响下的中国传统家具风格一般都具有严格的空间秩序，讲究陈设布局的对称与均衡，与建筑相辅相成，既相互融合又相互促进。如山东曲阜孔庙，堪称中国古典庙堂的杰出代表，是中国自古以来无数孔庙的"领袖"，室内家具设计庄重而且条理清晰，具有强烈的中轴对称陈

南宋 马和之《孝经图》

设特点，象征着传统的伦理秩序。

中国传统家具与中国的其他传统文化一致，反映了儒家文化的基本特点，是中国传统文化的代表之一。它的"尚中"之美，对称之美，以无声的语言记述着家具的历史，它不用文字却说明了中国文化中什么是美。中国传统家具可能更像家里的老用人，虽然每天为你服务，也许已经服务了上千年，但是它只是默默地奉献和传承，传递着儒家文化的意蕴。

4. 自然意境：材料之美

意境是主观与客观相熔铸的产物，意境是一种情景交融，神、形、情、理和谐统一的艺术境界。中国传统家具对于材料特别是木材的自然美感很重视，似乎有着与生俱来的情感，这体现了前人对自然的崇尚，在材料的使用和选择方面都很讲究，这种讲究不一定说所用的材料就一定是名贵的，而是很注重表现材料的天然本色和自然纹理，从自然美中找到理想的意境。《中国花梨家具图考》中说："这些制品的主要艺术魅力在于纯真，刚中有柔，以及无疵的光洁匀称。"这体现了儒家文化对自然之美的认识和崇尚。中国传统家具的显著特点之一是崇尚自然美：自然材料的大量使用、自然因素（如花草、动物等）在装饰图案中的主导地位等无不反映了这一点。而现今家具设计所倡导的"生态设计""可持续发展的设计"的设计思想均是崇尚自然的具体反映。

中国传统家具在材料的选择上同样也赋予了儒家文化对玉的深刻含义，过去说玉有"五德"。这"五德"在中国传统家具用料中也都有体现，仁、义、智、勇、洁五德用在我们的木制材料上也是合适的。"具温润，匀质地，声舒畅，并刚柔，自约束"，恰恰也是木制材料的写照。正是木性这种如玉的特质，使得中国人对自然崇尚的感觉多了几分，在木材纹理变化中追求体现自然意境的画意之美。自然意境成为重要的美感之一，从而使我们对传统家具除了外观造型的欣赏和生活使用之外，多了一份把玩、抚摸的爱意。这种艺术表现是中国传统家具设计的精华所在。

天然木料生成条件不同，年轮不同，裁切角度不同，所形成的图案是千变万化的，这些图案的变化，形成了传统家具材料美的重要组成部分，不同木料纹理图案不一样，有的像水波纹，有的像版画，尤其是一些深色硬木，如黄花梨、紫檀之类，黑色素分布所产生的纹理与中国水墨画很相像。这样的意境之美是大自然的作品，也熏陶了中国人的审美观，使人们在木材中能够发现中国画中的那种神韵，这是木的中国精神，这种"木化"的审美只有在儒家思想文化中才可能体现和形成。

5. 巧夺天工：制作之美

中国传统家具制作手段是传统家具表现美感的一个重要途径，榫卯结构是中国传统家具的灵魂。正是榫卯结构，构筑了中国传统家具的基本框架，并以此独立于世界家具之林。中国传统家具的制作源于中国建筑，榫卯结构的特点也是同样。"榫"是突出的部位，"卯"是凹陷的部位，两下相合即为"榫卯"，即结构也形成一种

元 钱选《扶醉图》

凹凸之美。王世襄先生对榫卯有过这样的话："各构件之间能够有机地交代连结而达到如此的成功，是因为那些互避互让，但又相辅相成的榫子和卯眼起着决定性的作用。"我国传统家具制作在榫卯结构上的造诣确实不凡，在中国传统家具中很令人瞩目的还有一点就是雕刻工艺的运用，把木材不需要的部分去掉是雕，通过榫卯结构把其他部分的材料连接起来其实是塑。中国传统家具中雕刻工艺的运用主要是作为家具的装饰部分，这些被称为"刻削之道""刻镂之术"，形式上有圆雕、浮雕、透雕、半浮雕、刻线、镶嵌和漆家具上的剔红等。内容上分为有寓意的纹样图案和装饰线两种。概括起来说有"流畅""灵动""富有韵律感"，同时在视觉的线性运动中寻找趣味，对于线条的追求主要体现在造型外观上的流畅和灵动，及"以虚为实""即白当黑"，线条弯曲有度，精巧流畅，通过工艺造型的深浅宽窄、锐钝高低形成家具的风格不同并产生视觉流动的美感。有寓意的纹样图案则往往与家具端正稳定的造型成为对比，寄托儒家文化对于生活幸福美满、吉祥如意的追求，提炼并强化了一种吉祥的民俗符号。

中国传统家具之所以能够陈列，是因为有了"精而合宜、巧而得体"的制作境界，放在室内空间陈设观赏，很重要的就是它的细腻多彩的雕刻艺术，象征着旺盛的生命力，代表着生命的传承与勃发，寄寓着喜庆的色彩，昭示着代代相传的祈愿和向往。它们一起构筑了传统家具的制作特色，在"天人合一"思想影响下，注重表现造物与个体的和谐统一，由此产生中国传统家具的制作之美。

6. 东方神韵：造型之美

中国传统家具的设计十分注重形神兼备，形即造型的艺术形象，神即指精神、意识。形和神是中国艺术美学史上的重要范畴。先秦思想家荀子提出了"形神而兼备"的重要命题。东晋画家顾恺之更是直接提出了"以形写神"的主张，强调通过艺术的形来表现神。顾恺之说："美丽之形，尺寸之制，阴阳之数，纤妙之迹，世所并贵。"顾恺之重视的是形与神的相互融合，相互统一，也就是要求形神兼备。

因为形的精美与否，直接关系到神的表现。中国传统家具的神，蕴含在家具的整体形态当中，家具的造型款式也称为形制，即造型的制式。中国传统家具的造型款式大致可以分为五大类：椅类、桌类、床类、柜类以及诸如屏风等杂项类。中国传统家具的款式是按照儒家文化一定的礼制设计生产的，每一种款式和部件，都有对应固定的名称和相对稳定的造型尺度。传统家具的外观形态是在传统文化的影响下形成的，它不只是功能行为的需求，而且是建筑艺术美的组成部分，是形神兼备的造型之美的表达，无论哪一种款式都反映着儒家文化的精神，如太师椅、官帽椅一类的坐具就很能反映出中国礼教的要求，而拔步床则映照出明清时期礼制生活。

王世襄先生曾用 "品" 与 "病" 来概括明式家具造型的美与丑，其实也是见仁见智的，王先生的十六个 "品" 有："简练""淳朴""厚拙""凝重""雄伟""圆浑""沉穆""秾华""文绮""妍秀""挺拔""柔婉""空灵""玲珑""典雅""清新"等。其实，在体会中国传统家具造型美的问题上只有把握一两点就可以把握基本脉络。一是伦理角度，中国传统家具造型的一个基本特点就是要符合尺度，这个尺度不是人体工学的尺度，而是一个 "合" 字，与天合、与地合、与环境合、与人合、与器物本身合。二是中国传统家具对造型的追求，对自然的表现，不应局限于我们眼睛所看到的东西，而且还要表现它在我们心灵中的内在印象和眼睛里的印象，因此在儒家文化的熏陶下，没有对大自然的热爱和对生命力量的向往和崇拜，对自然景物的深入观察和细致品味，是难以创造具有东方神韵的造型之美的。

三、儒家文化思想在传统家具设计中的思想意蕴

中国传统家具设计及其纹饰元素，都是按着中国传统祥瑞观念延续下来的，它反映了中国古人的审美情趣和思维模式。在家具的装饰题材和使用习俗中，融会着各种思想观念，如等级观念、伦理观念、审美观念等，并长期潜移默化地影响着后

人，有的已成为中华民族的传统美德。

中国人历来追求美好的事物，这种追求也体现在家具的雕饰中，在图案纹饰中将同音字和谐音非常巧妙地运用于图案形象，以谐音和寓意，指事和会意的方式进行构成，使形式和内容巧妙结合，这种纹饰意趣横生，成为广大民众喜闻乐见的吉祥图案。伦理的意蕴，具有一种控制力，一种规范力，力求保持社会和人际的次序，孔子创立以血缘宗法为基础的宗法世袭制度，它从人际关系而约定人的上下尊卑，以伦理道德维护人际关系。传统装饰吉祥图案中，"五翎"（指"五伦"）的凤凰、白鹤、白头、鸳鸯、燕子组合的图案，就象征儒家严格而有等级的君臣、父子、兄弟、夫妻、朋友等五种伦理关系。儒家强调"修身"作为治国平天下之根本的入世思想，常以比德的手法融合在传统家具设计中，如孔子"岁寒，然后知松柏之后凋也"之语为人格原型的松、竹、梅岁寒三友吉祥图案，如梅、兰、竹、菊四君子组合吉祥图案，都被文人学士用来作为坚贞、高洁情操的礼赞和自我表达；同时，符合儒家"天人合一"观点的花、鸟、虫、兽的吉祥纹样，也常常以比兴的手法出现在传统的家具设计纹饰中，体现着人与大自然的和谐。在儒学影响下，我国许多古人的文化和思想在吉祥图案中也有反映：如"学而优则仕"的"一路连科""路路连科""青云直上"等，表现科举高中，仕途顺畅；如"俸禄富贵"思想，表现禄文化，"鹿"便成了占第一位的吉祥物，有"玉堂富贵""雀禄封候""受天百禄"等。其实，在吉祥图案逐步完善的过程中，每种物品已经有了它固定的含义，比如牡丹寓意富贵，石榴寓意多子，鹿寓意禄，蝙蝠、桃子、佛手寓意福，喜鹊寓意喜庆，鱼寓意富足，瓶寓意平安，橘、戟寓意吉，磬寓意庆，象寓意祥，葫芦寓意子孙万代绵长，诸如此类，不胜枚举。中国传统家具极具中国传统文化和艺术特色，体现了大量的民俗意蕴，这些吉祥图案把这种民俗的意蕴表现得淋漓尽致。传统装饰吉祥图案也可以说是民俗"人文景观"的一个形象世界，它以合理化的结构与艺术化的造型，充分地展示出简洁、明快、质朴的艺术风貌，将雅俗熔于一炉，雅而致用，俗不伤雅，达到美学、力学、功用三者的完美统一。

中国传统家具设计经过了数千年的发展，受儒家文化的熏陶，逐渐形成了独具特色的家具文化体系。中国传统家具始终是以不变应万变的方式在传承和发展，中国传统哲学思想和宗教文化是中国传统家具文化发展的推动力和基石。在中国传统文化的发展脉络中，儒家文化是主导，道家和禅宗（佛教）是侧翼，不同的时代，文化的侧重点也不同，中国传统家具正是在这文化脉络的此消彼长中一步步地传承和发展的。儒家思想已经深入中国传统家具的骨髓，这正是中国传统家具的思想内核。中国传统家具设计绝不是形式上的游戏，我们要深刻认识到它的传统文化内涵，要"激活历史，创意未来"。纵观中国古代与现代家具的发展，可以看到，表现具有中国传统审美特征和自然观的家具，绝不局限于一般意义上的造型、雕刻、材质和色彩上的视觉感受，而是将对生活的理解沉淀在其中。儒家文化思想是人类文化不可或缺的灿烂音符，必将成为一个深邃而丰富的"生命"。

北宋 李成《晴峦萧寺图》局部

助天生物　道化美极
中国现代城市景观设计与道家生态观

　　道家生态观文化思想在中国城市景观设计中从设计理念到应用布局都具有重要的指导意义，现代城市景观设计应在尊重自然的同时实现人与自然的可持续发展，这是现代城市景观设计应遵循的基本原则。先哲老子、庄子留下来的隽言慧语，让人们领悟生命世界的神奇，涌动出一种难以名状的生命冲动。更令人惊异的是，还可能体会到一种与大自然融为一体的境界，强调人与自然万物同生共运，强调天、地、人之间的平衡。

　　在中国现代城市化进程中，生态危机是当今社会面临的主要问题，道家"道法自然""天人合一"的思想与今天倡导的生态文明观点相一致，老子"自然之教"思想充分体现了遵从整体生态机制的思想和精神。实质上，老子以"道"和"无为"为核心的思想体系，在很大程度上可以说是一种生态意识的哲学化表达。其思想的生态文化意义是尊重自然，并遵守人与自然的和谐原则。现代城市景观生态设计必须重新审视其行为准则和价值标准，积极寻找解决危机的方法和途径。从自然生态实践来看，道家对大自然以及生命事物赋予的神圣性，恰恰是构成人类本应一贯坚持的、符合生态规律行为的信仰机制。然而老子似乎一直在用诗的语言回应此一千古谜题：荒兮，其未央哉！众人熙熙，如享太牢，如春登台。我独泊兮，其未兆。

沌沌兮，如婴儿之未孩；儽儽兮，若无所归。老子以宏大的视野，从宇宙整体的维度揭示了人与外部世界的和谐关系本质，倡导"回归自然""物无贵贱"的思想是解决这些问题的有效措施，因此道家生态观是现代城市景观设计建设的核心思想。

一、现代城市景观设计中道家生态观的历史与构建

1. 现代城市景观设计中应具有道家"天人和合"的自然生态和谐观

天地之思是道家生态观的历史生成，战国时期，伟大诗人屈原曾在《招魂》中的生命吟咏，就颇耐人寻味。这首诗虽然蕴涵有浪漫想象的成分，但却明显表达出了一种非常真切的生态观念及强烈情感。道祖老子更突出地强调了生命价值的至上性，他质问世人：名与身孰亲？身与货孰多？得与亡孰病？庄子也提倡养生之道，指出生命对自然有着极度渴求感，极大地刺激着人们对生命和自然环境的美妙想象。老子认为"道"是宇宙的本原也是万物存在的根据，主张"大地以自然为运，圣人以自然为用，自然者道也"。庄子在"道法自然"思想的基础上以自然为宗，强调无为，就是人与宇宙合一的精神，这也是中国城市景观设计艺术精神的基本性格。

庄子继承、丰富了老子的生态和谐思想，认为人类必须"守其一以处其和"，也就是要持守自己的天然之性，才能与大自然和谐无间。这种人与自然的终极和谐境界，实质上反映了道家追求人与自然的高度"和合"的精神。道家认为"道"的法则是自然而然的，人的活动应该按照自然规律进行，人与自然的因果关系存在于人和自然之间，因此，现代城市景观设计不能以征服者自居。人的存在与大自然分不开，如果生态平衡被打破，人就不能竟其天年，所以，现代城市景观设计的首要理念必须是天人和合与敬畏自然，保护生态自然环境。

人与自然的和谐，以及整个生态系统的良性有序化，是现代城市景观生态文明观及其设计审美实践的核心原则和终极追求目标。道家尊重生命，在"道"中实现

了生态自然的和谐统一。老子认为天、地、人三才合一，才能使整个世界呈现出一片和谐安宁的景象，"天地相合，以降甘露"寓意大自然本来就是和谐的，具有泛生万物的功能。在这样的环境中，人民可以自由自在地生活，可以自发地和谐相处。实际上可以把其最高的概念"道"的本性，归结为"和"。因此，知"和"、处"和"，才是中国现代城市景观生态设计应该具备的明哲智慧。现代城市景观设计需要重建人类——城市——自然的共生关系，只有原始的生态文明跟现代的低碳技术结合在一起，才能够超越工业文明，创造出一种新的能够与自然和谐相处的现代城市景观模式。生态自然和谐是现代城市景观生态设计永恒的追求。

2.现代城市景观设计中应确立道家"助天生物"的自然生态实践观

道家自然生态观作为传统文化的有形载体，在维系、改善生态的环境实践方面，有着充分的实践基础。道家思想是针对人类社会文明进化过程中所存在的异化性，而作出的深刻反思，且具有很大的生态合理性。道人崇尚山林生活，积极与大自然进行亲密的交流，从而在实践中积累了丰富的生态知识。这些知识，乃是支撑其生态思想的有力基石。

老子率先提出的"无为"原则，无疑是道家文化在实践方法论上的核心原则。一般认为，"无为"并不是无所作为，而是不违背自然运动秩序而为。因此，"无为"作为一种人类行为准则，旨在用和谐的方式来创意现代城市景观设计艺术，不断培蓄人与大自然之间的亲密情感，从而消弭人与自然之间的紧张、敌对关系。在继承了老子"无为"思想的基础上，《太平经》进一步提出了"助天生物"的理念。此一概念，更完整、具体地体现了道教的生态实践精神，这也是中国现代城市景观设计应遵循的原则。何谓"助天生物"？首先，从实践的目的来看，"助天生物"的核心是"生物"，就是天地滋生养成万物的过程。人类自身及其所有的生命事物，无不是天生之、地养之。然而，如果天地之间的和谐一旦被破坏，那么，其生养万物的功能也将受到影响，必然会抑制生命事物的正常生长、繁衍。所以在中国城市景观生态设计中应注重与自然生态的关系并阴阳互补相配，现代城市景观生态设计的理念应该追求低碳排放与自然相融合。

中国现代城市景观生态设计应该具有"助天生物"理论根基。其目的就是要在城市景观设计审美实践中，想尽办法来维系、保持或促使天地环境达致和谐有序，使其增强或提高生养万物的功能，从而使现代城市景观成为各种生命能自由繁衍、成长的乐园。这就是道家"助天生物"的目的，乃是要造就一个更完美、更和谐的，充满了生命事物的丰富世界，同时也使得更多的生命事物能生长繁茂。从现代城市景观设计实践的方法来看，"助天生物"的精义在于"助"这个字眼上。"助天"之"助"，意味着配合、协助、促进"天道"的实现，以获求一个和谐的、充满生机的大自然生态环境。《太平经》提出了一个重要的生态实践准则："顺常"。所谓"顺常"，就是要顺应整体的生态系统规律。所以，在生态实践意义上，"顺常"强调的是"奉承天法，随顺天和"，反对人们为了自我的利益而恣肆伤害其他自然生命、破坏生态秩序，特别是追求那种奢华生活而不顾及环境保护的行为。道家"助天生物"的自然生态实践观发展，对中国现代城市景观生态特色的形成具有极为重要的指导意义。

二、现代城市景观设计中道家生态观的体悟与塑造

1. 现代城市景观设计对道家整体自然生态观应有"精思山林"的智慧领悟

中国传统道家文化注重实践，其生态观念绝不仅仅体现在抽象的哲学、思想的层面，道家的生态思想和实践精神取向，必然会转化为具体的知识和技术形态，在追求生命意义的目标下促进人与自然的和谐相处。正是在这样一种积极地效法自然、学习自然的实践观念指导下，中国现代城市景观生态设计审美"回归自然，致敬人生"的生态观理念不断地深入发展和丰富。

四川峨眉山 清音阁

道家信仰者为养性长生的目标所驱，长期徜徉深居于"山林丛木之乡"。生机勃勃的山林生态景况丰富着他们的生命力和想象力，构成了道家自然生态智慧的灵感源泉。道家思想信仰者似乎深刻体验、认识到，在那些充满生命活力的山林中，肯定蕴藏着生命滋长、循环往复的自然奥秘。正是这种精思山林的动机和信念，导致了中国现代城市景观生态设计审美以"生态学"的思维和视角来观察、认识整个环境。在现代城市景观生态设计实践过程中，发现、积累、塑造相当丰富的城市景观设计生态智慧和技术是十分必要的。生态智慧是精思山林的一种实践哲学，能够被广泛应用于现代城市景观设计之中，这就是现代城市景观设计构建及城市景观营造进行了精思山林生态智慧的认识与领悟。

　　自然树木茂密的山林环境，启发了道人对生存环境之生态整体性的认知。道教文化中的山岳真形图经，实质上就可以看作道人对山林生境进行整观而采用的一种知识符号化描述形式，是关于自然山林环境的地形、地貌及生物分布状况等方面的知识集合。这些奇怪的图形符号背后，所蕴藏着的精思山林生态观念及思维。道家对于山林生态系统的取像式整体认知方式，充分体现了整体性、动态性、模糊性的特征。因此，道家文化的生态象征学和形态学方法，是体现了中国传统特色的生态学思想和实践方法的一套文化符号模式。这种模式乃内含了信仰、伦理以及科学知识成分在内的一种统一文化符号方式。整体自然生态意识在熔铸成为一种终极的价值观和世界观基础上，道家精思山林的自然生态知识便成为中国现代城市景观设计理念体系的一部分。

　　道家对精思山林性的认识和重视，恰恰就是值得现代城市景观生态设计汲取的传统经验和智慧。正是在这一价值向度前提下，现代城市景观设计审美展开了对生态自然及其规律的广泛认识。而且，其认识活动的背景与对象仍然主要是生态山林生境。在现代城市景观生态设计中山地森林自然呈现出来的物种和丰富的绚丽生命世界，不仅激发着现代人对生命的热爱之情，而且极大地调动了人们对于自然界各种生命事物的认知和领悟。现代城市景观设计通过对各种影响生态环境的自然现象的观察和认识，应深刻地揭示人类生存活动与环境之间的互相制约关系。在现代城市景观设计生态自然理念的认知和领悟下，整个自然界就应该是一个整体和谐的生态系统，其中充满了丰富多彩的生命事物。

2. 现代城市景观设计对道家自然生态观应有"人间学生"的生活方式塑造

人是自然界的产物，与自然关系复杂。人通过社会联系起来，与自然环境一起发展，自然是人类生存和表现自我的基本条件。从中国传统文化来看，道家在长期的自然生态实践过程中，积累起来的丰富知识和技术，往往通过特有的济世度人传播方式，影响社会、民间，为民生国家造福。道家文化的主体知识和技术，始终是围绕如何健康、长久地维系、繁衍生命而展开的。正因如此，现代城市景观设计站在现代文明的视野中来看，自然生态化理念对于中国现代城市景观生态设计的知识与技术引领，是建立在一个以生命价值为至上目标，并以符合生态规律的实践方法为理念的基础之上的。中国现代城市景观生态设计基于遵循生态规律而建立起来的道家文化知识、技术传统，确实可以为促成现代城市景观的生态文明方式的形成，提供某种支撑性的精神力量。生命康养作为一种生态化的生活方式一直是道家独特的、具有深厚传统的主张。它蕴涵着对处理人与社会、自然之关系的特定方法及倾向性。道家"人间学生"的文化其实是在塑造一种和谐的生活方式。而这种生活方式的理念，就是内含着深刻的生态学意义。因为，在很大程度上，它是以人与自然的和谐为主要基调而建构起来的。道家文化对于"人间学生"文化的规律性认识，实质上蕴涵着丰富的生态学知识及其价值取向。

人是自然生态文明的主体，现代城市景观设计需要在顺应自然的前提下，学会利用自然，道家文化中的"学生"并非简单的实用"仿生学"，主要是表达适应环境，并与之相和谐的生存能力和方法——从中启悟生命的内在运动规律。在《抱朴子·内篇》中，葛洪明确地指出了道人向自然对象学习的目的、原则和方法，道人对动植物一些生命运动现象的模仿和学习，实质上导致了一种符合生态规律的生活技术理念的显现化。当现代城市景观生态设计把这种方法理念具体化为一些真正的城市景观设计知识和技术，并推而及之于现代社会生活当中的时候，就必然地促进了一种现代城市景观设计生态化生活方式的形成。这既有利于自然生态化的和谐，也可塑造人们对于自然的尊重、热爱之情感。道家文化中"人间学生"的自然生态化生活方式，对现代城市景观设计的生态化建构作出了重要贡献，以顺应自然的认识精髓强调以尊重自然为最高准则，才能达到"天地与我并生，万物与我为一"的境界。这种超越物欲追求，肯定物我融合的思想在道家文化"人间学生"的生态理念中具有重要作用。

现代城市自然生态文化注重自然生态价值，有利于节约资源和环境保护，培养人们尊重自然的价值观，避免因发展经济而牺牲环境。在一定程度上，道家"人间学生"的自然生态化的生活方式确实可以为生产活动提供有效的服务，促使人类的生产行为与周围环境状况相协调。道家人间学生的自然生态文化对于中国现代城市景观生态设计实践的影响，具有很明显的生态学意义，对中国现代城市景观设计自然生态的生活方式的塑造起着决定性的作用。

三、现代城市景观设计中道家生态观的审美与实践

1. 现代城市景观设计中"道性之美"是混溟大化的宇宙之魅

随着现代城市景观生态文明的发展，现代城市景观的设计审美视野似乎也有待扩展到一个更为广阔的领域。在现代人的精神世界里注入一种生态系统"大美"的理念结构和心理情感，却不是一件容易的事情。如果在现代城市景观生态设计审美中要塑造完整的生态自我人格，就必须使自己具备"大美"的情怀，具有"大美"的精神。

北京傅增湘园林亭廊

当先哲老子在"观天""问天"——探察宇宙、自然、生命之奥秘的时候，"道"，其实就是老子对宇宙之魂灵的深远感受，也是他对大自然之力量的真诚、激情的赞美。在追寻人类生命之根源的过程中，老子最终体会到的是一种超越自我、融于造化的存在之境，是一种极为深沉、广域的道性之美的生命审美体验，道家主张从生态整体来观照世界的和谐，来欣赏芸芸众生的美，让所有的生命事物都享受天地的恩赐、福泽，其实就是"众美"之美。道家劝戒人们，一要学会体知"天地之美"，然后才会真正"知万物之理"，这才是合乎"道"的方式。

现代城市景观生态设计中关于"道性之美"的挖掘却甚少涉及，传统美学特征在城市文化发展中销声匿迹。而今中国现代城市景观的生态设计迫切追求的是现代文明和传统美学的契合，在国际化的背景下赋予新城市生态景观以独特的个性魅力，体现现代城市景观设计中的中国意境。现代城市景观生态设计理念首先应该要学会领悟大自然，从情感上认同、从心底里赞美，与大自然建立起一种亲密无间的关系，然后才能真正理解大自然，正确地对待大自然，才能使现代城市景观设计融入一个更广阔的存在，并把设计审美引向一种永恒的精神境域中。因此，"道性之美"的生态实践及思想，本质上首先应该是一种深邃的"美学"。因为，在道家看来，人们认识、把握世界的过程及实践活动，乃应该以对大自然的审美体验为起点来契入，而且，这种审美活动的成果、经验以及方式，都被要求一并整合起来，构成为贯穿人类认识和实践活动过程始终的决定性力量。实质上，这种力量的精神底蕴就是：深藏于现代城市景观设计理念中的一种博大、沉郁的生态"大美"情怀，是对大自然所有生命体所共同的无限眷念、敬畏、热爱之情的涌动。因此，中国现代城市景观设计审美在追求大道的过程，其实就是不断地培蓄、扩展、提升这种"大美"情怀和精神境界的过程。

道家文化思想正是在对大自然的深刻的审美体验中，领略到了宇宙之无序之序的混沌力量，从而使自我进入一个更为深层、广域性的生命存在，并升华至生态自我的"大美"超越境界。现代城市景观生态设计的审美体验，美本身是建立在生命之和谐、永恒的基础上的。中国现代城市景观生态设计的审美意识、审美活动及趣味，其精神底蕴仍在于其"大美"观念。中国现代城市景观生态设计中的"道性之美"就是对自然生态整体的美感享受，这就是生命之"大美"——潜藏在宇宙混沌之中，以及所有感性生命体内部的那股永不停歇的生命力量。

2. 现代城市景观设计中"道化之美"是流变反覆的自然韵律

道家文化的生态观思想主要是追求人与自然的和谐。然而生态观的核心内涵就是强调人要顺从自然，使人类与自然和谐共生、融合为一。现代城市景观设计布局可以灵活自由，建筑与自然融为一体，坚持"依形造物，因地制宜"的原则，秉持"师法自然，天人合一"的景观理念，可以营造出具有"道性之美"的新城市景观环境。

老庄对自然美的认知达到了很高的精神境界，大自然的美在于它充分地体现了无为而无不为的道，在现代城市景观生态设计中，强调要"本于自然，高于自然"，这也是道家"道法自然"思想的体现。由此只有这样的现代城市景观设计审美，才能符合道家生态文化寄意山林的初衷和道化之美的自然韵律。当老子在整观大自然这个生命乐园的时候，他默默而思：万物并作，吾以观复。夫物芸芸，各复归其根。老子其实为我们揭示了大自然的生命韵律：每天都有着许多生命从地里长出来，同时又有很多生命回到土地；丰富无限的生命个体，沿着各自的轨迹运动，相互交融，既精彩纷呈，又统一协调。这就是大自然的道化之美一直都在演奏着的生命运动的主旋律。

庄子的"生物演化图"绝不是凭空想像，而是既立足于现实，又从超越自我和个体实在的层面来"想像"。他体会到了整个生命世界的自然韵律，是如此恢弘而美妙。在大自然中，所有的生命事物都是平等的，没有谁是主宰者，也没有来自天外的力量。任何事物都是这个运动、变化着的生命世界中的一环。因此，"道"是无处不在的，道化之美的文化思想可谓充分反映了庄子的生态"大美"观。在道家生态美学视野中，对大自然之生命运动韵律的审美体验，积淀成了一种以"变化""大化"为理念的审美范式。已经充分感悟到了环境整体性和谐的美学底蕴，体悟到一种超越世俗之美的自然生态"大美"境界。中国现代城市景观设计理念就应该是对自然山水的审美体验，实质上是一种人性回归自然的过程。道家生态文化融于山水之间，充分感受到了大自然的生命韵律之美。在大自然中不仅领略到了一种生态"大美"的品性，享受到了一种融自我于宇宙的崇高美的愉悦，以达到"大我"之境界。这种道化自然韵律精神之美不仅是中国哲学的基本精神，也是当下中国城市景观生态设计的最高精神。

四、现代城市景观设计中道家生态观的文化与意义

1. 现代城市景观设计中道家生态文化思想的大力弘扬

中国现代城市景观生态设计是在"天人和合"的中国道家文化生态观影响下，通过与现代的国际化元素融合，结合自然生态美学文化艺术，发展成独具特色的东方审美风格，然而现代城市景观生态危机已然成为人类在维系自我生存方面所面临的严峻问题。中国现代城市景观生态设计定位思考，它是对传统的继承和创新，最终达到现代城市景观生态对道家生态文化思想的承形、延意、传神。中国道家生态观文化以其包容性和多元性，在中国与现代景观生态设计理念的碰撞交融中，可产生丰富多样的景观形式，将为世界生态景观设计带来一股清新的东方之风，为当代城市生活注入一股全新的智慧能量。当代道家的生态文化实践，绝非仅仅停留在研究、弘扬传统生态思想或精神的层面，而是有着更为具体、丰富的生态建设、环境保护的实践行为。回归自然而真实的现代城市景观设计和传统自信的文化景观理念应该是主题。现代城市景观生态设计要加强创新、体现现代城市景观生态设计的价值，营造出既有传统韵味又充满自信的中国现代城市生态文化景观。

中国传统道家生态观文化思想是在历史的传承中保存下来的文化遗产，成为当代城市景观设计首要的命题。其实也就是一种"生态文化景观"的概念，当生态文化遇上景观，不仅可以让传统道家生态文化艺术在当今社会得到合适的展现，也带给现代城市景观设计实践行业新的机遇。中国城市景观设计应秉持着"弘扬道家生态观审美与实践，让人文与自然和谐共生"的使命，致力于中国城市生态文化景观的打造，让自然生态文化城市景观设计创新繁荣，让传统道家生态观文化发扬光大。

2. 现代城市景观设计应积极开展生态环境保护实践

中国现代城市景观生态设计审美理念应传承道家生态观精髓、创造城市精神，形成我国独具特色的新城市生态景观设计。中国现代城市景观设计理念中的道性与人性和谐的一贯思想，依然引导着自然山水与自然生态的探求尝试方式，遵循返璞归真、朴素自然为审美标准和现代景观设计规律。中国现代城市景观生态设计必须关注道家生态观文化的本土研究，积极探索实践富有地域性景观的文化特征，最终设计出独具特色的现代景观设计风格。中国城市景观在国际化思潮和本土文化的融合下，在道家生态观文化的基础上，吸收有益外来文化元素，使得民族文化和道家生态观文化得到保护和实践。

现代城市景观生态设计的理念是传统生态观意境中的"自然"情结，在现代快节奏生活与文化消费背景的影响下，城市景观设计要简洁、容易识别，要体现城市的现代感，体现人们与时俱进的审美要求。当代城市景观设计的生态文化实践，已经显示出了道家生态思想及文化传统的巨大现代价值。道家生态观是最能体现现代城市景观设计精神的文化载体之一，其中蕴藏着难以穷尽的宝贵思想文化资源。道家的生态观文化思想是现代城市景观生态设计实践的坚实理论基础。中国现代城市景观的发展，是我国政治、经济、文化不断提升的综合体现，是社会生态文化的映射，是传统生态观文化遗产的体现。现代城市景观生态设计实践不仅要满足社会发展需求，也应该延续中国道家文化传统的生态文化神韵，现代城市景观设计既具有道家生态文化思想的意境美，又符合现代城市景观生态设计理念。但现代城市景观设计实践不能只模仿形式的，应该更多地从传统文化、地域民族的深层结构创建城市生态景观环境保护，推动中国现代城市景观设计实践的生态文化发展。

从道家的生态实践来看，道家生态观对大自然以及生命事物赋予的神圣性，恰恰是构成人类本应一贯坚持的、符合生态规律之行为的信仰机制。道家生态观文化思想在现代城市景观生态设计实践中，不只限于造型和色彩上的视觉冲击，更重要的是生态文化发展的必然产物，通过现代城市景观调节人们的生活环境，来把握人类本身的存在和意义。现代景观设计艺术的表现形式始终顺应自然的存在与人文精神的需求，无形地造就出一种"天人合一"的生态文化思想意境，"本于自然，高于自然"是现代城市景观生态设计的审美追求，以再现自然山水为基本原则，追求人与生态自然的和谐，其艺术特质受到传统道家思想的影响，重视自然而抑制人工，强调对自然的尊重和利用。"虽由人作，宛自天开"是中国现代城市景观生态设计的美学命题，其精神内涵是"道"的境界。中国现代城市景观生态设计应该做到自然美、建筑美、生态美和文学艺术的有机统一，达到了外师造化、中得心源的境界，我们应该继承发扬传统道家生态观文化思想，指导未来的中国城市景观设计创新理念。

尊道贵德 弘道扬善
中国现代城市景观设计与道家文化理念

一、现代城市景观设计尊道守德的原则与理念

1. 现代城市景观设计应奉行道法自然的天道原则

道法自然，出自《道德经》第二十五章："人法地，地法天，天法道，道法自然。"这就是说，人取法地，地取法天，天取法道，道自根自本，无所取法，因此说"道法自然"。人能法自然，则自然和人就浑然一体，物我无间了。道化生万物，皆自然无为而生，不受外界任何意志的干扰和制约，这就是道家"道法自然"的天道原则。

城市自然美感的回归，是中国当下城市景观设计的发展趋向。其实整个大自然，都是在"道"的管理下，按照自然的法则运行着。万事万物都有其固有的秩序准则和运行规律，其行为表象和意识形态无法脱离自然而独立存在，也必须遵从着自然规律。无论是城市规划、绿地公园、河道整治，还是景观工程，都可以理解为人类改造自然的一种方式，这种"改造"也是自然界现象的一部分，必须顺应固有的自然规律，才能真正融于自然，可持续地成为自然的组成部分而成立下去。道法自然，是指道的本性就是自然而然的。这就是说，"道"是由自然派生出来的，其本性也

是自然的。葛洪《抱朴子·内篇》明确提出："自然"是天道的特性，称"天道无为，任物自然，无亲无疏，无彼无此也"，而万物的"变化"又是自然的特性，"变化者乃天地之自然"。道法自然，乃天地之道。《淮南子》称："天下之事，不可违也，因此自然而推之。"意谓不论自然界或者人类社会，凡事都要循道而行，自然而然，不可勉强。《太平经》则称"元气自然，共为天地之性也"，这就是说，自然和元气一样，都是高于天地的东西。又称："比若地上生草木，岂有类也。是元气守道而生如此矣。自然守道而行，万物皆得其所矣。"也就是说，自然而然地循道而行，万物都可以得到它自身所处的位置，这就是天地之道。

道法自然是关于人与自然和谐相处的生态自然观，对中国城市景观设计也起到了不可或缺的作用。20世纪90年代中期，中国很多城市滨水景观区的"开发"过程中表现出来的对原有河流湖泊的大量侵占，使建在低洼带的小区"渍水"现象严重。在一些城市的河道滨水景观建设中，无视防洪水位的要求，将建筑物及重要构筑物建在水位控制线下，致使洪水来临时惨遭损失的现象亦有发生。人类行为活动违反自然准则必将酿成恶果，而唯有在对自然界的改造过程中以"道法自然"的原则为宗旨，人类社会才能长治久安地与自然共存。在现代城市河道滨水景观建设中，充分尊重原有城市肌理和场地的地形地貌，在对周边环境给予充分考察的基础上进行设计定位，准确把握滨水区域在城市整体规划中的地位和承担的角色，把合适的景观形式、风格定位放在合适的区域位置，才能充分发挥"道法自然"生态文化思想在设计中的指导作用，塑造出与人融合、与环境融合的现代城市景观空间。

在现代城市景观的大环境中人与自然万物都是"道"的化生，必须充分体现人与自然和谐共生的原则。"道"的本性是自然无为的，能化生万物，即自然之道是贯通天、地、人的，"天地"又遵循自然之道，人也遵循自然之道，天地与人皆合于自然之道，万物都是按照"道"赋予它的秉性有自然生存发展的权利。所谓"天地之大德同生，人应该与天地合其德"，对万物"利而不害"，辅助万物自然生长。这就是人与自然和谐共生的基本原则，是现代城市景观设计环节中任何人、任何时候都不能破坏的。道法自然的天道原则告诉我们，现代城市景观设计应认识和遵循自然之道是非常重要的。因为，只有认识道、遵循道，才能充分发挥人的潜力，也只有认识宇宙、把握自然，才能使人的价值得到充分体现，从而使人性还于至善至美之境地，即还于人之本性亦即天性。如果现代城市景观设计从"道法自然"的角度来看待人与世上的万事万物，就会发现除了人的主观意识外，人与万事万物并无本质区别。"道"是自然无为、无相无形的，所以人及大千世界的有形万物皆从自然中来。根据"道法自然"的天道原则，如果现代城市景观设计能珍惜大自然赋予我们的智慧，去认识自然之本来面目，那么，现代城市景观环境发展定会更加兴旺昌盛，也只有这样，才能无愧于伟大而永恒的大自然。

在现代城市景观环境中，人与自然是相互依存的，体现了人与自然和谐发展的原则。道家文化思想从"天人合一"的整体出发，十分重视人对环境的依赖关系。道家认为，维护整个自然界的和谐与安宁，是人类本身赖以生存和发展的重要前提。要保持人与自然的和谐统一，就要确保天地的平安。因此，《黄帝阴符经》开篇就提出："观天之道，执天之行，尽矣。"所谓"观天之道"就是要认识自然规律，"执天之道"就是要掌握和利用自然规律。现代城市景观环境中人与自然和谐的根本就在于此，只有懂得自然规律、掌握自然规律，才能更好地利用自然规律，从而不违背自然规律，这样才能真正达到人与自然的和谐。现代城市景观设计理念应清醒地认识到，自然界的万物只有和谐相处，才能共生共长，这是亘古不变的自然规律。道家还认为，人是道的中和之气所化生，是万物之中最有灵气、最有智慧的物类。因此，把人放在"万物之师长"的位置，为"理万物之长"。也就是说，现代城市景观设计理念要求人负有管理和爱护自然万物的职责，人应该"助天生物"，"助地养形"，使大自然更加完美，人与自然更加和谐。

苏州怡园 拜石轩

2. 现代城市景观设计应遵循善待万物的济世理念

现代城市景观环境都具有它独特的自然生态特色和历史文化的厚重感。在城市的景观设计中，首先要注入强烈的生态自然观，让这座城市就能感受到尊道守德所带来的独特魅力。其次现代城市景观设计中道家济世文化人文思想理念的注入也是十分重要的。道家济世文化思想的体现，会使得现代城市景观环境更具有吸引力，也更有竞争力。

慈悲仁爱是道家伦理道德的重要理念，亦是道家济世度人的优良传统。首先，慈悲仁爱的道德思想表现在"善待万物"的行为上。道家认为，生命是神圣不可侵犯的，无论是天地至灵的人类，还是遍布山川大地的禽兽虫鱼，它们的生命都是"道"的化身，是大道自然的杰作，亦是大道至德的显现。因此，重视生态自然、善待万物是符合天道自然之本性的，是现代城市景观环境人与自然和谐相处的根本所在。《太上感应篇》明确指出了种种伤害生命的恶行，如："射飞逐走，发蛰惊栖，填穴覆巢，伤胎破卵"；"用药杀树"；"春月燎猎"；"无故杀龟打蛇"；等等。并指出"如是等罪，司命随其轻重，夺其纪算，算尽则死。死有余责，乃殃及子孙"。同时，还明确提出了善待万物的具体行为，如："积德累功，慈心于物"；"昆虫草木，犹不可伤"；"济人之急，救人之危"；等等。并指出，对于这些善待万物的善行，则"人皆敬之，天道佑之，福禄随之，众邪远之，神灵卫之，所作必成，神仙可冀"。道家天道自然生态的文化思想要求现代城市景观设计理念应懂得慈爱恭敬，尊顺自然的规律，持守正身以保身形，怜悯万物而不伤害生命。善待万物，慈心于物,这就是道家文化自古以来就有的济世伦理的传统。这种"使民慈心于众生"的思想，正是道家对现代城市景观环境济世伦理的情感寄托和至善真情。在这里，道家文化思想充分肯定了"善待万物"的必然性和道德价值，指出生态自然间的一切生命都各有其存在的价值，它们同人的生命一样，都应得到重视和保护。这既是道家的优良传统，又是道家的济世伦理思想。因此，现代城市景观设计理念应该大力提倡和弘扬，这对现代城市景观环境中人与自然的和谐发展是具有积极意义的。

现代城市景观设计应具有善待万物的生态设计原则。道家认为，天地万物以及人的处世都要按道行事，无论是天道还是人道都是柔弱谦下，彼此相容而不相害的。人能守柔弱则善待是道家文化思想修养的基本原则。《道德经》还称："上善若水，水善利万物而不争，处众人之所恶，故几于道。"又曰："圣人之道，为而不争。"于是，为而不争，善待万物，就应成为现代城市景观设计理念的根本原则。《道德经》述及"不争"思想的地方很多，如"知足""知止""不有""不自是""不自伐""不自矜""不敢为天下先"等等，其最后一章曾高度概括称"天之道，利而不害；圣人之道，为而不争"。这种善待万物为而不争的文化思想高度其实就是现代城市景观设计理念的根本理解和把握。《老子想尔注》称："水善能柔弱，象道。去高就下，避实归虚，常润利万物，终不争，故欲令人法则之也。"现代城市景观设计理念如果能仿效水的不争，就可以做到人与城市自然不遇大害和谐相融。《道德真经广圣义》注释"三宝"时称："慈以法天，泽无不被也；俭以法地，大信不欺也；让以法人，恭谦不争也。此三者，理国之本，立身之基，宝而贵之，故曰三宝。"意思是慈、俭是天道的特征，而不争是人道的特征，三者都是道之用也。道家的"善待不争"思想应为现代城市景观设计所重视，成为现代城市景观设计人与自然的重要内容。"善待不争"思想还应体现在现代城市景观设计实践之中，成为城市景观设计的一项行为规范。在现代城市景观设计中的"不争"，并不是一种不思进取、无所作为之举。相反，则是一种"不争而善胜"的设计理念方法，是一种善待万物"为而不争"的设计原则。

现代城市景观设计理念就是要高度重视传统道家文化善待万物为而不争的济世伦理思想，更好地营造现代城市生活的良好自然环境与生态空间。城市景观设计一定要最大化的生态自然的功能价值，真正达到人与自然和谐相处，共同发展，这将使一座城市具有强劲的生命力，具有浓烈的自然生态文化氛围和城市魅力。现代城市景观设计从万物皆有道性的思想出发，应特别重视对善待万物的济世理念的追求。现代城市建筑景观设计正是在万物皆有道性的情感寄托中，才有了城市人与自然形成了"重生"的特点，使现代城市景观环境的生命美好而久远。道家文化是无形的，城市景观是有形的，现代的城市景观应该成为城市与人们之间的一条文化性纽带，体现城市的文脉。现代生态济世观念，就是将现代生态理念引入实践，将人与自然环境作为一个整体的系统，把人与自然环境之间的协同关系看作生态美的根源，为现代城市景观的设计理念指明方向。因此，中国的现代景观设计必须引入生态善待万物观念和传统济世文化，把握传统尊道守德观念的现实意义，融入现代城市景观环境的需求。现代的景观设计应是自然环境与文化艺术结合的产物，这就要求景观设计师要寻求一条使自然与传统道家文化和谐共生的途径，重新构建"自然——人——文化"之间的和谐关系，将传统善待万物的济世文化理念应用到现代城市景观设计中去。总之，现代城市多层次景观环境设计理念需要不断完善和改进，最终要把我们生存的城市景观空间和环境建设得更科学、更符合自然生态可持续发展的理念。

二、现代城市景观设计自然生态的追求与使命

1. 现代城市景观设计自然生态的和谐理念追求

中国是最早提倡"和谐"的国家。在西周末年，周太史史伯就提出"和实生物，同则不继"的哲学命题和思想理论。继史伯以后，又有春秋时晏婴论"和同之异"，接着，孔子提出"和为贵"，孟子提出"人和"的思想，并且把"人和"上升到高于天时、地利之上的位置。因此，和谐是人类现代城市景观环境的永恒追求，更是现代城市景观设计的目标追求。被称为"群经之首"的《周易》中乾、坤两卦象传的两句话"天行健，君子以自强不息"，"地势坤，君子以厚德载物"，这正是中

华民族精神的核心。前者意谓：天体运行刚强劲健，君子应该刚健有为，奋发向上，坚忍不拔，决不停息；后者意谓：大地的气势厚实和顺，君子应该包容万物，兼容并蓄，宽宏博怀，协和万邦。前者说的是顽强奋斗的精神，后者讲的是兼容和谐的精神。在现代城市景观设计理念中"和谐"已经成了"生态自然"的代名词了，因此，追求和谐，实现和谐，自然就成了现代城市景观设计专业不懈追求的一个设计理念。现代城市景观是城市生态系统中的重要组成部分，对城市生态系统功能提高和生态自然健康发展有重要作用。生态设计是直接关系到现代城市景观设计成败以及环境质量的非常重要的一个方面，是创造更好的城市环境、更高质量和更安全的景观的有效途径。只有"巧借自然，和谐共生"，我们才能够为人类创造出可持续发展的现代城市景观生存空间。随着城市的高度发展，在严重的环境问题下，城市景观生态自然和谐的设计必须要发挥其重要的作用。城市景观设计的首要任务就是起到生态和谐的作用。城市景观设计也可以结合城市的土地优势资源，扩大整个城市的绿化，融入城市建筑，这会增添城市魅力，改善城市的生态自然环境。生态和谐理念在城市景观设计中的运用将决定现代城市景观环境未来的发展方向。

　　人与自然的和谐关系始终是人类社会关注的话题，也是现代城市景观设计的主题，庄子第一次注意到人类与自然的关系问题，他认为人应当顺应自然而不要强加作为。所以，道家思想的自然观就是强调人与自然的和谐共生，人与自然和谐的法则就是"天人合一"。自然界中，人与自然万物本来就是同生共运的浑然一体，强调自然、生命、和谐，反映天、地、人三者之间的自然关系。"人法地，地法天，天法道，道法自然"是道家思想处理人与自然关系的准则，它反映了道家"天人合一"的生态自然和谐理念。"道法自然"的和谐原则体现了现代城市景观设计中的生态伦理精神，是生命系统与自然生存环境系统的相互协调、和谐共生的境界。道家生态文化思想对于理想境界的追求，实际上是对于人与自然万物和谐的一种向往。这种追求，体现在道家思想对自然的态度上，道家思想对于自然、宇宙的理解和认识，在对自然的态度上则是顺应自然、无为而治。道家对自然和谐理想之境的追求，早在《山海经》中就有万神共住的昆仑山，山上有西王母和黄帝等神仙居住。山中有各种神兽，有不死树和掌管不死药的仙人，还有壮如蜂、大如鸳鸯的鸟，有无核仙果和吃了不疲劳的草。如《史记·封禅书》载：海上有三神山，名曰蓬莱、方丈、瀛洲。列子《冲虚真经》载：海上有五神山，一叫岱舆，二叫员峤，三叫方壶，四叫瀛洲，五叫蓬莱。道家所描述的这些仙境和洞天福地，皆为道家生态自然和谐的神仙居住之所，同时亦为生态自然环境的理想之地，也是自然世界最为和谐的福地。

道家对自然和谐理想之境的追求是"道"，道生天生地化生万物，是宇宙的本原。在人与自然关系中，道家生态文化思想主张万物之中人为最灵，人能够认识掌握自然之道，所谓"圣人知自然之道不可违，因而制之"，辅万物之自然而不敢当为，遵循生态自然规律而不妄为。因此，道家思想追求人与自然的一种和谐、平衡，就是对自然的敬畏和崇拜，进而对自然万物的关爱和保护。道家文化思想对生态自然理想之境的追求，还体现在对生态自然的态度上。道家所追求的生态自然理想之境，实际上就是人们所向往的一种"顺应自然""无为而治"的境界。道家思想认为，自然界万事万物的存在和发展都有其自身固有的规律性，无不遵从一定的自然法则，所谓"天地之性，万物各自有宜。当任其所长，所能为，所不能为者，而不可强也"。《庄子》认为，天地、日月、星辰、禽兽、树木都有其内在的本性和规律，"天地固有常矣，日月固有明矣，星辰固有列矣，禽兽固有群矣，树木固有立矣"。如果没有认识自然规律而轻举妄动，就会导致灾难；如果不顺应自然之道，刻意作为，"以人灭天"，则会"乱天之经，逆物之情"，必然会造成"云气不待族而雨，草木不待黄而落，日月之光盖以荒"，以及"灾及草木，祸及昆虫"的灾难性后果和生态危机。相反，如果能使自己的行为符合宇宙的运动规律，不仅可以"凡事无大无小，皆守道而行，故无凶"，而且可以"天人合发，万变定基"，从而达到人与自然环境和谐共处的至美境界。

北京北海枕峦廊

中国是一个拥有五千年历史的文明古国，无论是历史文化传统哲学还是传统建筑景观园林，都有着无与伦比的优质资源。因此，当代的中国城市景观设计应该具有创造性的设计，应营造世界独一无二的城市景观环境。具体来说，就是要让中国城市景观设计展现道家自然和谐的生态文化思想文脉，彰显现代城市特色。在展现传统道生万物和谐自然文脉的过程中，让恢弘、大气、磅礴传统道家生态自然和谐的文化成为现代城市景观设计理念的主题，这样才能展现出现代城市自然和谐的景观特色理念追求。

2. 现代城市景观设计生态伦理的精神使命追求

当今城市自然环境的破坏已经成为危害人类生存和发展的重要因素。如何保护生态环境，促进人与自然的和谐已经成为现代城市景观设计所关注的生态伦理的使命问题。生态伦理就是指人们对生命存在与生态环境关系的道德观念、基本规范和道德实践。但随着城市环境问题的日益突出，人们不得不重新认识人与自然之间的关系。现代城市发展随着人类对城市环境危机认识的提高，生态伦理意识逐步加强。城市景观设计专业开始从传统道家文化生态伦理的思想理念出发，强调人与自然的和谐发展，重视生态环境的保护，形成了具有一定特色的生态伦理精神追求。

道家文化思想倡导万物一体的生态伦理精神，以追求"与道合真"为宗旨，认为世间万物原本皆为一体，自然界一切生命的存在都有其合理性，老子在探索宇宙生存过程时，提出"天下万物生于有，有生于无"。"有无相生"，"有"与"无"是统一而不可分割的整体，物与道也是不可分割的。唐代著名道人成玄英《老子义疏》称："所以言物者，欲明道不离物，物不离道，道外无物，物外无道。"可见，道的会通有无是宇宙统一的根据，也是天人与自然统一的根据。在这个统一体中，人只是天地万物的一部分，应当尊重和爱护自然界的一切生物，要以平等意识尊重自然万物的存在与各自的个性。《太平经》称："天地中和同心，共生万物。"认为理想的太平世界应该是人与自然和谐相处、共生共荣的世界。

道家自然生态的伦理精神实质上已形成了一种历史文化环境观念，把人、自然、文化看成一个相关的整体，这是传统生态伦理观念的具体体现。我国传统的环境观、自然观及许多相关理论都为我们现代城市环境与景观规划中进行生态伦理问题研究提供了有益的启示。

随着城市化的进步，经济的飞速发展，如何重新唤起人们尊重自然的伦理观念，加强传统生态伦理观的教育，重新培育现代社会背景下人与自然的伦理关系、社会道德规范，是当今社会处理生态自然与城市发展问题的重要方面。现代城市景观设计理念让我们重新认识到道家文化思想倡导顺应自然的生态伦理精神，尊重自然的价值，主张人与自然的统一是"顺应自然"的重要思想。道家从"顺应自然"的思想出发，对人的价值与自然价值的关系进行了深入的思考，认为人类对自然环境的开发和利用必须要尊重自然规律，如果违背自然之常理而恣意作为就会导致凶灾。所谓"顺天者昌，逆天者亡"就是说的这个道理。汉初时的道家就提出了"顺天者昌，逆天者亡，毋逆天道，则不失所守"。也就是说现代城市景观环境发展中人与自然的行为应该顺应自然规律，这就是顺应自然的生态伦理。《庄子》说："与人和者谓之人乐，与天和者谓之天乐。"人与自然的和谐，人与人的和谐，才有美，才有快乐。道家文化思想从顺应自然的生态伦理精神出发，对人、社会和自然关系的整体思考，给现代城市景观设计理念以深刻的指导意义。现代城市景观的生态伦理学就是研究人与自然之间道德关系的科学，其研究对象包括人与自然的道德关系及受人与自然关系影响的人与人之间的道德关系两方面。我们要从全面保护生态环境的目的出发，积极倡导道家文化的生态伦理精神，从现代城市景观设计理念中来约束和控制人类对于自然环境的破坏，从而创造出一个人与自然和谐相处的美好环境。《太平经》认为，"天地人民万物，本共治一事，善则俱乐，凶则俱苦，故同忧也"。也就是说，天、地、人同为自然界中一部分，本身就有着共生共荣的生态伦理关系，因此必须要互相尊重、和谐共处。道家文化思想的自然生态伦理非常重视自然界万物的和谐，尤其是重视人与自然之间的和谐。

在现代城市景观环境设计中关于自然生态伦理的和谐理念，道家文化思想是以求得人自身的和谐再向外延伸至"天人合一"的和谐境界。现代城市景观设计应符合自然生态伦理的和谐理念，无论是在都市、城镇还是在山林之中，都应十分注意人与自然之间的协调，注意与周边环境之间的协调。道家文化思想认为，天地是人类赖以生存的基础，自然万物是人类的朋友，也是人类生存必需的条件，如果没有自然万物与人和谐共生，现代城市建筑景观环境也不可能独立存在下去。这是自然万物生存和发展的规律，也是自然生态伦理和精神使命的具体体现。研究生态伦理的意义不但利于人类正确认识人与自然的关系，正确认识当今科学技术发展的局限性，还在于通过加强生态伦理道德教育，唤起人们对自然的"道德良知"和"生态良知"。生态伦理的研究和生态保护意识的普及是十分有意义的，唯有如此，现代城市景观设计理念才能树立正确的景观生态伦理道德精神，重新全面认识现代城市与环境景观的关系。因此，从自然生态伦理和精神使命追求出发，强调"天人合一"共为一体，人与自然万物的生存是休戚相关的，要求人类必须认识自然、顺应自然，一切按自然规律行事。既然人与天地万物共存于同一个地球之中，又是一个相互依存的共同体，那么人为万物之灵，就有责任和义务协调人与宇宙、天地、自然万物之间的关系，应该积极主动地维护我们赖以生存的宇宙空间和自然界之祥和。因此，道家文化思想自然生态伦理的精神使命不仅是现代城市景观设计今天需要认真思考的学术问题，而且应该是未来人与自然和谐共处的永恒的精神和使命。

3. 现代城市景观设计天人合一的生命精神与价值取向

"天人合一"思想是中国道家传统哲学的重要思想。"天"指自然万物，"合一"强调人与自然和谐相处。现代城市景观设计承载着"天人合一"的美学思想，其表现形式始终顺从着自然的存在与生命精神的需求，造就一种"天人合德"的感应，使生命精神上得到愉悦和享受。

"天人合一"的哲学观念，是从"天人合德"发展而来的。"天人合德"首见于《周易大传》，"夫大人者，与天地合其德，与日月合其明，与四时合其序，与鬼神合其吉凶。先天而天弗违，后天而奉天时。天且弗违，而况于人呼？况于鬼神呼"？（《乾·文言》）这段话充分表明，人顺应天，求得天人合一，人就能求得生存和发展。道家文化思想认为凡物皆有其自然本性，"顺其自然"即可探究"道"的真谛；"道"是中国古代哲学思想体系中的核心范围。老子认为道具有"有"和"无"两种性质，并分化为两种对抗的势力——阴、阳二气，由它们对立产生新的第三者，再由第三者产生万物。道是事物存在和变化的最普遍的原则。道家主张"天道无为"，按照自然界本来的面目去说自然界。儒家文化思想强调自然和人的生命融为一体，孔子说"生生之谓易"，即强调生活就是宇宙，宇宙就是生活，领略了大自然的妙处，也就领略了生命的意义。道家文化思想非常重视天人合一的和谐理念，道家认为凡是对生命有害的事情都应制止，对生命有利的事情应多加提倡。道家从"天人合一"的整体出发，十分重视人与自然环境的和谐关系。道家认为维护整个自然界的和谐与安宁，是人类本身赖以生存和发展的重要前提。现代城市景观设计理念只有懂得自然规律、掌握自然规律，才能更好地利用自然规律而不违背自然规律，这样才能真正达到人与自然的和谐。

　　道家文化思想的"天人合一"包含了人与自然的和谐，讲"道法自然"就是不要破坏自然界以及自然万物的和谐。《太平经》认为，太阳、太阴、中和三气和谐而化生万物，因此在自然界中，太阳、太阴、中和三气缺一不可。《太平经》称"太阳、太阴、中和三气共为理，更相感动"，"故纯行阳，则地不肯尽成；纯行阴，则天不肯尽生。当合三统，阴阳相得，乃和在中也。古者圣人治致太平，皆求天地中和之心，一气不通，百事乖错"。只有阴阳：气的相互和谐产生中和之气，并共同生养万物，才能有自然界的太平。这就是《太平经》所说的"天气悦下，地气悦上，二气相通，而为中和之气，相受共养万物，无复有害，故曰太平"。《太平经》

明 谢时臣《江干秋色图》局部

还说："三气合并为太和也。太和即出太平之气。断绝此三气，一气绝不达，太和不至，太平不出。阴阳者，要在中和。中和气得，万物滋生，人民和调。"这里的"太和"，为"太阴、太阳、中和"三气的和谐，"太平"则指三气和谐而达到平衡，即自然界生态系统的平衡。也就是说，三气的融合达到和谐就是太和，进而就可以实现自然界生态系统的平衡。《太平经》还进一步指出，人是自然万物的一部分，也是自然中和之气所生，即"天、地、人本同一元气，分为三体"。又说："天地人民万物，本共治一事，善则俱乐，凶则俱苦，故同忧也。"也就是说，天、地、人同为自然界中一部分，本身就有着共生共荣的关系，因此必须要互相尊重、和谐共处。由此可见，道家"天人合一"的理念非常重视自然界万物的和谐，尤其是重视人与自然之间的和谐。道家文化思想生命与自然的精神观点同现代城市景观环境设计理念是非常契合的。

道家又是一种"以人为本"的文化思想，其关于"天人合一"的和谐理念，几乎贯穿在道家思想的各个方面，如在自身修养方面，道家以求得人自身的和谐再向外延伸至"天人合一"的和谐境界。道家认为，人首先由自身内在的和谐为初始基础而发散开来，进而以人类生存命运为主线和内容，更多的还在于关注人与人以及人与天地自然之间的和谐。现代城市景观设计理念应清醒地认识到，天地是人类赖以生存的基础，自然万物是人类的朋友，也是人类生存必需的条件，如果没有自然万物与人和谐共生，人类也不可能独立存在下去。这种自然万物生存和发展的规律，也应该在现代城市景观设计"天人合一"和谐理念的具体实践中得到体现。

因此，道家文化思想从"天人合一"的和谐理念出发，强调"天人合一"共为一体，人与自然万物的生命是休戚相关的，要求人类必须认识自然、顺应自然，一切按自然规律行事。道家"天人合一"的和谐理念，不仅是人类社会今天需要认真思考的问题，而且应该是未来人与自然和谐共处的永恒的生命精神和理念。

现代城市景观设计应懂得和谐自然、尊重自然，我们在美化城市景观环境的同时要保护自然，在原有生态基础上改造自然，从而美化城市景观环境。现代城市景观设计理念首先要求要正确地看待和认识自然，自然物的生态系统是由生物及栖息地组成的复杂体系，所谓体系就是具有各自完整的结构和相应的物质循环方式与途径，这些一旦受损，将会动摇循环和能量流动所具备的稳定性。现代城市景观的发展与自然的磨合需要人类与自然和谐相处，只有尊重自然、和谐自然才有可能产生天人合一的现代城市景观环境。在现代城市景观设计实践中，只有把山、水这些自然的元素与人融合在一起，才能呈现出永恒的城市魅力。道家"天人合一"的文化思想使现代城市景观设计重新感受到人与自然的关系。现代城市景观设计必须从物质与精神的领域认识自然，从人与自然的角度来审视审美，运用天人合一的理念，追求一种自然而又贴近人们心理的现代城市空间景观环境设计，从而为现代城市提供更好的人与自然和谐发展的美好环境。

4. 现代城市景观设计应具有自然无为的生命价值观

自然无为，是道家生命伦理所追求的一种精神境界，也是道家所特有的一种生命价值观。所谓"自然"，是"自然而然"的意思，指事物自己如此的、天然的、非人为的一种状态。河上公注说："道性自然，无所法也。"道之本性是自然而然的，以"无为"为法则，道化身万物，皆自然无为而生，不受任何人格意志的影响和制约。因此，人与万物都必须遵循道的规律办事，以无为之心去做无为之事，才能达到与道合一的生命境界。

在现代城市景观环境中道法自然，意为纯任自然，不逆自然而行。道之本性是自然而然，以"无为"为法则。道化生万物，皆自然无为而生，不受任何外物所制约。所以，现代城市景观设计就应按照"道法自然"的理念主张天、地、人三者之间自然共生，共同遵循"自然"法则的天人和谐。自然无为的精神，表现在现代城市景观设计观念对于自然之道的认识和把握。要认识自然之道，就必须达到"忘我"的境界，亦即"无心"的境界。《庄子·至乐疏》称："天无心为清而自然清虚，地无心为宁而自然宁静。故天地无为，两仪相合，升降灾福而万物化生，若有心为之，即不能已。"天地无心而万物化生，此种无心就是无为自然，只有如此才能完成天地本身的功能。在认识自然之道上，《道德经》提出："不出户，知天下；不窥牖，见天道；其出弥远，其知弥少。是以圣人不行而知。"这就是说，有道之人，心怀清静，不追逐外境，所以能够悉知天下之事。这是真知与俗知的不同，是认识自然之道的一种境界。在现代城市景观设计中认识自然之道，掌握自然规律，按照自然规律办事，实际上也是人类战胜自然、利用自然为人类服务的一种手段，同时也蕴涵着一种对自然无为的不懈追求。

葛洪《抱朴子·内篇》称："天道无为，任物自然，无亲无疏，无彼无此也。"这里所说的"任物自然"，就是要人们遵循客观规律，顺乎无为之天道，与一切外物和谐共生，以获得人与自然在整体上的和谐。自然无为的精神，还表现在现代城市景观设计对于人之生命的认识和把握。《道德经》第四十二章称："万物负阴而抱阳，冲气以为和。"阴阳是宇宙演化过程中生生不息的内在动力，由于两者的作用而推动着大自然循环往复、不可穷尽的永恒运动。万物以及包括人在内的所有生命，都是在道的循环演化过程中产生出来的，他们也必须在这种周期性的动态平衡中维持其生存和发展。因此，现代城市景观设计必须要顺应自然，与自然循环过程保持和谐一致。而要做到自然无为、顺应自然，又必须要对大自然的运行规律有一个正确的认识，只有认识和掌握了自然规律，才能更好地认识和把握人之生命的规律，进而达到追求生态自然和谐的目的。《阴符经》说："观天之道，执天之行，尽矣。"这里的"天"，就是指自然界，"道"是指自然规律或法则。所谓"观天之道"，就是指观察、认识自然界的运行规律；"执天之行"，是指掌握自然界的运行法则。也只有认识自然界的运行规律，掌握自然界的运行法则，才能按照自然规律办事，达到现代城市景观设计所追求的自然无为生命理想的价值。因此，道家文化思想的这种顺应自然，并不是无所作为，而是一种顺应自然规律的有为。《道德经》第六十四章也说："圣人无为故无败，无执故无失。"第四十八章又称"无为而无不为"。也就是说，现代城市景观设计只有做到自然无为，一切顺应自然，才能更好地认识自然、把握自然规律。在对待生命的态度上，应该观察天地变化之机，分辨万物生长之利，以促进生命的自然发展，使万物皆能各尽其天年。可见，道家文化思想从自然无为的思想出发，阐述的是人与自然生命的价值观，更是一种驾驭自然、超脱自然的生命精神。

在现代城市景观环境中人与自然是相互依存的，体现了人与自然和谐发展的原则。《太平经》说："夫人命乃在天地，欲安者，乃当先安其天地，然后可得长安也。"就是告诉人们，人安身立命于天地间，要想得到好的生存和发展，必须使我们赖以生存的地球得到和谐安宁，然后人类才能长久安宁。而"安天地"，就是要自然无为地认识和掌握自然规律，按照自然规律去办事，达到与自然的和谐。因此，《阴符经》开篇就提出："观天之道，执天之行，尽矣。"所谓"观天之道"，就是要认识自然规律，"执天之行"就是要掌握和利用自然规律，人与自然和谐的根本就在于自然无为的生命价值取向。现代城市景观设计只有懂得自然规律，掌握自然规律，才能更好地利用自然规律，从而不违背自然规律，这样才能真正达到人与自然的和谐。道家文化思想"无为""不争"的宽容意识，对于培育现代城市景观设计理念宽广的胸怀和高尚的品德具有积极的意义。无为和不争是道家重要的生命伦理道德思想。所谓"无为"，就是要求人的行事应效法天道，不要妄自作为，讲求清静寡欲，与世无争，慎行远祸，是道家文化思想对待城市景观环境的处世态度和基本法则。所谓"不争"，就是要求现代城市景观环境不要过于争夺自然资源。《道德经》称："上善若水，水善利万物而不争，处众人之所恶，故几于道。"明确提出"不争"，主张"处下"，要求人们"报怨以德"。

现代城市景观设计是城市环境人与自然生命发展的根本任务，当下，城市景观设计服务社会的最重要的内容就是要尊道守德、弘道扬善，大力弘扬优秀的传统文化，努力为构建生态自然和谐城市景观作贡献。现代城市景观设计专业实践要对传统道家自然无为的文化思想作出适应时代发展的新的阐述，使传统道家文化思想更好地与现代城市景观环境相适应；现代城市景观专业在实践中还要充分发挥道家自然无为的生命价值理念，探索道家文化思想的现代价值走向。

三、现代城市景观设计的传统继承与当代启示

1. 现代城市景观设计继承传统保护生态环境

道家文化思想作为中国土生土长的传统文化，不仅继承了传统的伦理道德思想，而且还与宗教神学紧密结合。我们在研究现代城市景观设计的同时，要结合中国传统生态伦理的大背景来认识和理解现代城市景观的设计思想。随着城市化的快速推进，在传统和现代之间抉择取舍是城市生态文化伦理建设的动力。如何平衡传统与现代之间的张力，在继承传统和保护城市景观环境等方面展开更有力度的城市生态文化伦理建设，是未来城市发展的关键。道家的生态伦理道德思想，其内容是丰富多彩的，就其总体而言，不外乎教人尊道守德，强调弘道扬善。这种思想对现代城市景观环境的自身建设和发展也是非常需要的。道家的生态伦理道德对于推动现代城市景观事业的发展起到了十分重要的积极作用，当代城市景观设计必须要提高对于道家传统生态伦理的认识，特别是要充分认识到道家生态伦理对于推动城市景观设计事业发展的重要意义。当下城市景观设计要从思想观念上充分认识到道家传统生态伦理的重要性，要认识道家生态伦理道德建设与城市景观环境发展的关系问题，对于现代城市景观环境的自身发展具有十分重要的意义。当下道家自然生态伦理建设的提出，将是对现代城市景观设计观念和传统生态伦理思想的继承和创新，现代城市景观环境建设将会出现一个崭新的面貌，这对于推动和促进城市景观环境事业的保护发展会起到十分重要的积极作用。道家传统自然生态伦理的现代传承，是现

代城市景观环境发展的需要。面对新时代，城市景观环境设计和建设者必须十分重视道家伦理在城市景观环境现代建设中的影响和作用，以更好地适应社会发展的需要。在道家传统自然生态伦理的现代建设过程中，要对历史的、传统的道家伦理思想进行整理研究，并对传统的道家自然生态伦理作出符合社会发展的新的阐述；要在继承传统自然生态伦理的基础上进行创新，特别是要增加适应现代城市景观环境的保护发展思想，使得道家自然生态伦理既要有利于城市景观环境的健康发展，又要具有努力服务社会的良好功能。因此，现代城市景观环境设计理念应该增加有关生态环境保护的生态伦理内容，积极地倡导和弘扬道家的"天人合一"观、"道法自然"观和"反朴归真"的人生观，从根本上来改善、提升城市景观和自然环境。现代城市景观自然生态环境保护评价应遵循自然生态规律与城市发展规律的融合。以建立科学生态可持续发展的自然生态城市景观为目标，以人与自然的和谐为核心，使自然生态与现代城市景观环境发展融合，建立社全、经济、自然复合生态系统，以促成自然、文明、可持续发展的新型现代城市景观环境。

中国传统生态伦理思想作用于现代城市景观设计，使现代城市景观设计在创作时有了传统文化精神的支持，更为当代的城市景观设计提供新的创作思路。设计者应以人为本，将传统生态伦理美学精神运用到设计过程中去。传统生态伦理思想和生态美学精神，永远是现代城市景观设计创造灵感的源泉。

2. 现代城市景观立足现代观念可持续发展

现代城市景观是人类智慧的集中呈现，是历史与文化的物质形态，也是自然生态与人文生态的绿色系统。现代城市景观设计应怀着敬畏和热爱一切生命的心情，从事保护生命和善待万物的事业。现代城市景观设计在主张道法自然，要求回归自然、返朴归真的同时，更应重视对自然生态和环境的保护。从生态可持续的角度出发来研究和考虑人与自然环境的关系，展示自然的发展过程，这种生态可持续设计思想是现代城市景观设计继承传统保护生态的重要环节问题。

如前所述，现代城市景观设计从"天人合一"的和谐理念出发，强调"天人合一"共为一体，人与自然万物的生存是休戚相关的，要求人类必须认识自然、顺应自然，一切按自然规律行事。因此，现代城市景观设计"天人合一"的设计和谐理念，不仅是人类社会今天可持续发展需要认真思考的问题，而且应该是未来人与自然和谐共处的永恒的精神和理念。道家生态伦理是现代城市人与自然环境发生关系时的伦理。道家并不反对人化的自然，而是主张人改造自然应受道德的约束。道家主张尊道守德、天人合一，对环境采取保护措施；主张为而不争、关心爱护万物生命，以谦下济世的精神与自然万物融合。面对现代城市景观环境所面临的严重的生态危机，我们重温传统的道家生态伦理思想，将会得到诸多启示。在现代城市景观设计中人与自然和谐相处是一个重要环节。正确处理人与自然的关系，这就要求我们必须实现自然观念、价值观念、伦理观念和生产观念的转变。在处理人与自然的关系上，大自然是承载人类文明大厦的基石，是人类社会产生发展的基础。道家从"天人合一"的思想出发，认为自然界中的万物都是一个道法自然相互影响、有机联系的整体。人类从来就处在生态系统之中，而不时置身其外。因此，要达到人与自然的和谐相处，我们就应当立足现代观念，懂得尊重和保护自然，对自然的索取也必须保持一种理性的节制。也就是说，我们必须要实现自然生态伦理精神观念的可持续发展转变。

　　建设现代城市景观环境，实现人与自然的和谐相处，将现代城市景观环境体现在人与自然和谐之中，寻找人与自然理性需要的平衡点，用现代城市景观设计应有的职业理性和道家生态伦理道德去约束人类对自然的欲望，这就需要我们必须实现现代城市景观设计观念的转变。传统生态伦理观念所指的是人与人之间的关系。建设现代城市景观环境和谐社会、实现人与自然之间的和谐相处，就要求我们把伦理观念指向扩大到人与自然的关系，要求我们尊重自然、爱护自然环境，确立人与自然之间和谐相处的新的伦理观念，进而设计出独具特色的城市景观，还应该符合当代社会发展的特性。因此，现代城市景观设计理念要想达到一个较高的水准，必须立足现代观念，体现城市景观的意境。现代的观念，如果通过景观设计来表达的话，就是保护环境，人与自然和谐相处，同时也要让社会和谐发展。

　　道家文化思想对于人与自然和谐的追求是积极向上的，也是与现代社会相适应的，无论是"天人合一"的和谐理念，还是"道法自然"的和谐法则，都是社会所需要提倡和弘扬的。道家文化关于"人与自然和谐"的思想，对于当前弘扬传统文化注重生态建设具有十分重要的指导意义。在处理人与自然的关系上，要实现现代城市景观设计观念的转变。坚定生态自然、天人合一的观念应当是人类在认识自然、尊重自然、保护自然和博爱万物的前提下利用自然，使人类与自然万物在高度和谐统一中相互转换物质和能量，最终实现现代城市景观环境与整个自然生态系统可持续的和谐发展。

求真明理　道进乎技
道家文化智慧对现代城市建筑景观设计的启示

一、道家洞天福地观念与现代城市景观设计

1. 城市景观设计理念中的道德坚守

道家文化思想体系以道或气为核心，又主张"道法自然"，提倡从事物和世界的本然状态去认识事物，崇尚适合自然的生活方式。现代城市景观对生态环境日益重视。人类和社会的需要，不仅只有城市景观一个维度，更需要精神上的追求，希望在自己的德性修养等方面都达到较高的水平。早在两千多年前的诸子百家大争鸣的时期，就提出了类似的问题，而且形成了多样的回答。其中道家文化思想"洞天福地"观念的回答，就非常有智慧，而且对现代城市景观设计理念起着尊道贵德的启示作用。

道家"洞天福地"的观念，反映道家对于生存环境的重视以及对美好自然环境的追求，所包含的生态思想就是重视自然生存环境，重视追求人和自然的和谐，重视推崇自然环境对于人的价值。道家文化重视居住的自然环境，注重自然界的有机性，要求顺从自然，实现人与自然的和谐，"洞天福地"的观念至今依然具有相当的合理性。但是道家也同时告诫大家，人类在利用自然的同时时刻不能失去生态自然伦理道德的坚守。《论语·卫灵公》中孔子说："工欲善其事，必先利其器。"关于生产工具和生产效果的直接联系，先秦诸子百家都了然于心，且意识到其所造成的经济状况与政治、伦理、文化、生活等方面的关系。社会在经济发展的同时，可能会出现部分人道德水平的下降，《韩非子·五蠹》表示法家观点，提到人们从上古竞于道德转变为今世的"争于气力"。道家对道德的逐次下降，描述得更为详细："失道而后德，失德而后仁，失仁而后义，失义而后礼。夫礼者，忠信只薄而乱之道也。"之所以如此，一个主要原因，是对物质享受的追求，"可欲"而"不知足"。这使得原本的"人之道为而不争"转型为"损不足以奉有余"，破坏了人间的和谐。老子要求净化人的欲望，"去甚、去奢、去泰"，"有什伯之器而不用"。《庄子》思想有抵牾之处，或认为使用机械工作，会生成人的机巧不实之心。《知北游》说："天地有大美而不言，四时有明法而不议，万物有成理而不说。"自然之物本身不会揭示其所蕴含的大美、明法、成理，对其认识，有待于人的活动："圣人者，原天地之美而达万物之理。"从传统的观念来看，现代城市景观设计要通过观察、实践、推理所得到理，也可用于按照人的需要去改变自然物，但这种利用不允许危害于现代城市景观的规划格局和可持续性发展。也就是说，现代城市景观环境的发展不能缺失生态自然伦理道德的提升和坚守，否则现代城市景观就会产生人与自然的种种不和谐因素。

　　因为现代城市景观环境的发展所带来的文明进步和社会变化所带来的失衡不和，道家学派的创始人老子和庄子之学中主张慎重对待文明成果，但老庄对文明危害之论也有其积极的一面，从某种角度揭示了科技发展、生产提高可能带来道德的倒退。《庄子·天地》中说，孔子学生子贡由楚返晋，在汉阴看到一位种菜老人，反复地由隧道进至井水水面之旁，用瓮打水，抱瓮而出，灌于菜地。子贡见其"用力甚多而见功寡"，关切地告诉他说，可以用一种叫桔槔的机械。它可以"一日浸百畦，用力甚寡而见功多"。老丈听后，生气地说："有机械者必有机事，有机事者必有机心。"这些机心存于胸中的人，"纯白不备"、"神生不定"、"道之所不载"，道德行为低下。老子具体论说道德堕落的所在："大道废，有仁义；智慧出，有大伪；六亲不和，有孝慈；国家昏乱，有忠臣。"因此，对于现代城市景观的发展，人与自然的和谐不能破坏，不能强求，不能失去生态伦理道德底线。如果现代城市景观设计缺失了生态道德伦理观念，结果是"和大怨，必有余怨"。道家文化所担心的生态伦理道德思想的缺失，会让人类的智慧，在自己的创造物前面，感到迷惘而不知所措了。

道家生态伦理道德理念对于理解现代城市景观环境发展所遇到的问题，也不无启迪。由科学与文明发展所带来的包括伦理道德在内的社会问题，在人类从野蛮进入文明以后的任何一个社会形态或历史时期中都存在。老庄所论述的科学文明发展与社会道德堕落也就在特殊中有着普遍性。老子的社会理想是要建立以人为本的生态自然和谐社会。现代城市景观设计理念倡导人与人和谐相处，城市景观发展要以人为本，重视生态环境自然和谐。在生态伦理道德思想的坚守要求下，老子的自然人文主义思想，有助于把现代城市景观环境发展见物不见人的科学思想升华为未来的科学人文主义。

2. 城市景观设计理念中的天人和谐

道家天人和谐文化思想体现了洞天福地的生态智慧。同时，天人和谐的生态思想对于现代城市景观设计依然具有指导意义，对于形成现代天人和谐的生态意识应当是一种可供吸取的思想资源。道家天人和谐的文化思想中也蕴含有生态规则，如保护动植物、土地、水域等自然资源的具体规定，反对杀害虐待动物、破坏花草树木、污染水土。道家天人和谐文化中的生态环境保护思想，体现了自然物与人平等的思想，将人与动物、植物相等同，视为均有生命的一类。道家尊重自然、关爱自然的思想，不仅将生物，而且将山川水土无生命之物，视为与人处于同一层面，具有相同的不受损伤毁坏的权利。这与现代城市景观生态伦理学的理念是一致的。道家天人和谐生态伦理思想起着生态教化的作用。在去恶从善中完善人的道德。道家天人和谐文化思想所规范的内容涉及人与自然万物的保护关系、人与环境的维护关系，这种天人和谐的理念被视为环境生态伦理道德思想。

老子和庄子以天称呼今人所说的自然。古代道家所谓的天人关系，蕴含着现代城市景观环境中的自然与人的关系。人类与天地万物是一种共生关系："天地与我并生，万物与我为一。"在人与天的交往作用中，老子主张"人法地，地法天，天法道，道法自然"。主张师法天地，顺应自然。又说这种顺应，是"以辅万物之自然而不敢为"。不敢为即无为。可"以辅万物之自然"。结合老子所说的"天下难事必作于易，天下大事必作于细"等思想来看，老子的无为并非无所事事，而是有顺应自然规律的含义。《淮南子·修务》说："无为者，私志不得入公道，嗜欲不能枉正术，循理而举事，因资而立功，权自然之势，而曲故不能容者。"《原道》云："所谓无为者，不先物为也；所谓无不为者，因物之所为。所谓无治者，不易自然也；所谓无不治者，因物之相然也。"道家的这种天人论要求人与自然之间形成一种和谐的关系。在老子看来，道、气之能生成万物，是阴与阳"冲气以为和"的结果，也就是二气相互作用至于和谐为一的结果。人也如此，赤子足"和之至也"。他又说"知和曰常"，以达成和谐为道、气的基本规则，是一种自然而然所致。既然"人法地，地法天，天法道，道法自然"，那么，人世间理当师法自然而社会和谐，人与环境之间也理当天人和谐。

道家的天人和谐境界，在现代城市景观设计中与科学技术相关。《淮南子·

修务》道："夫地势，水东流，人必事焉，然后水潦得谷行；禾稼春生，人必加功焉，故五谷得遂长。"又说："若夫以火熯井，以淮灌山，此用己而背自然，故谓之有为。"如是所叙，无为则天人和谐，有为则天人对抗。现代城市景观设计中运用科学技术，在天人和谐中显示人的智慧和建功立业于世上，现代城市自然环境一定要保持其天地之性："夫萍树根于水，木树根于土；鸟排虚而飞，兽蹍实而行；蛟龙水居，虎豹山处。"在这样的环境中，居于南北东西的人民"各生所急以备燥湿，各因所处以御寒暑，并得其宜，物便其所"。道家论述对现代城市景观设计中运用科技时如何保持天人和谐，具有重要的启示。

　　"天人合谐"其本身就是中国道家文化思想的精髓体现，"天"作为物质与精神两个层面的存在形式已是共识，然而遵循天人合谐的环境景观创造同时也使景观环境被赋予了新的精神和灵魂，但同时也承载着物质与精神的双重含义。《五行相生》中云："天地之气，合而为一，分为阴阳，判为四时，列为五行。"世界万物由阴阳五行所构成，阴阳五行的相生相克构成了宇宙万物生生不息的发展变化。同时，阴阳、四时、五行的运行又构成了宇宙的变化。因此，五行作为世界万物构成的基本要素，天则是万物产生的根源。人是天地之间万物中最为尊贵的一类，禀赋天地之精华，感知万物之生灵。人类尊重自然也是为了更好地尊重自己，只有通过与自然和谐相处，才能达到真正意义上的天人合谐。受"天人合一"哲学思想的影响，尊崇自然成了中国传统文化思想的一个重要审美观念。崇尚自然，赞美自然，也是中国现代城市景观设计理念的一个永恒主题。道家是最重自然的，把物我一体作为审美的最高境界。道家文化思想认为，作为现代城市景观设计的主体，应该在精神上达到"物我合一"的状态，使现代城市景观设计精神与自然同化，使城市景观环境情感与自然同趣，这样才能使现代城市景观设计巧夺天工。道家洞天福地的生态思想对自然的尊崇和热爱，一直引导着现代城市景观天人和谐的设计理念对生态自然的密切关注。

北京北海 静心斋

二、道家求真明理精神与现代城市景观设计

1. 城市景观设计理念应依循自然之理

道家文化思想依循自然之理相信物各有理，懂得依循自然之理的人能以其理变化自然而得福祉。依循自然之理是引导现代城市景观设计进入人与自然生态和谐的基本前提。生活于自然环境中的人，与自然交往，相互之间进行物质变换，认识各种自然物及其相互关系，自然物与人类关系，从而在思维中形成作为客观规律自然反映的意识。在现实生活中的人们对自然认识的各种不同意见中，有人认为诸物在时迁地移中显示着固有的序次，有人认为透过现象人能够认识自然本原及其规律，有人认为在宇宙万物中人是最高贵的，有人认为人认识自然规律后可以大有作为，有人认为人对自然肆无忌惮地掠夺必定遭到它的报复。人们带着这些不同的思想观念经常相互争论，争论的结果，直接影响到人们对待客观世界的态度，由此影响到现代城市景观环境设计理念的态度。道家文化思想承认有物理，有天地之理、自然之理存在于人的意识之外。信有其理并认为理自然地运行，不因人的意志与行为而改变，信奉一切理则都是自然的，是世界上事物本身所固有的。

道家文化思想崇尚自然、亲近自然、追求与自然相合为一。力求融于自然之中，对天地有更细的观察，对其感知、领悟和理解。思考自然变化的普遍性和方式，乃是相信自然有其固有之理。道家文化思想意识到自然变化有一定序次节奏，具有规律，在当时称之为"道"或"理"。老子在《道德经》中，认为自然界的万物有其固有的性质和规律，他称之为"道"。作为万物归宿的道，还体现在万物之中，作为每一物之道。他说万物"尊道而贵德"，道是宇宙最根本的本原，又是万物运行的法则，德则是道在每一物中的体现，既然尊道贵德，那么也就意味着万物与道不相离，每一物都必须遵循着道、德。老子为后世道家文化思想的进一步发展和发扬光大奠定了基础。

在现代城市景观设计中，依循自然之理对天地万物作科学的论述，需要对自然事物分门别类，各语其性质，各通其规律。道家文化思想对于物的性质与规律，战国时期以"情"与"理"来加以称呼。庄子《齐物论》论述物类各有其不同于他物的性质，各有其自己本有的质的规定性：道行之而成，物谓之而然。恶乎然？然于然。恶乎不然？不然于不然。物固于所然，物固于所可。无物不然，无物不可。也就说道在其运行中生成万物，万物在其存在中使己具有自身固有属性。为什么物形成自性？物适合形成。为什么物不形成自性以外之性质？物不适合形成自性以外之性质。凡物都有其固定的自性，都有其固定的适宜范围。没有一物不是这样，没有一物不适合这些道理。由此可见，庄子深信物有其理，并对此作了哲理阐述。唐代成玄英意识到《庄子》这段话论述物各有其性，在其著作《庄子疏》中说："大道旷荡，亭毒含类，周行万物，无不成就。"又指出大道赋予物的属性，是一种无意识行为。它使物"各然其所然，各可其所可"，而与其他之物相区别。依据物有自性理论，《庄子》也论说了若干物类的具体物性。《养生主》谈及牛形体结构上的"天理"；《渔父》描述同声相应的共鸣"天理"；《至乐》叙述生物进化，以"万物皆出于机，皆入于机"为理。《养生主》和《渔父》在谈理时，分别使用"固然"与"固"，其意义为"确实如此""本来如此"，表明对物有着客观的、各有其独自性质和规律的认同。

现代城市景观环境设计已进入科技时代，用科学的视野来看待人与自然环境应相信自然界及其所属之物各有其理，也就认为包括人在内的一切之物，无论其巨大细微，不管其有无生命，也不问其是否有义理、知识及创造力，都各自具有独特之理，有不同于其他物的属性、运动、生灭规律。它使人进而认识宇宙有常有序，可以认识人与天地万物之间的关系，也有着某种固然之理，是人理与物理之间的关系。所以人与自然生态的规律之理是当代城市景观环境发展应认真研究把握的主题。承认客观之理，依循自然之理是现代景观设计理念的基本前提。那些不尊重事实，以主观臆想代替客观理则的思想和行为，都是妨害现代城市景观环境设计自然之理的发展。

2. 城市景观设计理念应寻找常道成理

现代城市景观环境的发展对人与自然关系问题的审视是与生产力的发展水平相伴而生的，人与自然生态秩序的关系从对立走向和谐是人类思想发展史上的巨大飞跃，也是建立生态文明观的常道成理。现代城市景观设计发展正确处理人与自然的关系，是用正确的态度去认识人与自然关系的科学依据和文化思想基础为前提条件的。现代城市景观环境设计发展要保持人与自然和谐共生的关系体系，就必须把人与自然看作一个有机而不可分割的统一体，必须去寻找和依循人与自然的常道成理。

老子在《道德经》中说"知常曰明"。这里的"常"，便是性质和规律。《道德经》说："万物并作，吾以观其复。夫物芸芸，各复归其根。归根曰静，是谓复命。复命曰常，知常曰明。"万物纷纷生成、发展，我用观察了解它们各自是如何往复循环的。物类繁多复杂，无一不回归它们的本原，以"静"来称呼这个归宿，所谓的静就是复命。复命就体现其常有不变的规律。认识常有不变的规律是人类具有的智慧。老子所强调的"常"，触及稳定与重复。稳定性与重复性所显示的正是事物属性中的普遍、本质的联系。

万物独化自生有赖于其存在于根据"自性"，"性"是一事物内在的质的规定性。中国哲学说，"天命之谓性"（《中庸》），《养生主注》事物的"性"与生俱来，在独化自生的前提下，物自足其性，这就是自然生态秩序的建构。在自然界都有自性，也就是性质规律，称为"情""理"。在道家文化思想看来，物不具有阐明自身性质和规律的性能："天地有大美而不言，四时有明法而不议，万物有成理而不说。"《知北游》所说的大美、明法、成理，都是指物所固有的性质、规律。既然物不能自为言说，是通过什么样的途径为人所认识呢？在现代城市景观设计理念中，唯有通过人对自然的研究，以自然理解自然、理解自然万物。道家文化思想认为：“圣人者，原天地之美，达万物之理。”自然万物固有之美与理，固有之性质与规律，是圣人通过对其原、达而获得的。意思是探索本原，达是通晓明白之意。现代城市景观设计理念要深刻领悟圣人通过对天地万物的探索，掌握自然常道成理各个方面的性质和规律。

老庄提出的天人并生、物我为一的生态观念，作为道家的一种基本理念，是道家其他一切思想、观念的基础和出发点。《淮南子》中继承和发展了老庄的这一观念，把宇宙看作一个不可分割的整体系统，认为万物无不被道所统摄，万物又无不以自己独特的方式来体现道。道家这种物我为一的生态观念与现代生态伦理学的观点不谋而合。人既不在自然界之上，也不在自然界之外，人关心自然，尊重自然，热爱并生活于自然之中，要依循自然的发展规律。这也是生态秩序构建的自然之理，可见道家的生态环境观对于建立现代城市景观生态伦理观有着重要的意义。现代城市景观设计中人与自然生态秩序的构建，必须遵循人与自然和谐规律，对于依循常道之理效法自然的现代城市景观设计理念来说，在自然面前要心气平和，无为不争，达到与自然同一的理想境界。现代城市景观环境的设计发展应该在不知不觉中自然而然地与环境融为一体，这种状态就是“和之至也”。因而，对于现代城市景观与自然生态环境来说，“知和曰常，知常曰明。益生曰祥，心使气曰强。物壮则老，谓之不道，不道早已”。自然界的阴阳之气相互融合和谐，使万事万物得以产生；反之，失去了和谐，万物就无以生存与发展。因而，对于效法自然的现代城市景观设计来说，应当遵从自然本身的和谐，寻找常道之理，不强力硬为。在现代城市景观设计中知道和谐，遵循常道之理，也就知道了道的本质。道的本质就是“阴阳和静”。庄子说：“阴阳和静，鬼神不扰；四时得节，万物不伤，群生不夭。”在现代城市景观设计中遵从和谐的生态自然规律，以平和的心态对待自然万物的成理，不贪生纵欲，不与自然争先逞强，就可以保持淳和之气，与自然合而为一。

3. 城市景观设计理念应遵循与物同理

现代城市景观设计理念就认识事物之理，这是手段而非目的。现代城市景观设计中之所以要认识事物之理，在于以事物来"厚生"，完善提高城市景观设计的生存质量，且谋求进一步的发展。现代城市景观设计的思想一旦达到对外在自然之物的性质、规律，知其常而有所明之后，就要求利用自然的规律与性质来"厚生"，即满足人和自然的种种需要。现代城市景观环境的和谐发展绝对不能违背自然万物之理，而只能也必须与其同理。道家文化思想在各个不同历史时期的不同科学技术领域中一再重申这一真知灼见。道家"与物同理"思想，发端于老子。《道德经》说："夫物或行或随，或嘘或吹，或强或羸，或载或隳。是以圣人去甚、去奢、去泰。"也就是说一切事物，有的前行，有的后随，有的喣暖，有的吹凉，有的强壮，有的羸弱，有的安定，有的危险。人在与它们发生关系时，所取的态度与行为，要去除极端的、奢侈的、过分的。现代城市景观设计理念就是要去除这种思维方式，顺自然而行。顺自然而行，即顺自然之道而行。在现代城市景观实践中务必以辅助万物的自然而活动，绝对不敢妄自作为。老子谆谆告诫于现代城市景观设计理念的正是"与物同理"。

"与物同理"的命题，由《庄子》提出，是庄子学派对待处理人与自然的关系、人与外在之物的原则。《则阳》说：吾观之本，其往无穷；吾求之末，其来无止。无穷无止，言之无也，与物同理。可解读为：我观察万物运行变化，求它的本原起始，以往没有起点；我求索它运行的终端，未来不见止境。这种无穷无尽，用语言表达名之为无，是与万物同其一理。这就要求现代城市景观设计理念在现代城市人与自然的事物见识上要与其真实的存在、发展同其一理。当人从事变革事物时，其行为、动作、活动也要"与物同理"。总之，外在的自然之理是现代城市景观设计理念必须认识的；认识自然之理，方能使人与自然的活动不与相悖。这是现代城市景观环境变革自然取得成功的前提。

"与物同理"是对人与天地万物关系的一种论说，它是现代城市景观设计理念人与天地万物相处的一个原则。在此原则下，人该如何与天地万物相对应，这是现代城市景观环境理念应深刻思考的问题。在现代城市景观设计中，无论是随着时机一起变化还是以与自然和谐为规则，或役使万物而不被物所役使，都体现着"与物同理"，是"与物同理"这一命题在不同场景中的具体化。《庄子》强调"与物同理"，在于认为任何一物的个别之理都是一种自然形成而不知所以然的结果。《骈拇》说："天下有常然。常然者，曲者不以钩，直者不以绳，圆者不以规，方者不以矩，附离不以胶漆，约束不以绳索。故天下诱然皆生而不知其所以生，同焉皆得而不知其所以得。故古今不二，不可亏也。"此文可解读为：天下之物各有其常然之形态、性理。所谓常然之所有，其弯曲不需用钩加工，其平直不需用绳加工，其为圆不需要规加工，其方正不需要矩加工，美丽的附件不需胶、漆黏合，被捆扎之物不需绳索。所以天下之物都是自然而然地生成，但并不知道其所以生成的原因；所以万物各自的天性古今没有二致，不可人为地加以亏损。道家文化思想认为万物各自之理的自足不能损益，所以在现代城市景观设计中在自然中与万物相交往，不能续长截短，变其性理；而要"与物同理"。只有"与物同理"，才能加以利用，满足现代城市景观设计的种种需要。《庄子》的"与物同理"就是要求现代城市景观设计中的规划与实践符合、顺应自然规律、性质。

　　"与物同理"要求现代城市景观设计理念应作为符合于天之所为，即各种物的自然之理。以人与自然生态的作为符合物的自然之理，才是现代城市景观设计实践的事功业绩。道家也经历过变化：从顺势随流因循自然之理到以人之巧再现显示造化之功，从刘安《淮南子》到葛洪《抱朴子·内篇》，反映了这一思想进步的历程。自此之后，历史上的道家，以"循理举事""推自然之势"来理解自然之理，并对待、处理人与自然的关系，将尊重客观规律与发挥人的主观能动性结合为一。道家文化思想与自然之物相交往，启发了现代城市景观设计理念要尊重物的客观规律，发挥人的主观能动性。在现代城市景观设计实践过程中，处理好人与自然生态的关系，遵循与物同理的论说是至关重要的理念。

三、道家道进乎技观念与现代城市景观设计

1. 城市景观设计应采用观物察状的调研方法

"观物察状"作为一种思维形式，贯穿于《周易》创作的全过程。从"观物察状"到"感物道情"，或许可以发现《周易》中蕴涵的视觉与知觉世界。人类生活在自然环境之中，环境决定人的生活状况。人类要生存发展，就需要观察天地万物中的现象及其运动，了解其性质、规律和相互关系。在现代城市景观设计实践过程中，通过实地分析、勘测、观察是了解外在环境的基本途径。通过分析观察获得信息，明了外在诸事物及由其构成的城市自然环境状况。

现代城市景观设计环境的特点是它空间的丰富性，大到区域化的思考和布局，中到城市尺度的绿地、公园、街道公共空间，小到人的尺度还有体验，这些环节都是景观设计规划、生态、地理等多种学科交叉融合，在不同的学科中具有不同的意义。现代城市景观设计前期的实地调查研究主要是指在景观环境设计或规划设计的过程中，对周围自然环境要素的整体考虑和设计，包括自然要素和人工要素，使得城市环境建筑群与自然环境产生呼应关系，使其使用更科学，提高其整体价值。在道家看来，道是原始的客观实有的物质，有象有物有精有信，因为以恍惚的形态存在，使人"视而不见""听而不闻""博而不得"。在对现代城市景观设计的调查研究时不但要了解城市生态自然的基本内容和功能，以及景观空间的基本尺度和景观设计的各物质要素，同时也要在调查研究的基础上，进一步深化直观感受，对城市景观规划设计的本质和内容有着比较深刻的理解，从而有利于掌握城市景观规划设计的科学方法。现代城市景观设计实践中对客观世界的观察了解，有纯以感觉器

1900 年拍摄的北京北海团城

官和使用仪器两种。前者是作为观察者的人，以自己的器官组织，对作为观察对象的外在客体的种种具体之物，通过视听嗅味触，加以直接感知，认识其形状、大小、色彩、动静、方位、远近、声响、音色、频率、香臭、甘酸苦辣咸淡、硬软、光洁等特征。后者是使用科技仪器间接观察，是观察者借助观察仪器直接了解物之属性。使用仪器的观察会突破人体局限，不仅可以使观察更为客观、正确、精细，也扩大人们的观察范围，使观察进入未知的世界。所以，在现代城市景观设计观物察状调研过程中要清晰地了解城市景观主题，结合生态自然状况，运用人工与科学的方法做有针对性的调研。

道家学派对自然界的观察从未间断，道家的观察活动遍及天文、气象、地理、地质、生物、医药、农业、物理、化学、手工业等领域。老子强调从观察入手认识世界。《道德经》提出："故常无，欲以观其妙；常有，欲以观其徼。"在有无对立中，观察事物的微妙与边际。其后，又强调观察者要客观而无成见："不自见，故明。"《道德经》提过：认识事物所用的观察方法，因对象的类别而有所不同。从一物的观察所取得的成果，可推而及于同类之物。在现代城市景观设计调研中要对城市景观环境问题的认识和分析过程有一个系统的思考。在对现代城市景观中固有存在的蓝脉——各种形式的水体为主的空间，绿脉——各种动物、植物、微生物生长繁衍栖息的空间，人脉——人交通活动的空间，文脉——人的各种文化活动的空间等综合知识有了全面的掌握后，通过对城市环境问题全面透彻地思考和理解，对城市景观的功能和设计的内容也自然就明了。现代城市景观设计前期观物察状的调研分析可分为两个层次，首先场地内部与场地外部的关系，其次场地内部各要素的分析。场地分析通常从对项目场地在城市地区图上定位，以及对周边地区、邻近地区城市规划因素的调查开始。这样可获得一些有用的调研资料，如周围地形特征、土地利用情况、道路和交通网络、生态资源，以及商业和文化中心等。现代城市景观设计要尊重场地原有自然环境的生态特征，尽可能将原有的有价值的自然生态要素保留下来并加以利用，应尽量保留自然特征，如泉水、溪流、造型树、已有地被、名树、古木、水、地形等。城市景观设计应充分利用自然的内外景观要素，将生态自然好的景致借入，构成一个和谐而充满生机的整体。在观物察状感受自然所处空间、发现自然资源并加以利用，尊重并延续自然生态精神，认识和理解自然生态特征就是站在历史的发展维度，去保持自然生态和谐的精神。

《庄子》上承老子的观察世界的方法。《秋水》从"以道观之，物无贵贱"的角度，来观察万物，得出"夫物、量无穷"的结论。他借北海若之口对河伯说："大知观于远近，故小而不寡，大而不多：知量无穷。"这是说具备了大智慧，则观察远远近近不同的物类，会发现作为一个物体，不因其细小而不完整，也不因其巨大而认为有多余无用之处，任何一物都由其组成部分构建成一自足的整体，既无缺少也无余赘。《庄子》将观察理解为观察者与对象发生接触，并因此而获得感性知识。《庄子》观察世界的方法对现代城市景观设计前期观物察状调研阶段具有重要指导意义。《庚桑楚》云："知者，接也。"接，就是从接触外物获得感性知识开始。这是现代城市景观设计观物察状调研分析阶段比较合乎认识外物的一般规律。在景观设计中应当本着和睦型、协调型、恢复型、建设型的生态轨迹，合理地平衡各方面的意志及需求，真正贯彻生态自然和谐的理念。只要现代城市景观设计理念能正确地把握客观规律和观物察状的科学方法，就能使城市生态轨迹落实到景观设计实践当中。在现代城市景观设计中始终要贯彻人与自然的生态文明，更重要的是要处理好自然与自然、自然与人、人与人之间的和谐关系。

2. 城市景观设计应符合允蹈其事的实践探索

随着我国城市景观建设进程的不断加快，如何借助城市景观设计打造特色化城市成为景观设计面临的最新挑战。现代城市景观设计不仅能够有效改善城市环境、提升公共价值，而且对于城市生态、文化造成的影响也直接决定着城市的整体发展。因此，在现代城市景观设计中实践研究阶段至关重要，经验的探索和遵循在现代城市景观设计实践中是最不可忽视的环节。现代城市环境受人类活动实践影响最大，城市景观包含物质层面、生活层面以及精神层面的内容，其社会性是自然景观、农业景观等其他景观所不具备的。

允蹈其事的实践观是道家文化的精髓，"实践"指的是人以自己的行为，实行自己的主张，或履行自己的承诺。作为一种科学方法的哲学概念，南宋政论家吴泳，在《上邹都大书》中说："执事以天授正学，崛起南方，实践真知，见于有政。"但在古代，"实践"不及同义词"践履"使用广泛。"践履"似初见于《诗经》。《大雅·行苇》云："敦彼行苇，牛羊勿践履。"践履即践踏。由此又衍申为从事实务之义。《大雅·大东》："君子所履，小人所视。"其中的履即为从事实务之践履。渐而又有身体力行之义，践履、实践，在道家文化中称之为实行。现代城市景观应具备重要的设计实践价值，其从物质和精神两方面潜移默化地影响着城市景观设计的意识形态。科学合理的城市景观设计能够把对于城市文化的理解融于物质景观中，并在此基础上加强城市的设计实践的经验价值。现代城市景观允蹈其事的设计理念是非常重要的环节。《园冶》对中国古代造园经验的总结，从选址、布局、风水、立基、铺地、掇山等多个方面论述了园林营建的原理和具体手法。如其在立基篇中写道："厅堂立基，古以五间三间为率；须量地广窄，四间亦可，四间半亦可，再不能展舒，三间半亦可。深奥曲折，通前达后，全在斯半间中，生出幻境也。"作为中国四大名园之一的留园，在空间布局上呈现了明显的秩序感，同一等级的空间以建筑为轴线呈现出对称格局，东山丝竹与冠云峰庭院以林泉耆硕之馆的中线为轴线形成对称格局，石林小院和揖峰轩同样也呈现出对称格局。留园内的各独立院落在整体的空间布局上并非规整的对称，而是通过严谨的整体和局部的等级关系来实现无处不在的对称和秩序之美。中国古典园林景观的秩序法则并不是要束缚设计思维，而是在遵循了传统经验与实践的基础上才有了良好的比例感和秩序感，只要有允蹈其事的实践探索，就能更好地掌控全局，更加理性地认识景观。因此传统园林景观的实践经验探索和遵循对当代城市景观设计理念具有指导意义。随着我国社会和经济的快速发展，城市景观设计中传统实践经验的成果在城市规划中承担了越来越多的社会责任，其不但要促进维护城市不同系统不同项目的发展建设，还要修复并整合城市生态系统中出现的问题，因此允蹈其事的城市景观设计理念对传统实践经验的遵守，对现代城市景观设计实践探索发展有着十分重要的积极作用。

我国传统景观园林设计重视践履，不同的园林风格设计实践同中有异。道家学者陈旉隐居扬州西山，经营农场谋生，总结实践经验，著有《农书》。陈旉每至一处，种药治圃以自给，称自己的务农实践为"允蹈其事"。从理论上阐明农业生产实践在人类生存及其文明发展中的不可替代性，头等重要性。在他看来，务农与景观园林设计都要具有多方面的知识。从天时地宜出发，满足各种作物在其生命发展阶段对环境的要求，农耕者理当在不同作物生命的各个阶段中，尽力使天时地利合乎其需要。因此，对天时地利，他发出"可不知邪"的感叹。只有具备和遵循必需的经验知识，才能"盗天地之时利"。因此，现代城市景观设计理念应具有允蹈其事的实践精神和经验，在城市景观实践中需恪守接受前人成果，在其实践指导下从事，重视学而时习之，在传统知识指导或行为指导下从事实践。陈旉在《农书自序》中，引有孔子以下一段："盖有不知而作者，我无是也，必闻择其善者而从之，多见而识之。"陈旉认为从事农业生产实践，没必要事事从实践中摸索，应当也可以接受他人口述或书中记载的知识，通过学习掌握，在其指导下从事实践。陈旉提出要"择其善者而从之"，即要从中择其正确、全面、详尽的，用以指导自己的实践活动。他说所著《农书》，"非有知之，盖尝允蹈之，确于能其事，乃敢著其说以示人"。总之，陈旉所从事的农业生产实践，是知识经验指导下的实践，是为着探索研究的实践。

现代城市景观设计只有运用好允蹈其事的传统实践探索经验，通过各类实践决策系统的层层完善和整合，才能得出科学合理的综合性现代城市景观设计理念。随着社会和经济的快速发展，我国城市景观建设进程不断加快，城市景观规划中遵循和吸取传统的实践经验进行城市景观设计实践，不仅能够解决城市生态问题，保护城市生态环境，提升城市美感以及文化价值，同时也满足社会发展和人们生活的实际需求。现代城市景观设计中的允蹈其事的实践探索理念在城市规划中的重要作用，对于现代城市景观设计的认识发展，必定会助力促进城市化的和谐和可持续发展。

3. 城市景观设计应具备道进乎技的实践观

老子说："道可道，非常道。""道"是中国古代哲学的重要范畴。"道技"是符合本质规律的方式、方法。现代城市景观设计系统就是道与技相互融合的统一体。在这个统一体中，总是以外在技的形式承载着内在道的内涵。具体地说，在现代城市景观设计中，道就是内在的设计理念和指导思想，技就是在实践活动过程中较为稳定的程序及策略，它们是不可分割的生命体。有什么样的景观设计理念就有什么样的实践模式；有什么样的景观实践模式就有什么样的设计指导思想。换句话说，有什么样的道就有什么样的技，有什么样的技就有什么样的道。二者密不可分。道进乎技，源于庄子《养生主》中的"臣之所好者道也，进乎技矣"。表层意思是对事理的探究，已超过了对技术的追求。联系《养生主》全文，你就会发现，庖丁此句还在表明自己技艺高超的原因，他是由"道"入"技"的。他走了一条"由道入技"的路，那是一种"通道之技"。其实，庄子的笔下，何止庖丁这一"通道之技"之人。像轮扁斫轮、佝偻承蜩、运斤成风、大马捶钩、津人操舟中的人物，他们的技都是通"道"之"技"。

"道进乎技"是说技术水平在实践中得到提高，至于完善，且又达到道的理论认识。《庄子·养生主》"庖丁解牛"的故事清新有趣，从未有人认为真实，但读者听者都感到趣味盎然，愉悦兴奋，无不从庖丁的宰牛实践中，领悟到宰牛

明 佚名《楼阁高逸图》局部

之理，又深思养生之理，却真而不假、实而不虚。岂止是屠宰、养生，处世、治学，从事现代城市景观设计实践研究也是如此。现代城市景观设计实践，只有具备通道的设计理念，在长期的实践中积累经验，逐步深化认识，才能达到开悟其理的高超技艺阶段。庄子对"道"与"技"这一问题作了探讨，对于任何一种熟练的、高超的技艺，在庄子看来，不仅视为技巧，而应作为"道也，进乎技矣"加以认识，即它由单纯技能性活动，达到规律性认识后再用之于实践活动。庖丁解牛，对牛的认识经历了一个过程。其初期的"所见无非全牛"，是一个混沌之牛，除外形外，于内部结果无一所知。在解牛实践中，他看到牛体内部的各种器官组织及其部位所在和相互间的关系联系。积而久之，这些表象在脑中相当清晰。解牛实践使这种表象得以巩固，并将局部区域的表象与全牛表象相联系，在局部认识中思及整体，从整体表象中对局部定位并将其放大，使他解牛之时，进入"以神遇而不以目视，官知止而神欲行"阶段。现代城市景观设计实践中，使城市景观设计对自然生态认识也是由表面深入内部，由模糊进至清晰，由感性转为理性。知道人与自然的"天理固然"，用于指导现代城市景观设计实践，势必要求城市景观设计实践时"依循天理""因其固然"之道。

现代城市景观设计道进乎技的本质是把一种高度理念有计划地进行规划，提供解决景观问题的技术方法，并通过景观技术实践方式将其传达出来。这些景观实践技艺都是由景观设计理念之道而生。在现代城市景观设计实践探索中只学技而不学道，就只能照搬照套别人之技，而不能根据实情创新及选用所需之技。其结果，使得搬来之技水土不服，不适合现代城市景观环境的发展。道不变，技无穷。在现代城市景观设计实践中只有找到理念之道，才能生发出适合现代城市景观环境发展的实践技术。凡是能够找到的有助于城市景观设计实践的方法都可以成为通道之技。现代城市景观设计只有具备通道之理，才能运用无数多个技法解决无数多个问题。再次，在现代城市景观设计中过于追求技重于道的错误做法，也会使城市景观发展违背设计理念创立的初衷。一个城市景观实践理念，都是科学思想与技法的"聚合"与"集成"，这就决定了现代城市景观设计理念对城市景观实践探索的态度。城市景观实践经验是技与道的统一体。如果只停留在技的层面，我们的眼光将被局限于一个狭小的视野里，无法发现更远的风景及更多的技法；如果我们只看到道，我们就会被置于一个空中楼阁中，不能脚踏实地地解决一个个实际问题。我们只有从技中洞察出道，才能创新出更多的技；现代城市景观设计只有从道中发现它所承载的实践技艺，才能深刻地领悟着道。这种道进乎技的实践观循环往复，现代城市景观设计理念和实践水平才能达到理想的高峰。

"道"是万事万物的总根源、总法则，"道进乎技"的实践观无论其存在还是发挥作用都是自然而然的，是顺乎其本性。道家"道进乎技"的哲学方法论，必须经过转换才能在现代城市景观设计中显示其价值。道家文化思想对中国现代城市景观设计理念产生了深远的影响。表现城市景观的自然品质取决于现代城市景观设计理念的表达方式。道家道进乎技的哲学思想影响着当代城市景观设计的实践观、政治观、宇宙观和审美观。道家道进乎技的实践观，具有丰富的内涵，对当代城市景观设计产生了重大的影响。

四、道家一以贯之理念与现代城市景观设计

1. 道家文化智慧是城市景观发展的精神鼓舞

道家文化思想是中国古代的哲学用来阐释世界的本体、本原、规律和原理。道家文化思想所体现的"洞天福地"理想风貌，是民族的心理、性格，其民族精神正能量具有激励现代城市景观环境发展的功能。道家文化智慧所体现的道进乎技的精神特质，只要加以科学地扬弃，就一定会有助于现代城市景观环境的创新和发展。《老子》的"道生一，一生二，二生三，三生万物；万物负阴而抱阳，

冲气以为和"的论述，是对宇宙演变和结构认识的一种创新。林辕在《谷神篇》中提出宇宙始于"一点水质"，并对其因何膨胀，如何膨胀，加以详细地论说描述。邓牧在《伯牙琴》中说，天地"在虚空中不过一粟"，天地之外的虚空别有天地。在邓牧看来，宇宙中存在着地球之外的生命。道家文化思想"天地之外，更有天地"的开拓创新精神，还表现在天文学、地学、生物学、物理学、化学、数学等领域，对现代城市景观设计理念具有指导意义。

道家文化智慧不仅具有求真明理精神，也有务实益生精神，还具有尊道贵德激励有为精神。"道"是一种拥有丰富内涵的思想，"道"的概念具有虚无性。人们凭借着自己的经验和文化对事物进行阐述，也正是这种人人都能够使用而人人无法界定其内涵的思想，使得"道"这一观念具有了广泛的适用性，被人们普遍地运用到了各个领域中去。同时也正是这样的一种包容性，使"道"成为解读中国城市景观设计理念的一个基本原则。中国现代城市景观对自然的审美，是在道家提倡的"天人合一"的哲学思想基础上建立的。道家通过洞天福地的理想追求而察人与自然的关系，提出以"无为"求得"天人合一"的境界，天地之道，不被人为规矩左右而自成圆方，以"无为"态度而拥入大自然，这样才能使现代城市景观境界"天人合一"，这便是"万物复情""身与物化"，人"与物为春"的"天和"思想境界。道家文化智慧所蕴含的人文精神，尤其是其中的激励有为，对于现代城市景观设计理念起着激励和精神鼓舞的作用。道家文化智慧，对于现代城市景观设计理念的提升，不只以其所含人文精神起着作用，还以其具体成果，其中所蕴含的科学和技术智慧，启示现代城市景观设计致力于实践探索，推进人与自然的生态环境发展。

中国传统道家文化博大精深，源远流长。在现代城市景观环境的变革中，人们在深刻剖析工业文明带给城市景观环境利弊和失衡后，进一步思考了如何对待当前城市景观环境的快速发展以及如何构建适宜人居住的新型城市环境问题，这是人类生存与环境变革共同进化的一种必然选择。对于正在走向国际化的中国现代城市景观环境设计，如何清晰而有力地表达和展示自己，这是当代城市景观设计理念面临的重大课题。中国现代城市景观环境的设计发展不仅要有敏锐的洞察力，还应依循自然之理善加研究和表现，这不仅是本土化研究的重要内容，也是当代城市景观设计理念的核心价值所在。道家文化智慧不仅是物质技术的还是精神文化的，具有历史的延续性，追踪时代和尊重历史是并存的。道家文化思想智慧是国家和民族历史创造的集体记忆与精神寄托。在这样的时代背景下，道家思想是现代城市景观发展的精神鼓舞，值得我们去学习和弘扬。

2. 道家文化智慧助力城市景观发展腾飞复兴

道家文化思想代表的是一个民族历史漫长的创造和发展历程，是可以代表整个民族的精神、思维方式以及价值取向汇聚成果的总和，道家文化智慧对中国现代城市景观的发展也产生着重大的影响。在现代城市景观设计领域，道家文化思想与现代城市景观设计二者之间的关系能够体现民族性和时代性，将道家文化智慧应用到现代城市景观设计中更加能够体现当代人的审美观念和对自身环境的认同。如何将道家文化更好地融入现代城市景观设计中，发挥道家传统文化智慧在景观设计中的作用，是现阶段需要考虑的重中之重。在当代，中国的城市景观设计理念已基本上呈现西化趋势，我们应更好地继承和弘扬道家传统文化，进而更好地将道家文化智慧和现代城市景观设计有机地结合在一起。当代是经济、文化相互融合的时代，若要建设中国特色的城市景观环境，则必须将道家传统文化与现代城市景观设计相结合，达到"求真明理，道进乎技"的目的，即在城市景观设计中，尊重和传承道家文化的精髓，并将道家文化中有益的部分进行"修正和再创造"，使城市景观设计中既存在开放性、独特性又存在民族性，让道家文化智慧可以更好地为现代城市景观环境的发展复兴而助力。将民族特有的文化瑰宝以现代城市景观设计的形式展现出来，同时也能够推动现代城市景观设计的进一步腾飞发展。

　　"道"在道家思想的体系中处于一个核心的位置，无论认识论还是修养论抑或本体论都是紧密围绕"道"而展开的。道永恒自在，动而不动，不动而动，同时又生养万物，发用流行而无不顺。这种兼括有无的道，便是道家的天道所在，是一切规定性的来源和一切行为方式的导向。在道家来看，现代城市景观环境之纯朴自然的天性即是至真、至善又至美的，由其真而善而美，三者统一的基础正在于自然无为。现代城市景观形态的设计构成离不开环境、空间和社会生活。良好的城市环境离不开开放的空间景观设计，而城市景观设计又离不开自然之道美学的渗透。从道家文化智慧的角度考虑现代城市景观设计，应吸纳道家求真明理的美学精神，应依循道家自然之理的理念，使之具有功能协调的整体之美、生态自然的无为之美、设计创新的热烈之美、文脉延续的内省之美。这样我国的城市景观环境才能得到真正的发展。

清 袁江《汉宫春晓》局部

中国陶瓷 / 艺术寻美

CHINESE CERAMICS
SEEK BEAUTY IN ART

清 康熙 青花开窗花卉纹盘 局部

尊崇自然　中和之美
中国青花瓷艺术

中国青花瓷艺术既是中华民族灿烂文化的物化呈现，又是人类共享的文明珍品。中国青花瓷艺术作为中国陶瓷发展史上又一经典艺术，其发展离不开中国传统哲学文化的基本精神。元、明、清三代是中国青花瓷艺术发展的全盛时代，此时青花瓷的生产达到最高水平，在中国陶瓷史上占有举足轻重的地位。青花瓷艺术以其丰富的中国传统哲学文化内涵，清新的色调，素雅的纹饰，莹润的釉色，雅丽的色泽而著称。中国青花瓷艺术以特有的思想意蕴和哲学精神文化内涵，凸显中国传统哲学文化审美思想对青花瓷艺术的重要作用。青花瓷艺术审美有着中国哲学思想和美学的深刻印记，具有鲜明的民族艺术特色和独特的文化审美境界。中国陶瓷的发展推动了青花瓷艺术的发展，成为青花瓷发展的内在思想源泉。青花瓷艺术的基本审美精神具有两个特点：一为具有广泛的影响，对广大人民具有润物细无声的熏陶作用；二是具有激励进步、促进发展的积极作用。必须具有这两方面的表现，才可以称为中国青花瓷艺术文化的基本审美精神。中国青花瓷艺术哲学审美境界是道德或人生哲学的精神境界体现，传统哲学思想是青花瓷艺术的审美精神，是青花瓷艺术精神的品质体现，培育了中国青花瓷艺术审美崇德、尚德、重德、厚德的品格。儒家美学思想将"美"和"善"统一起来，要求审美既要满足个体的情感欲求，又要维护社会的秩序统一。儒家哲学美的境界是由善到美，尽善尽美的境界主要靠礼乐文化来实现，礼乐文化思想对青花瓷艺术审美精神产生了重要影响。儒家美学始终把"美善相乐""美道合一"的美学思想紧密结合在一起，推行"中和成德""礼乐相济"的美学审美路线，并强调审美的社会意义。道家哲学思想将"美"和"真"联系在一起，并在真的基础上求美，其审美的境界追求"道"与"美"合一、自由而自然的境界，这种境界的获得主要来自主体超然无待的态度。所以，儒家"尽善尽美"、道家"美道自然"的哲学审美观念对中国青花瓷艺术审美境界的影响深刻而持久。

中国传统美学思想始于先秦，讲求和谐之美。美是一种客观的存在，追求绝对的自由，并以艺术审美为核心，研究"天"与"人"的审美情趣，"中庸之道"是中国青花瓷文化艺术哲学审美的最高价值原则。道家哲学思想注重顺应自然，尊重万物自然本性，是中国传统哲学文化的重要组成部分。道家哲学思想讲求"大象无形"，追求含蓄、丰富的意境，并通过修身养性，抒发内心情感，达到顿悟自由的境界。道家哲学思想为元、明、清青花瓷审美题材表现提供了重要的内容。庄子提出天与人皆出于道、统一于道，人只有完全顺应自然才能达到天人合一的审美境界，即所谓"天地与我并生，万物与我为一"。人应遵守天地自然轮回之道，不干涉万物的自然生长规律，在自然界中，人应该顺应自然，人与自然统一、和谐，与天地万物相合。

中国青花瓷纹饰艺术审美大致可分为人物类、动物类、植物类、山水纹样、文字吉语纹样等题材。这些青花瓷纹饰历史悠久，艺术构思深邃，形神兼备，生动飘逸，生活气息浓郁，深受儒家、道家美学思想审美特征和文化内涵的影响，是中国陶瓷艺术最杰出的代表。从中国传统哲学审美特征来看，青花瓷艺术具有视觉之美、神韵之美、自然之美三大哲学特征；从文化内涵来看，青花瓷艺术具有儒家美学思想"比德""比兴""意统情志""悦心悦意""悦志悦神"的文化审美精神。在中国青花瓷文化艺术审美中随处可发现"美善相乐""美道合一"美学思想的表达，这是中国青花瓷艺术所特有的文化内涵，也是儒家、道家思想美学的结晶，显示着永恒的艺术魅力。中国青花瓷文化艺术审美无论艺术风格还是艺术形式表现始终保持和谐之美、自然之美和强烈的伦理美学思想境界，中国传统哲学审美精神对元、明、清时期青花瓷艺术审美的影响重大而深远。

一、中国青花瓷艺术的哲学审美精神

1. 融贯礼乐

在中国青花瓷艺术的审美发展过程中，"融贯礼乐"的哲学文化思想对青花瓷艺术审美精神产生了重要影响，"融贯礼乐"被具体物化为秩序、庄重、自由、自然的艺术审美追求。"礼"的文化内涵为人作为主体通过自身的意识，与自己意识之外的"物"之间沟通的规则，具体到社会，则起到一种规范整合作用。在中国青花瓷艺术发展历程中，在礼的审美思想精神影响之下，产生了诸如簋式炉、尊式炉、鼎式炉、觥、贯耳瓶、八棱瓶、琮式瓶、鬲式炉等青花瓷礼器，其造型源头为商代的礼器青铜器。中国社会历来推崇礼乐文化，元、明、清三代仿古造型青花瓷的大量出现，表现出中国传统哲学文化中的固守心理，这也是礼乐文化在中国社会生活中的再度定格和延展。礼器青花瓷的主要作用是作为皇帝的祭礼与陈设用瓷，除了特赐给功臣以外，其他官僚及庶民是没有使用权限的，因此，官窑本身就是"礼"的产物。历代青花瓷礼器从造型比例、尺度、均衡、韵律等方面反复推敲，造型单纯，求正不求奇，线条简洁雅致，不张不弛。青花礼器作为"王权"与"礼序"的象征，不是简单的器物。青花礼器自诞生起就融贯着儒家思想的礼乐文化，并一直为统治阶级所重视，其根本原因就是"礼器"作为政治权力的象征，是传统政治制度的重要组成部分。在青花瓷审美艺术发展历程中，青花瓷"礼器"作为青花瓷器中的经典，以其独特的形式来陶冶感化人们，将"礼乐融贯"的儒家哲学文化信息传递给后世。儒家哲学"礼"的思想对于中国青花瓷器的影响是全方面的，无论官窑还是民窑。而官窑青花瓷器气势宏大、格局整齐的整体构思在表现礼制文化的庄重和威严之美时更为突出，这主要在于显示帝王的权威与富有。

前文提到"乐"是指一种人与自然、人与社会的和谐状态，在这里，乐不是"音乐"，而是泛指一种自由状态的理想。民窑青花瓷自然、自由奔放的纹饰风格，彰显了和谐的生活情趣之美，"礼"和"乐"应当说是融贯在一起的。礼乐是相辅相成的关系，《礼记·郊特牲》说"乐由阳来"、"礼由阴作"，《乐记》说"乐者天地之和也，礼者天地之序也。和故百物皆化，序故百物皆别。乐由天作，礼以地制。过制则乱，过作则暴，明于天地，然后能兴礼乐"，"大乐与天地同和，大礼与天地同节"，"故圣人作乐以应天，制礼以配地"等。孔子哲学思想的宗旨就是礼乐融贯，把乐安放在礼的上位，并认定乐才是人格完成的境界。孔子把审美境界作为人生的理想境界，并拓展到整个人生态度上，注重"知之者不如好之者，好之者不如乐之者"。在礼乐问题上，把"乐"放在"礼"之上的不仅仅只有孔子一人，先秦至两汉的儒学家皆然。"礼者，以人定之法，节制其身心，消极者也。乐者，以自然之美化感其性灵，积极者也。礼之德方而智，乐之德圆而神。"在儒家礼乐文化思想的影响下，中国青花瓷艺术审美形成两个基本的文化内涵，即礼制文化和由"乐"文化引申出的隐逸文化。以明代早期洪武、永乐、宣德三朝青花瓷艺术为例，永乐时期青花龙涛纹天球瓶，就是青花融贯礼乐文化的典型，除口沿饰卷草纹外，通体是在汹涌翻滚的海涛中遨游的两条巨龙，龙为白色，是典型的永乐样式，海涛为蓝色，纹饰制作新颖别致。此瓶的制作工艺是在成型的天球瓶胚胎上先刻出龙纹，然后用青料在龙纹以外的部位绘出海水，留出浪头和白龙，最后再施以透明釉烧成，蓝白相映，别具情趣。这件青花瓷杰作从器型到纹饰表达了典型礼的威严、庄重之美，同时也表现了乐的自然观赏之美，这种青花天球瓶形式对后世清代雍正、乾隆时期产生巨大的影响。再如明宣德青花缠枝三足炉，器型可以追溯到汉代青铜

明 永乐 青花龙涛纹天球瓶

尊形器，宽口沿，直筒器身，平底，附三足。全器有七道凸弦纹，内壁白釉泛青，外壁绘六朵缠枝莲纹，青花浓艳且晕散，深处有铁褐结晶斑，底部及三足无釉露胎，口沿下横书一行六字楷款"大明宣德年制"，此经典之作深刻地体现了融贯礼乐的秩序与自然之美。

中国元、明、清时期的青花瓷艺术审美体现了"融贯礼乐"的哲学文化思想，反映在青花瓷艺术审美风格上。如洪武青花云龙纹"春寿"瓶、正德"青花穿花龙纹尊"、万历"青花云龙纹洗"、万历"青花云鹤凤凰纹方罐"，这些青花瓷艺术审美的经典之作是最能体现儒家"融贯礼乐"思想影响的青花瓷器物，更是表现出青花瓷艺术的庄重秩序之美和封建帝王权力的等级制度。官窑青花、民窑青花、宗教青花是中国青花瓷的三大类型，不同风格的青花瓷艺术审美也各具特色。其中官窑青花的审美艺术，因为要代表至高无上的皇权，因此要处处体现皇权文化，彰显皇家气派，也因此最具儒家礼制文化的代表性。中国元、明、清青花瓷纹饰审美艺术表现中，松柏纹常作为基调纹饰，以乐的文化审美形式象征其统治长存和长治久

明 洪武 青花云龙纹"春寿"瓶

明 永乐 青花枇杷绶带鸟纹盘

安。苍劲的古松在青花瓷纹饰艺术审美中出现较多，如代表松鹤延年的"松鹤清樾"、可聆听阵阵松涛的"万壑松风"以及"松鹤斋""云牖松扉"等。另外，青花瓷碗、盘器型内常绘有象征"玉堂富贵"的海棠、牡丹、玉兰，并在其中描绘各种的珍奇花木纹饰，把皇家的华丽富贵体现得淋漓尽致。甚至于认为配植花木纹饰时也应该有主仆之分，即"花之有使令，犹中宫之有嫔御"，讲究"君臣辅弼"之理，则更加直白地展现了"礼"对青花瓷纹饰的影响。儒家哲学希望建立一个高度秩序化的社会，倡导"礼者，天地之序也"，万物均按内在秩序发展，反映在青花瓷艺术审美上就是用纹饰的寓意来表示礼乐文化制度。中国青花瓷艺术文化中"融贯礼乐"哲学思想大大丰富了青花瓷文化艺术的民族性，这些青花瓷审美文化思想的精华一直都是体现着儒家"融贯礼乐"的哲学文化精髓。

在民窑青花瓷艺术审美表达中，"乐"是人自身、人与自然、人与社会的和谐状态，是一种理想和自由。相对于皇家官窑青花瓷，民窑青花要简洁很多，且往往充满诗情画意，体现自由、自然的融贯和谐之美。儒家认为"礼自外作，乐自内出"，礼主敬，乐主和。孔子与子夏谈诗，孔子说"绘事后素"，子夏就说"礼后乎"！孔子称赞他说"起予者商也"。礼是绘，乐是素，礼是文，乐是质；绘必后于素，文必后于质。儒家思想认为：乐是意志的表现，情感的流露，用处在使人尽量地任生气洋溢，发扬宣泄；礼是行为仪表的纪律，用处在使人欲发扬生气之中不至泛滥横流，调整节制。如明代永乐民窑"青花折枝花果纹罐""青花折枝花果玉壶春瓶""青花枇杷绶带鸟纹盘"，成化"黄地青花石榴荔枝樱桃纹盘"，这些民窑青花瓷植物纹饰艺术完成了人性向善的天赋使命，而且还丰富了儒家乐文化的内涵，创造了乐的精神和情之不可变的明代青花瓷艺术审美经典之作。孔子所称"质胜文则野，文胜质则史。文质彬彬，然后君子"（《论语·雍也》），这句话本来的含义是人质朴的品质和广博的学识应该相称，往深层次引申就是形式与内容的和谐。乐的许多属性都可以用"和"字统摄，"和"是乐的精神，"序"是礼的精神。在中国青花纹饰审美艺术中，数块湖石，以沿阶草镶边，一丛翠竹，点题的海棠仲春开放，展现了"山坞春深日又迟"的完美意境。凤凰在传说中"非梧桐不栖，非竹实不食"，因此青花瓷艺术审美多种植梧竹等待凤凰的到来。"梧竹幽居"便是借用这一典故，配置以一株梧桐和数竿翠竹的形式，简洁而又明确地展现出儒家乐文化意蕴的艺术审美。

通过以上诸多儒家经典青花瓷艺术审美案例，可见青花瓷艺术对"乐和"关系的阐述既生动而又具体，有比喻又有象征，用简洁的描述揭示出青花瓷艺术"融贯礼乐"之美的真谛。"融贯礼乐"的哲学文化思想是中国青花瓷艺术审美的重要理念，儒家礼乐文化思想的影响遍布官窑青花和民窑青花。礼乐本是内外相应，礼使人敛肃，乐使人活跃；礼使人控制自然，乐使人任其自然；礼是古典的精神，乐是浪漫的精神。礼的精神是序，乐本乎情，而礼则求情当于理；乐的精神是和、乐、仁、爱，是自然，或是修养成自然。总之，礼乐融贯相应，亦相辅相成，礼乐不能相离。所以在中国青花瓷艺术审美理念中，必须融贯礼的精神和乐的精神。

2. 厚德天地

中国青花瓷艺术审美特征的本质是重德、厚德、崇德、尚德的品格，"厚德天地"即是用像大地一样宽厚的德行来容载万事、万象、万众、万物。"厚德天地"精神文化具有强大的生命力，只有体现厚德文化思想内涵的青花瓷艺术，才能拥有真正的生命力；只有体现厚德天地精神文化思想特征的审美理念，才能真正给人以精神上的慰藉和归属感。中国传统哲学以玉为德、崇尚自然的审美精神也凝练在青花瓷艺术的精神品格之中。青花瓷艺术审美传承和光大了宋青白瓷追求玉文化的精神，注重造型、釉色富有君子如玉的品质精神，拥有高远博大的境界。青花瓷造型、纹饰艺术追求厚德审美的主要内涵，也是青花瓷艺术审美转型时期特别提倡的精神品格。中华文化精神之魂"厚德载物"就是青花瓷艺术审美精神的境界追求，坤卦《象》曰："至哉坤元，万物资生，乃顺承天。坤厚载物，德合无疆；含弘光大，品物咸亨。"意思是指大地的坤阴元气恰到好处，万物都受到了滋养，这是对天意的顺承。深厚的大地，普载万物，万事万物都因它而亨通成长。"厚德"原意为"地之德"，即"大德"。"地势坤"就是说"地至顺"，亦即合乎规律而动。《易传》："天地以顺动，故日月不过而四时不忒。圣人以顺动，则刑罚清而民服。"也就是说，如果自然界"顺动"，那么日月运行、四季更替井井有条。中国青花瓷艺术就是顺动自然天地规律，无论造型，还是题材纹饰，都彰显了"厚德天地"的品格和审美精神境界。

　　青花瓷艺术审美体现的厚德思想基本可归纳为崇尚气节的爱国精神、自强不息的民族精神、大公无私的群体精神、经世致用的救世精神、民贵君轻的民本精神、人定胜天的能动精神、厚德仁民的人道精神、勤谨睿智的创造精神等。中国青花瓷艺术审美的题材广泛、形式多样、内涵丰富、流传久远，其他艺术形式难以与之相比。如元代青花器四爱图，腹部主题纹饰为在四个菱形开光内绘有"林和靖爱鹤""王羲之爱兰""孟浩然爱梅""周茂叔爱莲"四爱图，人物形象生动，具有浓郁的生活气息。开光之间绘上下对称的如意状卷草纹，肩部上绘卷草纹，中间绘凤穿牡丹，下绘锦地钱纹。凤头曲颈前伸，凤尾似两条彩带向后飘拂，凤翅展开成穿花飞舞状。胫部绘变形莲瓣纹，以卷草纹与腹部相隔。整个纹饰绘画精彩、图案纹饰独特，是青花瓷中罕见的佳品。这类经典作品就表明了青花瓷艺术审美精神，即"厚德天地"的价值理念在世间生活中的传播已达到相当高的实践水平。中国青花瓷艺术审美中"厚德天地"的文化精神可以概括为两个方面：一为人本主义精神。厚德文化把关注点更多地聚焦到人在社会中的位置中，提出通过个人道德的自我完善，以实现个人的社会价值，这也是厚德文化注重道德、注重人文、注重感性特点形成的原因。青花瓷艺术审美器物造型体现了厚德文化中人和、天和、物和以及三者之间的和谐统一。其中人和为器物价值观念的内化符号，天和为器物设计中的自然选择，物和为器物中的人性化设计，人和、天和、物和就是厚德文化审美的基本精神。二为内圣外王精神。内圣就是要重视对自我心灵的修养以及自我道德的完善，也就是要通过格物、致知、正心、修身、诚意，从而把自己修炼成圣人，抑或是按照圣人的标准去修炼。外王就是要加强对群体的重视，注重通过个人的积极入世把修炼的内圣功夫释放出来，贡献于国家，服务于社会，以达到齐家、治国、平天下的人生抱负。具体到青花瓷艺术的表现上，如最早源于清代康熙时期，流行于道光、同治年间的"无双谱"青花瓷，绘制了从汉代至宋代一千四百余年间四十多位名人，像苏轼、司马迁、狄仁杰、花木兰、岳飞等人物和诗文，以示传承弘扬民族厚德天地的精神。清代的"无双谱"题材表现的青花瓷艺术审美是惊艳世界的具有中国魅力的，其价值就在于将"厚德天地"的精神文化因素融合进青花瓷艺术的物化表现中，也就是将客观环境中美的因素和儒家厚德天地精神文化因素相结合。冠绝古今、绝世无双

清 嘉庆 青花无双谱狮耳方瓶

的中国青花瓷艺术审美中独特的"厚德天地"精神文化魅力正散发着璀璨的光芒。

中国青花瓷艺术"厚德天地"的审美精神的内涵具体表现在三个方面：一为尚美崇善。"厚"的意思是推崇、崇尚，"德"的意思是指美好的品德与操守，"厚德"就是指不断提高自身的道德水准和品德修养，做事德为先，做人德为上。青花瓷艺术审美表现的题材、内容以及审美精神自古就注重道德的修养与品行的塑造，继承道德传统，引领社会风尚，崇善尚美一直以来都是中国青花瓷艺术审美精神的优秀品质。二为顺应规律。宋代著名理学家朱熹认为"至顺极厚而无所不载也"，"至顺"作为"厚德"的一个特性，其意指顺应历史发展的潮流，亦即顺应事物发展的客观必然性。三为包容和谐。"厚，故万物皆载焉。君子以之法地德之厚，而民物皆在所载矣"，"厚德"就是像大地一样，无所不载，包容万物。强调道德的修养与品行的塑造，是人和的基础；"厚德天地"精神"顺应规律"，强调遵循事物发展的客观必然性，即广义上的顺应"天道"，是天和的基础；青花瓷艺术哲学审美追求了"厚德天地"精神的"包容和谐"，强调像大地一样包容万物，与大地的承载性相契合，是地和的基础。在"天地人和"的背景下，"厚德"作为中国青花瓷艺术审美文化的精髓，凝练在青花瓷艺术的精神品格之中。

中国青花瓷文化艺术的创作主题从自然界中汲取灵感，而自然美之所以为"美"在于"比德"。人们对于自然界中"美"的鉴赏多是来自将其作为人的精神美或品德美的一种比喻及象征。儒家哲学文化思想认为伦理道德是理义审美活动的根基，其审美本质就是以理节情。中国青花瓷审美艺术发展历程中记载的一系列自然美欣赏的实际案例中，"比德"性占了绝大多数。例如，明代弘治时期的"月映梅图"和"树石栏杆图"都是在自然和艺术的审美感受中体悟道德人格，培养和锤炼人格品性。孔子注重在自然山水中体验人的道德观，将仁、义、礼、智、信等对于人的道德要求比附到所见自然山水之上，即"比德"。君子以比德，这种对人格理义的一种欣赏，是中国青花瓷文化艺术审美表现内容与形式的核心理念。儒家哲学审美思想要求人们通过领悟植物所体现的人的美德，来欣赏青花瓷艺术的美，也就是通过欣赏植物美达到修身养性的目的，最终使道德情操变得越来越高尚，这也就是儒家哲学审美中的"比德"观。孔子认为应该以弘扬"德"为前提，然后再赋予艺术审美人文含义。如明永乐、宣德时期的青花"月映冷梅图"纹饰，展现了在寒冬中，梅花于百花之前率先开放，独天下而春，象征了君子清雅俊逸的风度。通过对具有美丽外形的自然物进行描绘，中国青花瓷纹饰艺术成为表现儒家文化思想哲理，启迪智慧的人文载体。

　　大自然中的花木、山水、鸟兽、鱼虫等能引起欣赏者的美感的原因，就在于它们的外形与神态上所表现出的内在意蕴，都和人的本质发生对位、同构与共振。这些与人的本质精神品德有相似性质、形态、精神的花木、山水、树石，可以和作为审美主体的人（君子）进行比德，这也是可以从青花瓷纹饰鉴赏中可以体会人的品格之美的原因。"岁不寒，无以知松柏；事不难，无以知君子"，《荀子》很清楚地把自然界松、柏植物所具有的耐寒特性，与君子的坚强性格相比照。另外，"挺拔虚心有节"的竹子、"疏影横斜水清浅"的梅花、"秀雅清新，暗香远播"的深谷幽兰等都是理想的比德植物纹饰。比德植物所被赋予的巨大的文化内涵，构成了中国青花瓷文化艺术特有的传统理义审美方式，对青花瓷艺术文化理念和审美产生了巨大的影响。因此在中国明代正德、景泰、天顺时期的青花瓷纹饰艺术审美表现中常用的形式配置"岁寒三友"（松、竹、梅）、"四君子"（梅、兰、竹、菊）等典故均源于儒家的"比德"思想。《楚辞》中的《橘颂》有"后皇嘉树，橘徕服兮。受命不迁，生南国兮"，用橘来比拟人坚贞和忠诚的品质。这些比德文化在明代嘉靖、万历时期的青花纹饰上也得以体现。如此一时期的青花瓷纹饰作品"简笔缠枝莲图""一品清莲图"把荷花"比德"于君子："予独爱莲之出淤泥而不染，濯清涟而不妖，中通外直，不蔓不枝，香远益清，亭亭净植，可远观而不可亵玩焉⋯⋯莲，花之君子者也！"君子洁身自好的品格，正是莲花出淤泥而不染的特性的写照，

明 永乐 青花把莲纹盘

也是人们品格磨炼的极好榜样。儒家认为：美的根据不在于物，而在于人；在于人，但又不在人的形体、相貌，而只在人的精神及人格；在于人格，又不在任何种人格，而只在他们所提倡的伦理人格。在中国青花瓷艺术中，"厚德天地"的理论意义首先是它显示出自然美的实质是把自然同人的精神品德相比附，其次是以青花瓷纹饰艺术为载体来体现真善美相结合的含义。

中国青花瓷文化艺术审美中的另一种审美理念就是"比兴"。"比"的意思是指借助外物以明人事，带有更多的伦理功能。"兴"则更加偏向艺术的范畴而超越了伦理的因素。而在中国青花瓷纹饰艺术的表达中，"比兴"具体表现为借助自然界的景致含蓄地传达某种理趣或情趣，把一定的象征寓意赋予自然花草树木，其表现的内涵多是"平安""如意""福""禄""富贵""和谐美满"等吉祥的祝愿。如明嘉靖、万历时期青花瓷纹饰表现艺术风格中，紫荆纹饰象征兄弟和睦，石榴纹饰有多福多子之意，前榉后朴纹饰寓有步步高升、中举之意，玉兰海棠牡丹纹饰有玉棠富贵之意等。"比兴"是情感表达理解的综合体，托物寓情相较于正言直述更加利于情趣的表达。

中国青花瓷艺术审美精神从厚德精神文化中汲取灵感，体现"厚德天地"的精神内涵。例如元代青花瓷中元曲杂剧题材《三顾茅庐》《桃园结义》《唐太宗与尉迟恭》《周亚夫》等的青花纹饰审美题材，意涵深邃，耐人寻味，深刻地体现了中国人特有的和谐观，更展现了中国青花瓷厚德精神审美艺术自强不息、积极进取的精神，深邃智慧的哲学思考和勤谨睿智的创造精神。

二、中国青花瓷艺术的哲学审美境界

1. 尽善尽美

综观中国青花瓷审美历史的发展，至清朝康雍乾三代，青花瓷制作技术已经相当高超，此时的青花瓷装饰精细而华美，无形中成为追求"尽善尽美"境界的典范，为中国青花瓷史增添了辉煌的一笔。"尽善尽美"最早提出于《论语·八佾》："子谓韶：'尽美矣，又尽善也。'谓武：'尽美矣，未尽善也。'"郑玄注云："韶，舜乐也，美舜自以德禅于尧；又尽善，谓太平也。武，周武王乐。美武王以此定功天下；未尽善，谓未致太平也。"可见，"善"是对社会道德伦理的要求和规范。而"美"则是对艺术的审美要求与评价。如元、明、清青花瓷艺术最常表现的梅花题材，梅花纹饰在青花瓷纹饰艺术审美表现中象征具有崇高气节的君子，风骨傲然、并具有冰雪之姿。又如青花瓷常表现的题材中的菊花、牡丹纹，菊花在儒家文化中象征高洁与卓尔不群，陶渊明爱菊，认为其"怀此贞秀姿，卓为霜下杰"。牡丹则通常被认为是"富贵花"，但它不与百花众香争春斗妍，单选谷雨潮，在百花盛开之后开放，又表现了其"非君子而实亦君子者也，非隐逸而实亦隐逸者也"，表现了中华民族谦虚礼让、虚怀若谷、宽厚容人的品格和尽善尽美的文化审美境界。

尽善尽美是中国青花瓷艺术审美价值的基本追求。孔子极度赞美歌颂"礼让"的《韶》乐，认为它不仅在艺术上达到了"尽美"，更重要的是在思想上符合他崇尚"礼"的道德理想，故而也是"尽善"的，亦即认为《韶》达到了"美"与"善"的高度统一。《论语·卫灵公》中，孔子对于颜渊"问为邦"的回答讲到，"乐则《韶》、《舞》（舜同武）"。可以看出，推崇"尽善尽美"的《韶》乐，是孔子自始至终一直坚持的思想。明代成化、弘治、正德时期青花瓷纹饰审美题材极为丰富多样，纹饰图案绘画表现流畅自然，多用神灵或动物的生动纹饰形象来表示吉祥如意、尊贵福寿"尽善尽美"的思想文化内涵。青花纹饰题材中，表现儒家"尽善尽美"哲学思想的纹饰题材广泛，如充满对美好生活赞美和向往的就有"喜上眉梢""仕女图""婴戏图""祝寿图""山水风光图""爱莲图"以及"树石栏杆图"等。另外还有一些以人物故事作题材的纹饰，其内容涉猎则更为广泛，纹饰表现也更加生动，如"深山访樵梅""携琴访友"等题材充满了自由、灵空的心境，"状元过封""福禄八仙"等题材表现了严谨适度、不急不愠的儒士风度，而"富贵有余""梅妻鹤子""喜上眉梢"等纹饰题材则寄托了人们既对"尽善又尽美"又对美好吉祥的祝愿。因此在青花瓷意识繁盛的时代，多样的及各个层面的生活在青花瓷纹饰审美中都有相当贴切与现实的展现，从中也让我们了解到明代成化、弘治、正德时期传承儒家哲学文化审美思想的成就是不可低估的。

儒家哲学思想中的美学认为"美"和"善"是密切相连的，并提出艺术不仅应该尽美，还应尽善，最终要做到美善统一；对于社会来说，儒家哲学思想认为艺术审美在满足个体的情感欲求的同时，还要维护社会的秩序统一，最终达到个体与社会的和谐。因此，中国青花瓷纹饰艺术审美的中心话题便是"尽善尽美"。中国明代青花瓷艺术审美中称颂木樨之香胜，蜡梅之标清，李之洁，梨之韵，莲花"出淤泥而不染"而又"香远益清，亭亭净植"，这些都是青花瓷纹饰艺术审美中"美善相乐"的具体物化体现。儒家认为，在精神境界方面，"美"与"善"的层次并不相同，"美"要比"善"更加高尚且深刻而完备。"善"作为道德的起点，是对人类品性的普遍要求，通过进一步的修行以达到"美"的境界，就成为一种高尚的道德，亦即"美德"。但儒家哲学思想又认为"美德"的人格精神是带有理想成分的。"乐"是一种审美属性，从"善"而达到"乐"也就具有美的性质了，因此"美善相乐"不是"美"去俯就"善"，而是"善"去攀登"美"，只有这样才能使"善"和"美"共有"乐"。"美"与"善"在儒家哲学思想中虽然是有所区分的，但"美"不是独立于"善"的精神境界，只是一种外在的感性形式，亦即通常所说的"形式美"，而这种"形式美"正是中国元、明、清时期青花瓷纹饰艺术形式内容审美表达的重要理念。如明代青花瓷作品松、竹、梅纹双耳三足炉，将风度潇洒、具有高风亮节的竹，具有刚强意志品质的松，以"冰肌玉骨，独天下而春"但又不争春高贵个性而著称的梅，三者进行结合，就成为著名的"岁寒三友"图。在儒家哲学文化审美中，作为松竹梅文化的精神境界，美比善更高尚，更纯粹，更完全；作为人生境界，美比善更充实，更丰富。因此，这种高尚的道德境界往往用既"尽善"又"尽美"等哲学命题来概括。

儒家哲学思想中的"尽善尽美"审美观对于提高和培养个人对于"美"的哲学境域是非常重要的，孔子对于人生目标的追寻还存在超越道德的层面，他在与自然的融合中产生了"乐山乐水"的哲学情怀，他认为在以宇宙万物为怀的精神境域之

明 嘉靖 青花松竹梅纹碗

中，可以产生人与自然合而为一的终极心灵体验，这表现了孔子对自然宇宙万物的热爱，这其中又带有诗情画意的浪漫气息。如清代康熙青花瓷纹饰艺术中多有古树参天、群山环抱、湖上泛舟、涓涓流水的景致，这些优美的景致结合优雅的诗词表达了怡然天成的人生境界，也就是"大乐与天地同和"的哲学艺术境界。这种艺术境界与道德境界相融合就形成了一种两者浑然天成的"尽善尽美"的境界。在中国青花瓷纹饰艺术表现的内容形式审美中，作为精神境界，美比善更高尚，更完全，更纯粹；而作为人生境界，美比善更丰富，更充实，更光辉灿烂；在对人生世相的反映上，"善"将世界抽象化、理性化，美将世界美化、理想化，使感性更鲜活、生动，并把理性融于其中，使理性和感性处于和谐统一的状态。因此，中国青花瓷纹饰艺术的审美境界创造美、达到美相比于达到善更加困难，要求也就更高，这也是中国青花瓷艺术对"尽善尽美"的审美境界的更高追求。

中国人"终极关怀"的落脚点是道德抑或是人生哲学，而不是宗教，而通过艺术或审美来达到这个"终极关怀"，就是儒家哲学思想的"美善相乐""美善合一"以及"尽善尽美"。儒家美学思想决定了中国青花瓷文化艺术审美表现形式与风格趋向。中国青花瓷审美表现艺术重视运用线条与笔墨，擅长用线写形、以形传神的美学规律，同时又善于感受和捕捉生活中的细节，再用聚零为整、提炼概括的方式表达出来，所呈现的器物的内容和形式具有让人赏心悦目的艺术魅力。如明朝洪武、永乐、宣德时期的"青花缠枝莲纹""青花缠枝牡丹纹""青花海水结带绣球纹""植物兰草纹"等经典之作，可以看作达到了儒家哲学文化思想审美功能与实用的完美统一，同时也代表了特定时代人们的价值取向、心理结构、思想意识等美与善的哲学观念。

青花瓷纹饰艺术审美境界是将儒家哲学思想中的"实践理性"精神引导与贯彻到政治观念、伦理常情、世俗生活之中，而不进行抽象的玄思。中国青花瓷艺术审美根植于民间文化的土壤，充分吸取了文人绘画中的表达元素，并对其进行

明 宣德 青花缠枝莲纹盖罐

融会贯通，从而形成了独具匠心的构图布局，使青花瓷纹饰在保持文人画娴熟笔法的同时，又极大地拓展和丰富了传统青花纹饰的表现语言，同时让青花纹饰艺术的表现得以如文人画般"运笔墨之灵，肇自然之性"。从某种意义上来说，青花纹饰艺术可以看作中国画在瓷器上的一种延伸，其在艺术精髓上与中国画同出一脉，同样崇尚中国画所崇尚的笔墨精神，也同样包含了极为丰富的儒家哲学文化中"尽善尽美"的审美思想。中国青花瓷文化艺术作为重要的历史文化实物资料，对我们研究和了解掌握各个历史时期的生活习俗、历史文化、装饰艺术提供了巨大的贡献。青花瓷艺术闪烁着儒家"尽善尽美"审美境界无穷的趣味与活力。"尽善尽美"代表了中国青花瓷纹饰艺术最高的审美理想，也就是通过艺术来倡导教化，最终实现社会的和谐。

2. 美道自然

在中国传统哲学审美文化中，美不仅是儒家美学思想所认为的最高哲学审美境界，也是道家哲学文化审美所追求的最高境界。道家哲学思想提倡愤世嫉俗、自然无为，崇尚超越现实的世俗社会，主张崇拜自然，重归于自然，追求天人合一的哲学审美境界。随着老子"人法地，地法天，天法道，道法自然"逐渐深入人心，追求人与自然的和谐最终达到"万物与我为一"的境界逐渐成为多数人的人生理想。"美道自然"的审美精神是道家哲学思想中"美"学的核心理想，展现了道家哲学思想关于世界本质的理解。中国青花瓷纹饰艺术就是在尊重宇宙万物规律的基础之上通过对花木、流水、山川、游鱼等客观存在的事物本身进行或写实或抽象的描绘，在反映宇宙万物变化无常的同时，揭示万物之间相互对立又相互联系的复杂关系，并用恰当的方式将文化的情感表达出来，最终做到尊重世界万物的同时，以超越世俗的水平融入自然、享受自然之美。中国元、明、清时期青花瓷艺术审美在展现的纹饰题材时推崇怡和养身、自然天成，注重纹饰题材表达对自然万物的热爱，最终使人们在欣赏青花纹饰的同时，感受审美精神的升华。中国青花瓷纹饰艺术将道家哲学思想中"美道自然"的审美境界表现为尊重自然，顺应自然，但又肯定人的主观能动性，注重实现中国青花瓷纹饰文化审美艺术与自然万物的规律相"和"，最终达到在精神上融入自然、领悟自然，实现"天"与"人"的融合与协调。

中国传统哲学历经先秦百家争鸣、百花齐放之后，至两汉魏晋北朝时发展成熟，最终形成了儒、道、释三种哲学观念相互交融、交替发展的局面。这种局面对数千年来中国人的人生理想、处世态度，以至于对宇宙自然万物的思考方式等都产生了深刻的影响。而中国青花瓷艺术作为一种社会现象与精神现象，从萌生至发展成熟的各个发展阶段，都离不开中国传统哲学思想的影响。中国哲学审美境界所追求的形而上境界具有审美的性质——自由而愉悦，这个境界就是"道"，也是中国哲学审美的最高精神范畴，"道"虽然是抽象与概括的，但也离不开形象和情境。中国青花瓷纹饰中的山水自然题材展现了对自然万物造化的憧憬和向往，抒发了人渴望与自然山水融为一体的价值观念。道家"美道自然"哲学审美认为，要实现主体与客体两者的相互融合，不能简单地处在客体之外去认识和把握客体，而应该融入客体之内去理解和体会。也就是要求人们首先把自己置身于大自然之中，然后观察、审视宇宙万物，注重精神与物质的融合，强调在自然之中体悟其神秘与美妙。中国青花瓷山水纹饰的意境表达都是崇尚"美道自然"的经典，其表现手法和意境对后世艺术的审美观念产生了深刻的影响。例如清代康熙时期的经典之作"青花山水图大瓶"，该瓶洗口，长颈，器身修长，圈足，足底有釉，造型挺拔，制作规整，为康熙青花瓷中常见器型，亦称"棒槌瓶"。外壁通绘青花山水图，古树参天、群山环抱、湖上泛舟、涓涓流水，画面生动自然、气势恢宏、构图饱满、布局合理。此瓶纹饰采用中国画中的斧劈皴法，所绘山石色调浓淡相宜，线条硬朗，层次分明。康熙时期青花瓷山水纹饰艺术作品不仅仅追求艺术形象构成的内容美和艺术语言构成的形式美，更重要的是还将道家哲学思想中的"美道自然"艺术意韵深藏入艺术作品之中，使哲理、诗性和神韵得到物化展现。中国青花瓷山水纹饰在传统哲学思想的影响下，不仅具有庄子的超旷空灵精神，而且还有屈原的缠绵悱恻意境，可以使人在感悟超脱的胸襟的同时，享受体会到的传统哲学"美"。

青花瓷审美艺术的内容表现有助于陶冶情操，政治教化，培养高尚的人格精神，并逐渐成为人们的精神食粮。中国青花瓷审美艺术活动使人们在享受和体验人生理想的同时，帮助人们挣脱现实的束缚，达到自由愉悦的新天地。儒家哲学中"用之则行，舍之则藏"的"藏"，道家哲学中的"无用之用"，都展现了要超越现实的艺术审美境界、超越当下的利害关系。如明代成化、弘治、正德时期的青花瓷艺术审美中所表现的许多"高士图""松阴高士图""仙人乘槎图"等题材，"寒山拾得""高士望江""江岸独颂""柳岸闻莺"等青花瓷典型纹饰作品中的高士人物，大都是隐居山林田园，痴迷于艺术审美活动之中，而不是皈依宗教，正是因为"藏"和"无用之用"哲学思想的影响。另一方面，明万历、天启、崇祯时期的青花山水纹饰作品中所体现的"达道之美"则是在虚与实、阴与阳、黑与白的互补关系中诞生的。其中以"山"来展现道之"有"，具体表现为青花泼染千仞之壁，彰

清　康熙　青花山水图大瓶

显山的阳刚品质；而水则代表道之"无"，水"品之有象"，然视之无形，用空灵的淡墨晕染，展现水的柔美气质，达到无笔之笔，无墨之墨的境界。因此，刚与柔，有与无，构成青花瓷山水纹饰印象和视觉上的审美品格。儒道美学思想运行于有着同样审美品质的青花山水纹饰艺术表现中，道家思想"美道合一""美道自然"对中国青花山水审美艺术风格的影响，是深远持久的。在中国青花审美艺术人物题材内容表现上，如明代景泰、天顺时期的"高士出行图""高士望江图""仙人泛舟"等青花名品，道家将"美"与"真"联系在一起，追求道与美合一、美道自然、自由而愉悦的境界，这种境界的获得主要来自主体超然无恃的态度。儒道互补是两千多年来中国哲学思想精神的一条基本线索，儒道两家的审美境界以及针对的问题是相同的，只是认识的路线和采取的方式不同。中国青花瓷艺术审美是随着儒道哲学意识形态的变化而发生改变的，而"儒道合一"正是儒道哲学与美学中最为普遍和广泛的现象。有"儒"必有"道"，这是由两者之间协同性的辩证关系决定的，二者处于一种联系变化的状态之中。中国青花瓷艺术审美的表现与"美道自然""儒道合一"有着同宗同源的审美精神，因此中国青花瓷艺术必然会在"儒""道"美学思想的共同作用下产生其自身的审美特点与品格。

从对于"美道自然"哲学审美境界的观念中可以看出，儒道两家最后都在美的理想境界中"合一"了。道家文化思想所讲的道法自然在中国青花瓷艺术审美境界中的表现被分解为两种形式：第一种是表现自然，或者说天地万物，即所说的"天地与我并生，万物与我为一"，基本含义就是人与自然和谐相处，人融于自然，因此，顺应"天"的状态就成了中国青花瓷艺术审美境界的基本思想；第二种表现形式是顺应人和天地万物的自然本性，亦即自然而然。顺应人的自然本性，追求自由自在、任性而为的精神境界。因此，顺应人的自然本性逐渐成为中国青花瓷审美艺术精神的重要维度。这种审美艺术精神在中国青花瓷审美艺术表现上取得巨大反响，如元、明、清时期青花审美题材中的"竹林七贤"，生动形象地展现了魏晋时期的名士风流，对竹林七贤琴棋书画，样样精通，自然率真，个性独特，任性而为的人物特性描绘更是惟妙惟肖。类似的艺术审美题材表现对青花瓷艺术产生了巨大的影响，中国青花瓷艺术审美内容表现的初衷之一就是追求一种纯粹的审美表达，展现人的自然本性。这也使得道家哲学文化中的"见素抱朴"观变为精神性的，具有高尚文化色彩的自由境界。因而中国青花瓷艺术审美题材内容表现终于在"美道自然"的审美自由境界那里"同一"了。

中国青花瓷艺术审美师法自然的表现是一种顺应天地自然状态与顺应人自然本性的题材表现。道家文化思想主张人法地、地法天、天法道、道法自然，这种自然是一种原初之性、自然无为，这种美是来自外在的自然法则。中国青花瓷审美艺术所表现的崇尚无为、契合自然以及顺应"天"的自然状态，正是起源于道家哲学思想的道法自然，与天地并生、与万物合一的哲学观念。中国元、明、清时期青花瓷审美题材内容中的"富春山居图""鹊华秋色图"，还有"山路松声图""关山行旅图"以及"夏山图"等青花瓷纹饰艺术审美经典作品的艺术手法，基本上都是遵循分人、寸马、尺树、丈山的山水画绘画原则。中国传统哲学文化认为山有泉水、土石，可以形成溪流、孕育树木，是一切生命之源。相对来说，人的生命是有尽头的，而山、水、树等自然物却可以永恒存在。中国青花瓷审美艺术所追求的自然之道、自然之境，源于道家哲学思想中的道法自然，儒家和道家的方法、途径在追求的哲学审美精神境界方面虽然有所区别，但殊途同归，两者在中国青花瓷"美道自然"的哲学审美境界中合而为一了。因此，中国青花瓷艺术"美道自然"的审美境界表现了中国哲学文化审美的精义。

3. "悦心悦意"

中国青花瓷艺术审美精神，随着时代历史、哲学、文化的发展，而发生了许多观念性的变化，中国美学史可以分为两个具有本质差异的阶段：传统美学与明清新兴美学。儒家王阳明美学思想的哲学基础和思想宗旨具有承前启后的双重意义：一

清 光绪 黄地素三彩竹林七贤图盘

方面，王阳明开启了"独抒性灵"的新兴美学精神，反对以理学为代表的"文以载道"的传统美学精神；另一方面，却又主张并努力复兴情志统一的传统美学精神，而反对新兴美学精神对情感欲念的偏执，处在中国传统美学向近代美学转变前夜的王阳明美学，充满了对传统美学的深化与对现代美学的预见。王阳明提出了现实主义精神和近代人文主义精神"情"的观念，其美学中的以"意"为中心统一"情""志"的思想，对代表僵化的以"志"为本的理学美学造成很大的冲击。王阳明的心学思想诞生于明代儒释道大融合的时代大背景下，对此后中国青花瓷艺术审美风格的理论取向、概念含义、审美境界与精神品格产生了不可估量的影响。

儒家王阳明心学认为要实现普遍与特殊、群体与个体的统一，必须通过良知本心的复明，并一以贯之地坚持以"诚意"为核心修养进学，以达到人与天地一体的存在境界。阳明心学对"意"的强调构成了其哲学思想的一个最基本特征，也同时构成了之后中国青花瓷艺术审美境界美学基本特征。"意"的哲学思想在王阳明哲学中的核心意义，首先体现在以心学宗旨为基础。"心学宗旨"就是指以性理、仁义作为人心内在固有的存在。儒家王阳明主张"心统性情""体用一源"的心体观念，并以此认为"心"是一个本体和活动、性理和情感不可分割的整体，亦即"心统性情。性，心体也；情，心用也"。在这个心体观念的基础上，心学把一个现实活动的"心"作为其哲学的基点，并强调"心"的现实活动，即已发之心，就是"意"。"意"既是与外界相联系的意识活动的整体，又是本体之心的经验表现。"凡心有所发，即一切意识活动，都是意"。例如，明代青花瓷审美经典题材"树石园林童子图""婴戏蹴鞠图""婴戏对弈图""婴戏风筝图""婴戏捉迷藏图""庭院婴戏图""郊外婴戏图""婴戏读书图"都源于此。中国青花瓷通过"童子"的艺术审美形象来展现王阳明心学的"童心说"，其实质就是以真心实感为人生，最终摆脱世俗传统的束缚。"夫童心者，真心也"，中国青花瓷艺术所表现的人文主义和现实主义的思潮正是在这种推崇实感、提倡真心、主张自由抒发性情的美学观念下

明 正德 青花婴戏纹碗

激发出来的。明代中期的社会逐渐开始酝酿着重大的变化，反映到传统艺术审美领域之上，便形成一种合乎美学规律的反抗思潮。而李贽作为王阳明哲学的杰出继承人，自然成为这一浪漫思潮的中心人物。他在阳明心学的基础上创造性地、自觉地对其做了进一步发展，他宣讲童心，大倡异端，不服孔孟，揭发道学。"夫私者，人之心也"，"虽圣人不能无势利之心"，李贽倡导讲真心话，反对一切矫饰、虚伪，主张言私言利。从王阳明的哲学思想到李贽的浪漫主义思潮，这次思想解放使青花瓷艺术的审美境界发生了本质变化，对中国青花瓷艺术审美产生了巨大的影响。这种变化的重要结果就是自明代中后期至清代，中国青花瓷审美题材中以写真人真情为宗旨的青花瓷纹饰艺术器物的兴起，对孔子以来的"温柔敦厚""文质彬彬"美学原则形成突破和冲击。

儒家王阳明主张美学的根本在于"诚意"，"诚意"是达到复明和体现良知之心境界的基础。而王阳明所说的"良知"，是自我生命存在根本，也是本性所在。它是包括人在内的宇宙万物所共同具有的生命、生存根源，而不单单指人与生俱来的是非善恶的道德感和判断力。而王阳明哲学中的"诚意"，具体到中国青花瓷艺术审美，就是在整体性原则的基础上，追求感性与理性、普遍与特殊的统一，实现整体与个体的生命整合。"诚意"的基本追求，就是把传统儒家思想的理性教育路线转向感性的体认，然后再通过感性体认把日常生活中的感性经验转向对理性的全面超越。感性体认在心学中的中心地位以及在传统儒学与心学之间的中介作用，使心学哲学自诞生就内在地具有美学精神。明代万历时期青花瓷山水题材"青花人物筒瓶"，表现了物象"动"与"静"错落交织的那种所谓的"空"境，亦即静中有动，动中有静，动静一体的和谐境界，这具有青花瓷艺术审美的旨意象征与诗意的审美情趣，是中国青花瓷艺术表达思想领域中的又一次升华。明代中后期的青花瓷山水题材表现带有浓厚的中国文化意象，蕴含了生命成长之"相"，之"思"，之"意象"。王阳明心学把实现诚意的生命境界，即良知复明，称为"乐"，并认为"乐"是个体生命的最高实现，是自我与世界，感性与理性的同一。作为王阳明哲学理想的存在境界，"乐"的对象是大象无形的宇宙生命或天地境界，是以天地精神为核心的生命意识的呈现；处于此境界之中，"乐"的真正意义就是天地万物一气贯通，"出入无时，莫知其乡"，无限生意中的"与物无对"。此处的"与物无对"的哲学境界，就是明代以后中国青花瓷艺术发展历程中的最终体现和最高追求。这个既是整体性的，又是创造产生性的"乐"的境界，既不是具体个别的"情"，也不是抽象普遍的"理"，而是包含与融合了理和情的天地生意的展现。而在青花瓷艺术审美中实现"乐"的关键，就是在其中提升心意，并汇入于无限的天地生意，这也是青花瓷艺术审美所表达的意论的实质。也正因为如此，"意"成为青花瓷艺术审美哲学、美学的一个核心概念。因此，"意统情志"成为这之后青花瓷艺术美学的一个基本原则。在中国美学的发展史上，王阳明美学可以说是"意统情志"的美学，也是继承儒家心性理论，并吸收庄禅智慧于新的历史条件下创立的美学。中国青花瓷艺术审美中的心学思想主要体现在思维逻辑、概念含义、精神品格方面，用现代美学的眼光并从其心学的内部出发，才能打通心学与美学，也才能全面地理解阳明心学美学及其内在的精神品质，也才能准确地定位明代后期青花瓷艺术审美在中国美学史上的独特地位。

心学中的"悦心悦意"哲学思想同样在中国青花瓷审美艺术中有所体现。作为人生论美学，心学美学思想的伦理评价中心是个体心性的修养，相应的，其评价外在事物之美的准则为个体人格修养的程度。心学美学除继承了传统儒家美学强调以礼节情、以善为美的基本特征之外，还在新历史条件的基础上，融会了庄禅智慧，使其拥有了一些新的哲学美学特征。心学美学思想的精神性特征主要表现在理想关怀和现实关怀两个方面，其中理想关怀以成圣思想为目标，注重人生境界和审美境界的"合一"。"悦心悦意"的内在含义就是将审美的愉悦性深入到内在的心灵之中，这也是中国青花瓷艺术审美形态中最大量、最普遍、最常见的美学形态，呈现与创造这种审美形态的青花瓷器物都是中国青花瓷审美艺术作品的经典与代表。由于青花瓷审美艺术的多样性、复杂性，其所呈现的"精神性""社会性"显得更为突出，从而使这一形态在青花瓷审美艺术中千变万化，五彩缤纷，更加具有现实的哲学意义。心学美学中的"悦心悦意"思想对"心意"的界定主要集中在个体心性道德的修养，并把心性体验伦理道德的快乐作为"心意"愉悦的基本内容，这一点无疑是对孟子美学思想的发展。孟子在儒家哲学史上第一次明确提出个体的道德、人格、操行也能引起普遍必然的愉快感受，并认为这与色、味、声的审美愉快有相似之处。这种快乐源自于个体内心的体验，亦即其真诚性。如明代嘉靖、万历、天启、崇祯时期的青花审美题材"童子嬉戏图""长岸空亭""江岸独颂""静听流水"等作品就会让人从审美愉悦中走向内在心灵。只要在中国青花瓷文化审美艺术境界中潜心体验自己的本体良知，无论何时都可以获得心灵的快乐。这也就是王阳明所认为的"常快活便是功夫"，由于儒家心学审美境界强调"意之所在便是物"，并指出在任何时候都可以从已发之意上获得修心的快乐，所以中国青花瓷审美艺术境界把心学哲学的教育路线转向感性体认，这也是其在日常生活中可以达到理性超

明 天启 青花罗汉图炉

越的原因。

中国青花瓷文化艺术审美是儒家教化途径中的形态和心境的表达。心学美学审美并没有轻视审美的教化作用，明代后期至清代的青花瓷审美形式与内容的艺术表达就是通过青花瓷审美特征对个体情感的作用，使人达到"悦心悦意"的状态，最终对人的审美境界产生潜移默化的影响。明代后期至清代的青花瓷艺术审美题材作品，这一"悦人心意"的审美特征和境界继承了儒家"以情化人"的礼乐传统。中国青花瓷文化审美艺术的内容表现提倡"温柔敦厚"的教化传统，并注重儒家哲学思想所侧重的社会理性与美善统一，并要求在创作上要以理节情。儒家之情中社会性含义的内容必须经过个体的"体认"，而心学美学对于传统儒家美学的突破也正体现在对这个"体认"过程的重视，同时也体现在其对"中和"之美的认识上。"中和"在传统儒家美学中属于一个极为重要的哲学范畴，其基础就是儒家的中庸思想。心学大师王阳明提出"在一时一事故可谓之中和，然未可谓大本达道。人性皆善，中和是人人原有的，其可谓无但常人之心既有所昏蔽，则其本体虽亦时时发见，终是暂明暂灭，非其全体大用焉。无所不中，然后谓之大本，无所不和然后谓之达道唯天下之至诚，然后能立天下之大本"。其中提到的"达道""大本"的中和是一种本体的哲学修养状态。阳明心学的审美思想所重新阐释的中和理论，在美学上的映射便是对"悦心悦意"的审美形态作出了心学方面的规定。中国青花瓷审美艺术作品，因为心学美学中的"悦心悦意"观念超出了个体感官的局限，因此对其创作或欣赏层次的美有着更高的要求。无论是对花鸟鱼虫，还是对自然山水、人物题材的创作都强调符合个体的心性修养，从而使"悦心悦意"之美更加有益于身心。

心学美学审美强调人心在艺术中的本源作用，而青花瓷艺术之所以被称为艺术也正是因为人心赋予了艺术形式以实质性的内容。如中国青花瓷艺术审美题材中的一段柳枝，在我们看来并不能称之为艺术，然而将其绘成"柳岸闻莺"的青花纹饰作品，并用心体会柳岸闻莺之音中吹奏起的中和之音，感受儒家美学所理解的艺术审美境界，于是原来的"柳枝"就变成了艺术的内容。中和之情作为儒家美学中的情感，其所强调的主观心理存在论是中国青花瓷艺术审美的哲学境界，亦即达到最高境界的修养后所获得的愉悦。这一最高境界就是心学美学所讲的圣人境界，而在这一过程之中所经历的"悦心悦意"阶段的愉悦是一种境界之乐与本体之乐。这种境界的追求正是中国青花瓷艺术所包含的内在深意在审美境界追求中的展现。

4. "悦志悦神"

中国青花瓷审美艺术具有"悦志悦神"的哲学境界。中国青花瓷审美艺术境界是从"审美过程和表现形式完成的，是人的审美能力、审美趣味、观念、理想的拥有和实现"的角度及审美形态来阐释"悦志悦神"的理念，这与心学美学最核心的理论"心性修养对美感世界作出审美的伦理评价"高度契合。中国青花瓷艺术的审美精神在"悦志悦神"的哲学层面，其审美境界、人生境界和心学精神实现了"合一"。儒家心学审美智慧和具有强烈精神性特征的美学境界与美学思想，强调禅是获得圣人境界之乐的儒家理想，是超越现实人生的主要方式。作为人类所具有的最高等级的审美能力，"悦志悦神"也是中国青花瓷艺术审美境界的至高追寻。如明代正统、景泰、天顺时期青花审美题材中的"松音高士""山寺暮扫""高士对话"等青花名品正是儒家高级精神之乐的体现。具体来说，"悦志"代表道德理念的满足和追求，是对人的志气、毅力、意志的培育与陶冶，而"悦神"则代表超越道德并与无限相同一的精神状态。心学美学中的"悦志悦神"观除了在道德领域的追求，还包括对个人的世界观、人生观、人生理想的探讨，并注重追求这一过程中的精神感受。中国青花瓷文化审美艺术表现的题材对儒家心学"悦志悦神"文化审美境界就有这样强烈的哲学精神诉求。

中国青花瓷的审美题材表现繁多，有的是对社会理想、人类命运超越了生死、时空精神世界的关怀，有的则是关怀个体现实存在的境遇，但其思想的终极价值取向往往殊途同归。人们在青花瓷文化艺术精神上所获得的极大的愉悦，源自于在青花瓷文化艺术审美中找到的真理，亦即"悦志悦神"。这种境界又可以称为一种感性的人生境界，它不仅仅包含对个体的耳目或心意的愉悦，更重要的是对理性智慧的愉悦。这也就是中国青花瓷文化艺术审美所主要探讨的意义和范围。要达到"悦志悦神"的境界，还要对比人的心性修养能力，当个体的心意愉悦达到圣人理想境界时，便会获得一种与感性相连却又超越感性的"乐"，这也就是儒家所讲的"孔颜乐处"，这种乐也正是中国青花瓷艺术审美境界"悦志悦神"的哲学形态。而这种"乐"与人在日常生活中所经验的感性快乐的审美愉悦有着本质的不同，可以称为一种高级的精神境界之乐。在此意义之上，"乐"不再只是单纯的情感范畴，而是包含了万物一体思想与本体之乐在内的境界范畴，亦即"心体"。在中国青花瓷艺术审美的赏析过程中，这种真乐并非只有圣贤才有，"而亦常人之所同有"。虽然圣人和常人都拥有这种"本体之乐"，但圣人的修养能达到"以天地万物为一体"境界的原因，正是其识的良知本体，表现在中国青花瓷文化艺术审美过程中，儒家心学"悦志悦神"的审美思想就是本体之乐。

三、中国青花瓷艺术的哲学审美思想

1. "天人合一"

"天人合一"审美观是中国传统美学中的重要思想。其中，"天"代表宇宙万物，"合一"则指代人与自然和谐共处的状态。中国青花瓷艺术中的"天人合一"哲学审美观，主要表现在其与自然之间的关系，这同人与自然之间的关系是相通的。作为中国传统美学观念的主导思想，"天人合一"的哲学观渗透到中国青花瓷传统审美造型、胎釉、纹饰的多方位、多层次中，如元、明、清时期青花瓷艺术经典之作"鹤寿延年""鸳鸯戏水""年年有余""吉祥如意"等就充分展现了青花瓷纹饰艺术回归自然的造型美、题材美、意境美，并充分营造出"天人合一"的哲学理想

境界之美。再如，运用象征寓意手法的青花纹饰典范"早生贵子""福禄寿喜""平安如意"等吉祥图案，把人的情感、思想与自然万物融合在一起，注重人与自然关系的统一与和谐。凤鸟在中国传统文化中是能带给人吉祥、幸福的瑞鸟，象征着和平与喜庆。在中国青花瓷纹饰艺术审美题材中，以凤鸟为主题的纹饰图案丰富多样，有"凤栖梧桐""凤凰牡丹""龙凤呈祥""双凤朝阳"等，这种对自然界的动物做理想化、人性化的处理方式，展现了人们追寻与关注生命价值及境界的理想。"天人合一"的哲学观念强调从本质上把握宇宙万物的生命精神，这也是中国青花瓷艺术的审美哲学，它在展现人与自然的和谐统一的同时，揭示了美的最高境界。既给人类的精神与品质的生成提供了机会，也给自然的圆融和完善以及生生不息提供了契机。不管从色釉、器型，还是在纹饰方面，中国青花瓷艺术审美所表达"天人合一"的哲学观念，主要集中体现在对人类最高的道德准则与自然界普遍规律的和谐与统一上。

"天人合一"哲学思想的发展历史最早可追溯到原始社会，当时的人类充满了对强大自然之力的崇拜与畏惧，并认为通过祭祀等仪式可以与天进行沟通，从而获得强大自然之力的保护，这种崇拜自然的方式就是"天人合一"最早的表现形式，即"神人以和"。进入奴隶社会之后，统治者进一步创造出神灵来帮助其完善对国家的统治，并把自己塑造为神灵在人间的使者，让人们相信只有自己可以与神灵沟通，不能违背自己的意愿，不然就会受到神灵的惩罚，于是崇拜自然的方式就变为"神王以和"。"天人合一"思想观形成真正的哲学萌芽是在西周，"天生烝民，有物有则，民之秉彝，好是懿德"，此为周宣王时的尹吉甫作的诗，其含义就是说民的善良德性源自于天的赋予。"吾闻之，民受天地之中以生，所谓命也。是以有动作礼义威仪之则，以定命也。"（《左传·成公十三年》）周室贵族刘康公把"天地"与人的"动作礼义威仪之则"联系起来，展现了天人相通哲学思想的萌芽。春秋时期，因为老子和孔子的重要作用，哲学意义上的"天人合一"观念逐渐取代了

明 嘉靖 青花凤穿花纹盘

奴隶社会"神王以和"观念在天人思想中的主导地位。具体来说,老子在"天"的方面奠定了"天人合一"哲学观的宇宙论基础,而孔子则从人的侧面奠定哲学"天人合一"观的人生论基调。至此,哲学意义上的"天人合一"思想正式登上传统哲学历史的舞台。至汉代,董仲舒提出"以类合之,天人一也","天地之际,合而为一"。并认为"天亦有喜怒之气,哀乐之心,与人相副",这种"人副天数""天人感应"的观念"是天人合一的粗陋形式"。而"天人合一"这一专有名称的真正提出者是宋代张载,他说:"儒者则因明致诚,因诚致明,故天人合一,致学而可以成圣,得天而未始遗人。"(《正蒙·乾称》)他又说:"合内外,平物我,自见道之大端。"(《理窟》)因此他认为"天人合一"也就是内外合一。"合"的意思是符合、结合,"合一"是指对立的双方有着密切的联系。而程颢说:"学者须先识仁,仁者浑然与物同体……天地之用皆我之用。"(《程氏遗书》卷二上)他是以"与物同体"讲天人合一的。程颐说"在天则为天道,在地则为地道,在人则为人道"(《程氏遗书》卷二十二上),则强调天道人道同一。朱熹、王守仁继承程颐的观点,王夫之继承张载的观点,都肯定天人合一。综上所述,"天人合一"思想包含两个重要的哲学观念:一是以孔孟荀为代表的儒家思想,并以此形成"天人合德"的观念;二是以老庄为代表的道家思想,则形成了"天人一体"的哲学观念。这两种截然不同的"天人合一"哲学观念历经数千年历史的发展,对后世哲学思想以及中国青花瓷艺术审美产生了深刻的影响。在中国元、明、清时期青花瓷艺术审美中表现为追求"人——青花瓷——自然艺术"的和谐统一,也就是追求青花瓷艺术与自然的"有机"美。如中国明代永乐"青花锦地纹盖罐""永乐青花菊瓣鸡心碗""永乐青花折枝花果纹罐",这些经典之作都实现了自然空间环境与青花植物纹饰的融合,亦即"天人合一"。中国青花瓷艺术审美的命题就是人与天地自然合而为一的审美哲学,中国青花瓷艺术审美追求的天地之道、天与人相合就可以达到万物一体的"天人合一"艺术审美境界。

明　宣德　青花"秋夕"诗意仕女图碗

　　"天人合一"的内在哲学含义，就是把"天道"作为一个超越时空的至刚至健的自然规律，人就要按照这个自然规律而行事。明代宣德时期的青花"秋夕"诗意仕女图碗，外壁绘庭院景物，一仕女于亭阁前闲坐，另三仕女，一捧物，一扑萤，一烧香，由室内走出，室内画屏中置，红烛高照，庭院置有花草树木、远山、栏杆、山石、彩云、星斗陪衬，底部双圈内书"大明宣德年制"六字二行楷款。此碗所绘纹饰的题材源自于唐人杜牧《秋夕》："银烛秋光冷画屏，轻罗小扇扑流萤。天阶夜色凉如水，坐看牵牛织女星。"天边三两连线圆点，象征牵牛、织女双星，侍女焚香、扑萤，仕女瞻星以及烛台、屏风的设置，皆为诗意的贴切描绘。这展现了一幅极其有价值的天人合一哲学审美观念的山水人物画卷，是"天、地、人统一"观念的结晶。如清康熙青花山水大瓶，描画了崎岖的山路通向大山，在谷涧之上、两山之间，伫立着一幢巨大的阁楼，楼阁后层楼丛树、烟雾弥漫、琼楼殿阁、飞瀑流泉、长桥寺宇掩映在万壑松涛之间，山脚下有一溪塘小桥，而茅屋掩映在密林丛中若隐若现，村中安坐一白衣隐者，做若有所思状。青花山水人物纹饰的表现以水为知、以山为乐，以远为觉、以空为悟的思想，注重达到使人身临其境的感觉，让人于高山流水面前，体会到"天人合一"的自然美，从而产生一种心境的共鸣。而作为人类所独有的高尚境界的集中展现，"心境共鸣"也可以认为是人们在欣赏创造性活动时所获得的精神报偿。中国青花瓷山水人物纹饰的创作就是从"天人合一"

哲学的基本观念出发，并从人的生命的角度来体味天地宇宙的永恒，感受人在天地间的自由，最终通过青花瓷纹饰艺术这种视觉上的东西，来体现和捕捉这种体悟的本质含义。这种对"天人合一"自然美哲学价值的追求，就是要把宇宙万物都作为其审美对象的范畴。因此，遵从"天"的刚健日新，"地"的厚德载物，形成了中国青花瓷艺术审美含弘广大的禀性与开物成务、专直精诚以及自强不息的民族精神。

中国传统哲学文化中的"诚明合能"人生修养观，对于中国青花瓷艺术审美哲学思想在人我交融、成己成物中实现品德、人格的完善产生了巨大影响。《中庸》篇说："诚者天之道也。""自诚明，谓之性；自明诚，谓之教。"因此"诚"是"天"在"人"中之德，"明"是对于理想以及一己之"德""能"的觉悟。例如，清代康熙时期"青花人物大罐"就典型地体现了"诚明合能"的人生哲学。该罐系康熙时流行的依惜送别图将军罐，短颈，直口，丰肩，鼓腹下收，无釉平底，宝珠钮盖。颈绘三角形蕉叶纹，蕉叶一高一矮依次排列，具有强烈的时代特色。罐外壁通幅绘"依惜送别图"，一位绰约柔婉的妇人，倚栏而立，浮云、烈日与楼阁下，两位骑马的士人与之回头拱手告别。马前两童，一腋下挟琴，一双手捧物；马后两童手执华扇，神态生动逼真，周围以垂柳、芭蕉等纹饰陪衬，使景致更为幽雅怡人，是一幅具有很高艺术价值的人生修养画卷。这些经典青花大罐作品中所展现的"诚明合能"人生修养观，就是要达到使人的心性修养与自我的相互和谐，并把精神、品德逐层提升至天地境界与道德境界，最终培养出真善美为一体的理想人格。"天人合一"哲学观与以形写神、托物言志的美学观具体表现在中国青花瓷审美艺术中，多是通过象征的方式，这也是青花瓷审美艺术的精髓所在。

2. "中庸之道"

青花瓷自诞生之日起"中庸之道"哲学思想就影响并主导着其艺术审美发展。孔子的儒家哲学思想崇尚礼乐仁义，并倡导"中庸"，注重伦理纲常，这反映到社会的礼教次序和社会结构，就是修身、齐家、治国、平天下的哲学理论。中庸哲学思想的最高准则为"无过无不及"，亦即轻重适度，缓急得中。元代青花瓷艺术经典之作"青花鸳鸯卧莲纹菱口盘"，盘心主题纹饰为五组盛开的莲花，莲花之间填以挺拔多姿的荷花，或作仰开或作侧摆，姿态各异，别具情趣。其间杂以数朵茨菇叶，在微风中摆动，游弋于莲池中的一对鸳鸯，顾盼追逐，恩恩爱爱。口沿绘一周规整划一的菱形锦文。盘内壁饰六朵形态各异，极具生机的缠枝莲花。整个画面静中有动，画意清新，极为传神，是元青花瓷中的杰作之一。这件青花瓷作品表达了人与自然的和谐相处，再现了中庸哲学思想的深意。中庸思想的内在核心在于"时中"，具体做法就是把握中度。同时把"中"与"时"结合起来，而且达到适合于青花瓷艺术审美思想的中正，实现了中庸哲学审美思想在青花瓷艺术表现中的最高原则。

中庸思想的理想目标是中和状态，孔子将"天道中庸"的伦理道德观念运用于艺术审美领域，其所说的"无邪"就是无偏无颇，就像《礼记·中庸》所说的那样，

元 青花鸳鸯卧莲纹菱口盘

"无偏无倚"谓之"中"。这句话集中表达了儒家哲学思想对"中和之美"的追求。因此，中国青花瓷艺术审美思想尤其注重"和"的意义与价值。中庸哲学思想强调"时变"，这种"变"的规范原则就是中正，具体到方式来说就是中道、中礼。《论语·泰伯》中孔子讲到了"恭而无礼则劳，慎而无礼则葸，勇而无礼则乱，直而无礼则绞"。在孔子看来，直率、谦恭、谨慎、勇敢作为一个人的美好品质，如果发挥得不恰当，或是"不约之以礼"，就会走向反面。"中庸之道"的哲学观就是做凡事都要注重一个"度"，做事达不到这个度或者超过这个度都得不到预期的效果。"中庸"就是要运用"中"的思想，把握"中"的标准，随时做到适中。

中庸思想在中国青花瓷文化艺术审美的发展过程中被具体物化为对"中和之美"的追求，中和之美可以说是世界上最具有连续性的哲学文化，也是中国众多文化流派中最具有价值的核心精神和观念。中国青花瓷艺术审美表现最能展现儒家哲学文化思想的"中和之美"，并具有浓厚的社会和谐意义。儒家哲学文化思想的"中和之美"的内涵，对中国青花瓷文化艺术审美的影响十分深刻持久，它强调人与自然的和谐，追求"人——青花瓷——纹饰文化内涵"的和谐统一。儒家"中和之美"有其特定的实质，而这种特定的形态就是"中和"。孔子赞美《关雎》云"《关雎》乐而不淫，哀而不伤"，其中的"乐"与"哀"代表动，"不淫""不伤"则表示动而适度，动而不过。这句话明确而又集中地体现了孔子"动而不过，动而适度"的美学思想，这就是"中和"。如明景泰、天顺时期青花瓷艺术审美中常见的一个个神态各异的高士形象，使山水画面上洋溢着苍郁的诗意，隐约出源，秀柔儒雅，足以引起欣赏者的共鸣。诗与画的融合和互相生发是中国青花瓷"中和"思想艺术审美的一大特色。当我们在欣赏明代成化、弘治、正德时期青花瓷艺术审美题材中的周敦颐爱莲、陶渊明爱菊一类高士图作品时，不期然地也会领略到儒家"中庸"哲学思想对青花瓷艺术表现运用诗与画的神韵，以及对人物性格酣畅淋漓地刻画。又如明代万历、天启、崇祯时期的各种青花瓷纹饰的"婴戏图""童子嬉戏图""秋庭戏筝图"都是描述童趣生活的作品，表达了浓厚的自然生活的和谐之美。另外，还有"庭院抚琴""对弈争雄""郊外春游""春夏习武""破缸救友"等作品，都从各个不同的角度生动地描绘了儒家中和之美的意境，真正达到了"动而不过，动而适度"的美学思想境界。

受儒家哲学思想的"中庸之道"观念的影响，"中和"成为中国青花瓷艺术审美重要的审美原则。"无偏无陂"，中和之美强调青花瓷艺术的表现内容要达到"温柔敦厚"的儒家诗教，并认为其所展现的思想情感要在儒家传统的道德规范之内，亦即"要发乎情，止乎礼义"。在中国青花瓷艺术审美的发展过程中，清代康熙时期崇儒尚德、以玉为本、崇尚自然的审美哲学，使"中庸"哲学思想审美大为推广。这一时期的经典之作有"秋声赋图""岁寒三友""米芾拜石""三国演义"等。清代青花瓷审美艺术所体现的儒家哲学的"中和之美"，注重使其风格展现浓厚的社会和谐意义，并用其寄托深邃的社会情感。"中和"的意思就是说"经过对两端的调整而达到和谐"。《中庸》篇说："中也者，天下之大本也。和也者，天下之达道也。致中和，天地位焉，万物育焉。"《周礼·师氏》："一曰至德，以为道本。"郑玄注："至德，中和之德。覆焘持载含容者也。孔子曰：中庸之为德，其至矣乎！"可以看出，"中庸"这一"至德"又可称为"中和之德"，也就是说必须经过对两端的调整从而最终达到和谐统一。如"元青花蒙恬将军图玉壶春瓶"，此瓶为长细颈，喇叭口，圈足外撇，腹呈圆球形。腹部绘五人物，其中端坐旗下的便是秦国大将军蒙恬，他身后站一双手举旗的挎剑小卒，随风飘扬的旗上书有"蒙恬将军"四字。蒙恬将军的前方，一持弓武士，左手向后指向一个面向将军俯伏在地的文官。画面人物形态栩栩如生，生动形象，是一幅难得的青花瓷艺术佳作。瓶的口缘内绘九朵如意状云纹，圈足外绘卷草纹。整个画面线条流畅，主次分明。这件经典之作是典型的"德"与"行"中庸哲学思想的审美表达。儒家文化思想中的"中庸""中和""至德"哲学观，原意为贤德之人的"德"，而又因为这种"德"常用、常行，所以又可以引申为他们的"行"。

中国青花瓷文化艺术审美理念受到中国传统哲学精神的深厚影响，随着社会文化的变化推进而不断创造发展。中国传统哲学文化思想作为中国青花瓷文化审美理念的文化基础，对架构中国青花瓷的美学方向起到了积极而明显的作用。中国传统哲学文化精神塑造了中国青花瓷艺术审美的社会文化观与自然观，最终对青花瓷艺术的审美方式产生了影响，使其充满了人文的美感，成为中国传统文化生活的有机组成部分。儒释道文化审美使中国青花瓷艺术拥有了博大精深的文化力量，因此，可以看出审美只有不断地自我升华与完善，最终才能达到传统文化精神与自然情趣的融合。中国青花瓷艺术审美在继承传统哲学文化思想精髓的基础之上，注重体现社会生活的情境，追求时代性的创新。中国传统哲学文化思想的美学精华是在历史传承中经过沉淀与磨炼的美学精神，是中华民族精神、智慧与美德的结晶。中国青花瓷艺术的外观造型与所绘纹饰充满了中华民族鲜明的民族特色，浓厚的文化底蕴，以及源远流长的民族情感与性格，寄托了中国传统哲学精神文化的审美情怀和观念，是中国人的精、气、神和传统人文理想的集中表达。中国青花瓷艺术审美所表现的龙凤和鸣、云影山光境界，就是民族、民间向往的艺术与人生。青花瓷文化审美精神所内含的儒道美学思想中的优秀成分，成为其精神核心和灵魂，处处闪耀着中国传统哲学思想的光芒。在漫长的发展过程中，中国青花瓷文化的艺术风格与表达方式在艺术实践中逐渐形成的体系，形成了中国陶瓷艺术史上独特的民族审美特征与气派。对于中国青花瓷文化艺术的探讨与研究，应把其放在特定的年代与特定的哲学美学文化的氛围中，而不能只是停留在对其青花艺术本身的材料与技法的研究，只有这样才能形成对中国青花瓷文化艺术审美风格特征与发展规律的体系研究，才能体现出青花瓷在中国陶瓷文化艺术审美发展历程中的独特魅力。综观中国青花瓷艺术审美的发展历程，沉淀了数千年的中国传统哲学文化精神，还将为新时代中国青花瓷文化艺术的发展源源不断地注入新的活力。中国青花瓷艺术必将大放异彩，美哉——中国青花瓷艺术。

清　康熙　五彩开窗花篮纹盘　局部

造化之秘　文明之瑞
中国陶瓷艺术审美

　　中国陶瓷艺术根植于中国传统文化之中，在中国传统文化的滋养下逐渐成长起来，中国陶瓷艺术具有鲜明的民族艺术特色。从丰富深邃的内涵，到多姿多彩的形式，再到那浑厚质朴的艺术魅力，中国陶瓷艺术有着明显与众不同的光辉，它既体现了艺术本身的独特追求，也反映了中国陶瓷卓越的艺术造诣。中国陶瓷艺术是中国传统精神文化的重要组成部分，它以其众多的艺术门类，极大地丰富了中国传统精神文化。中国史前文化的灿烂历史，在浙江河姆渡、河北磁山、河南新郑等新石器时代遗址的陆续发现，展示了近 8 000 年前已初露曙光的中国文明。从旧石器渔猎阶段通过新石器时代的农耕阶段，直到夏商早期奴隶制门槛前，在中国大地上一直延展着史前时期光辉的、具有悠久历史传统的陶瓷文化，这正是审美意识和艺术创作的萌芽。仰韶型和马家窑型的彩陶纹样，虽然明显具有巫术礼仪的图腾性质，但从这些形象本身所直接传达出来的是艺术风貌和审美意识。大汶口文化、龙山文化中陶鬶的造型类似鸟状，大汶口陶猪形象是这个民族的远古重要标记。它的形象并非模拟或写实，而是来源于生活实用基础上的形式创造，其由三足造型带来的稳定、坚实、简洁、刚健等形式感和独特形象，具有高度的审美功能和意义。在陶器纹饰中，前期那种生态盎然、稚气流畅、浑朴天真的写实和几何纹饰逐渐消失，在后期的纹饰中，人们清晰地感受到权威统治力量的分外加重。山东龙山文化晚期的日照石锛纹样，以及东北出土的陶器纹饰，则更是极为明显地与殷商青铜器靠近，性质开始发生根本变化，它们作了青铜纹饰的前导。3 000 多年前的商代甚至更早些时候，以瓷土为原料的青釉制品得以成功烧造，标志着原始青瓷的诞生。1 800 年前的东汉时期，成熟青瓷在浙江地区出现，从而完成了原始瓷向瓷器的过渡。中国的礼器从青铜器到瓷器的转化，不仅是一种材料的转化，还是一种艺术审美价值追求的转化，里面蕴含着一种文化价值观的选择。因此，中国人对于陶瓷器的选择与使用并不偶然，是有其价值选择的，其中包含了瓷器源于泥土，更接近自然的本质意味。在长期艺术审美实践中，中国古人积累了丰富的陶瓷艺术审美经验，深化了对陶瓷艺术审美活动的认识，形成了具有东方特色的审美观念，体现出了高尚的审美情操和较高的审美水平。中国陶瓷艺术审美观念，对于全面了解中国陶瓷艺术审美的价值体系，深刻理解传统精神文化的渊博内涵是很有意义的。中国陶瓷艺术以其高超的技艺和独特的风格，成为中国传统文化艺术的一个重要门类，并以其所寄寓的丰富思想观念，成为中国传统精神文化的重要组成部分。

一、中国陶瓷艺术的审美原则——中和之美

中国陶瓷艺术的发展过程，原始彩陶古拙浑厚，战国陶瓷自由奔放，汉代陶瓷粗犷深沉，隋唐陶瓷雍容博大，宋元陶瓷精美典雅，明清陶瓷繁缛工巧，都反映了中和之美时代的精神，体现出永恒的生命价值命题。中国陶瓷艺术的美感体现了精深的中国文化。儒家中庸思想具体物化为对"中和之美"的追求，儒家文化思想为中国陶瓷艺术设计理念提供了较完整的"中和之美"理论基础，"中和之美"是儒家学说的重要特征。受儒家"中庸"哲学思想的影响，中国陶瓷艺术把"中和"作为重要的审美原则，中庸之道要求人们做什么事情都不要过激，要求其适中，"无

偏无陂"。中和之美则要求陶瓷艺术所表现的内容要符合"温柔敦厚"的儒家诗教，所反映的思想情感不能超越儒家传统的道德规范，"要发乎情，止乎礼义"。董仲舒《春秋繁露》载"以类合一，天人一也"，其实这些理论思想，实质上都是在统一的"中和"原则下达到对审美主体的"满足"，中国陶瓷艺术严格遵循了"中和之美"的审美原则。儒家文化思想"中和之美"的内涵，对中国陶瓷文化的影响深刻持久，它强调人与自然的和谐，在陶瓷艺术中表现为，追求"人——陶瓷——艺术"的和谐统一。

中和之美突出表现在中国陶瓷艺术审美思想中，中国陶瓷艺术审美自秦汉以来始终把握其度，止于中正，既不超越，又无不及，趋于完美的和谐。造型平和，富有节奏，能够表现美好的道德观念，这样的陶瓷审美达到了美的最高境界。《左传·昭公二十年》还记载了晏婴对中和之美的阐释："先王之济五味，和五声也，以平其心，成其政也。声亦如味，一气，二体，三类，四物，五声，六律，七音，八风，九歌，以相成也。清浊大小，短长徐疾，哀乐刚柔，迟速高下，出入周疏，以相济也。君子听之，以平其心，心平德和。故《诗》曰：'德音不瑕。'"在这里中和之美不仅指音乐，还泛指世间万物都应遵循美的规律并与道德紧密联系起来，只有乐和，才能心平，只有心平，才能德和，只有德和，才能使行为趋于中正。中国陶瓷艺术审美通过作用人的视觉感受，使人的精神和心理达到平和，在心平气和的精神状态下使道德修养得到升华，这便是陶瓷艺术审美社会功能的根本作用。在春秋战国时期的论述中，"中和""平和""和"等概念的含义是相通的，它们既可以用于中国陶瓷艺术的审美方向，又可以用于道德修养、政治教化，这反映了当时陶瓷艺术、道德、政教三位一体的社会观念，这种观念对以后的中国陶瓷艺术审美创作产生了重大影响。

儒家"中和之美"不仅有其特定的实质，也有这种实质所决定的特定形态，这种特定形态就是"中和"，"中和"是孔子思想的核心。孔子赞美《关雎》又云：

"《关雎》乐而不淫，哀而不伤。"（《论语·八佾》）"乐"与"哀"是动，"不淫""不伤"就是动而不过，动而适度。所以这句话集中而又明确地表达了孔子对美的形态观点，"乐而不淫，哀而不伤"，"动而不过、动而适度"的美学思想，这就是"中和"。儒家"中和之美"的最经典论述就是中国陶瓷艺术中最核心的审美形态，儒家"中和"美学思想对中国陶瓷艺术审美产生了深刻影响。孔子对《诗经》的评价也是以"中和之美"作为审美原则，是"中庸"哲学的倡导者，他将"天道中庸"的伦理道德观念运用于艺术审美领域，阐发了《诗经》当中所体现出来的中和之美，对《诗经》作出了"乐而不淫，哀而不伤"（《论语·八佾》）的审美评价，反映了他的"温柔敦厚"的诗教思想。在孔子看来，既要表现自己内心的喜悦，又不能失于淫邪，既要反映自己内心的哀情，又不能过度悲伤，关键就在于恰当地把握一个"和"字，和则正，正则美。所以孔子说："《诗》三百，一言以蔽之，曰：思无邪。"（《论语·为政》）"无邪"就是无偏无颇，就像《礼记·中庸》所说的那样："无偏无倚"谓之"中"。这句话集中体现了儒家对中和之美的追求，对中国陶瓷艺术几千年审美原则的产生和延展起到了至关重要的影响。孔子论"中和之美"，就是强调从中国陶瓷艺术创作到审美的中庸之度，儒家规定美的形态，即所谓"中和"，孔子指出思想情感的表达要委婉含蓄，讲究"乐而不淫，哀而不伤"。就中国陶瓷艺术审美而言，陶瓷艺术形象应有一定整体美的原则，整体与局部之间的节奏与韵律、比例与尺度要和谐统一，但对中国陶瓷艺术整体和谐统一之美的理解不能只观其表，而要进一步认识到儒家"中和之美"的深意。

中和之美的审美观念在中国陶瓷艺术发展过程和艺术创作中都得到了体现。这些都是对中国陶瓷艺术中和之美艺术原则的具体实践和影响。中和之美的审美观念对于促进中国陶瓷艺术向着和谐统一方向发展起到了积极作用，儒家"中和之美"思想对中国陶瓷艺术发展与创新等多个层面，具有重要指导意义和作用。中国陶瓷艺术审美，应该是体现儒家"中和之美"文化与哲理的审美，在遵循儒家中和审美

明 嘉靖 五彩鱼藻纹盖罐

形态的原则基础上，中国陶瓷艺术将会具有更加强大的生命力。儒家"中和之美"的理念，是中国陶瓷艺术最重要的审美原则和至高境界。

二、中国陶瓷艺术的审美标准——尚意之美

　　中国陶瓷艺术审美特别重视对内在精神的追求，把审美艺术所表现的"意境"和"神韵"作为重要的审美标准。世界是无穷尽的，生命是无穷尽的，艺术的境界也是无穷尽的，因心造境，以手运心，所以一切美的光是来自心灵的源泉：没有所谓心灵的映射，就没有所谓的境界美。心灵映射万象，代山川而立言，它所表现的是主观的生命情调与客观的自然景象交融互渗，成就一个鸢飞鱼跃、活泼玲珑、渊然而深的灵境，这个灵境就是构成陶瓷艺术的"意境"，是"情"与"境"的结晶。意境之美在中国陶瓷艺术发展过程中既体现了儒家兼济天下的人文气息，又表明了道家超旷空灵的美好理想，更有直探生命本源的浓浓禅意。中国陶瓷艺术的意境之美在于体现了一种永恒的生命力，一种与天地宇宙同呼吸，万物本源的宇宙境界。中国陶瓷就是在这种理想美学中走向艺术的幽深境地，从而焕发出独特的艺术魅力，成为世界艺术宝库中的一朵奇葩。

　　《周易》是最早讨论言意关系的历史文献，"书不尽言，言不尽意"（《周易·系辞上》）的表述，说明当时人们已经认识到了言、意之间的不对等性，因此，意有时会超越言语自身的内涵。庄子受其崇尚虚无哲学思想的影响，在言意关系上表现为重意而轻言。他曾用形象的比喻来阐明自己的观点："荃者所以在鱼，得鱼而忘荃；蹄者所以在兔，得兔而忘蹄；言者所以在意，得意而忘言。"（《庄子·外物》）庄子认为，言语只是一种工具和手段，根本目的在于得意，要想实现这一目的，就必须摆脱言语的局限，达到"忘言"的境界。庄子重意轻言的言意观在魏晋至唐宋时期中国陶瓷艺术中得到了充分的发展和继承。

中国陶瓷以天然瓷土、水为材料，外加"火"烧制而成，始终显得温润如玉、神韵浓郁。如果说瓷胎是"境"，那么色釉则是"意"，而中国陶瓷的釉面总是流光四溢，似乎来自宇宙的一股生命气流，从造型、色彩及纹饰等综合因素来看，中国陶瓷意无穷，味高远。正因为中国陶瓷以它自然的泥土，配以艺术匠师的高超技艺，更重要的是，在陶瓷的每一细微处无不体现着中国艺术意境之美，才出现了精光内敛、瓷质如玉的象征意味。魏晋时期的玄学家王弼对言、象、意之间的关系有过不少论述："故言者，所以明象，得象而忘言；象者，所以存意，得意而忘象。""然则，忘象者，乃得意者也；忘言者，乃得象者也。得意在忘象，得象在忘言。故立象以尽意，而象可忘也；重画以尽情，而画可忘也。"（《周易略例·明象》）言、象都是得意的工具，但言、象都是有形的、有限的，而意则是无形的、无限的，言、象本身并不是意，而且也无法完全表达意，在言、象之外，往往还存在言外之意。因而，只有忘却言、象，才能得到真正的意，这显然是庄子"得意忘言"说的继续。这种观念集中反映在中国陶瓷艺术审美创作上，表现为言语所塑造的形象往往无法完全表达陶瓷的情意，要想尽可能全面表达无限的情意，就必须追求陶瓷言外之义。刘勰强调"文外之重旨"（《文心雕龙·隐秀》），钟嵘提倡"言有尽而意无穷"（《诗品》），这些都反映了魏晋艺术家在这方面的追求。"得意忘言"的观念反映在陶瓷艺术创作上，表现为当时对中国陶瓷艺术审美中形神关系的讨论。顾恺之的"以形写神"说就是这方面的典型代表，他认为绘画应以传神为目的，但传神是离不开写形的，只有通过对形的精确描写，才能实现传神的最终目标。显然，顾恺之既重视神的传达，又不否认写形是传神的基础，这种观念比"重意轻言"更符合艺术的实际。此外，顾恺之还提出了"迁想妙得"的艺术原则，认为以形写神并不是对客观对象的机械模拟，而是要在现实的基础上加以充分的想象，这样才能收到绝妙的传神效果。顾恺之的这些艺术思想，对极具民族特色的"陶瓷艺术审美"品格的形成起了重要作用，这也反映了当时艺术审美境界的标准。"得意忘言"的观念反映在陶瓷艺术创作上，表现为当时对"尚意之美"观念的强调。王羲之的《论书》又对"意在笔前"作了进一步的补充："意在笔前，然后写字。""心意者，将军也。"他已经把"意"提高到了统帅的地位，他要求艺术创作必须做到每一环节皆有意，认为艺术作品中的意有些是只可意会、不可言传的："须得书意，转深点滴之间皆有意，自有言所不尽得其妙者。"这正相当于陶瓷艺术审美创作中所追求的言外之义。由此可见，魏晋时期尚意追求的艺术审美标准在中国陶瓷艺术审美形式中都得到了充分的体现。

中国艺术境界的"宇宙秩序""宇宙生命"在陶瓷艺术领域中是以"意境"体现出来的，中国陶瓷无论从造型还是纹饰上都透出无限的意境美。意境说自魏晋南北朝开始孕育，艺术的审美境界就逐渐以"心匠自得为高"为主题。中国陶瓷的意境之美也是在魏晋南北朝以后获得前所未有的艺术高度，在这之前，中国陶瓷以儒家"礼""乐"为主导，以及受后来佛教的影响，而自魏晋以后直至近代，无论何种类型的中国陶瓷都透出无限意境之美，形成了中国陶瓷中的一类风格。如刻花青瓷、厚釉透釉青瓷、碎裂纹青瓷、青白瓷、白瓷等单色釉瓷中的以刻、划、印、镂等手法进行装饰。如龙水纹、鱼水纹、鸟含绶带纹、云雷纹、雪花放射式锦纹、夔龙纹以及刻花、划花、堆贴、透雕等自然的纹饰图案，使得陶瓷具有一种天然美。总之，中国陶瓷艺术造化自然，最终达到了物我两忘、两相融合的境地。魏晋以后，意境和神韵一直是中国陶瓷艺术发展和追求的审美标准。晚唐司空图所提出的"象外之象，景外之景"，以及《二十四诗品》中所说的"不著一字，尽得风流"，刘禹锡《董氏武陵集记》中所说的"片言可以明百意""境生于象外"，宋代严羽《沧浪诗话》中所说的"诗之极致有一，曰入神。诗而入神，至矣，尽矣，蔑以加矣"，清代郑板桥的"写意"说，近代王国维的"境界说"，等等，都凝聚着中国陶瓷艺术尚意的审美观念，这种观念贯穿中国陶瓷艺术审美发展史的始终，使中国陶瓷艺术审美形成了鲜明的民族特色。

北宋 定窑 印花螭龙纹盘

三、中国陶瓷艺术的审美观念——自然之美

华夏数千年延绵不息的窑火以土为原料，因火而成形，泥火传奇，土、火、气、水、人构成了中国陶瓷艺术五种自然之美的因素。大自然中，泥有泥性，水有水性，气有气性，火有火性，人有人性，中国陶瓷艺术成就在这自然五性之中有机地融合。中国陶瓷艺术的最高境界就是中国哲学观崇尚自然的最具体最完美体现，尊崇自然成了中国陶瓷艺术一个重要的审美观念。中国陶瓷艺术发展一直渴望与自然达成高度的和谐，在自然之中陶冶审美情操，使陶瓷艺术的审美境界得以升华，崇尚自然，赞美自然，这是中国陶瓷艺术审美一个永恒的主题。

道家文化思想最重视自然，把物我一体作为审美的最高境界。道家文化中流动着精气、神韵、节奏、秩序、理性，生动地体现在中国陶瓷艺术的创作过程中。中国陶瓷艺术创作的主体，一直追求在精神上达到"物我合一"的状态，使主体精神与自然同化，使主体情感与自然同趣。庄子把自己心目当中的理想自然界描绘成"天籁""天乐"，就是指的秉承天然元气的本性自然之美。追求纯真自然，反对雕凿矫饰，这是道家文化思想共同的审美观念，道家文化思想对自然的尊崇和热爱，一直引导着中国陶瓷艺术创作对自然的追求和方向。

崇尚自然是人与自然和谐的生态伦理精神，对中国陶瓷艺术审美观念主流的发展起了决定性的作用。尊崇自然这一命题传达了道家美学最基本的思想，道家文化最高的审美标准和审美境界就是合乎自然之道，体现素朴自然、恬淡无为、天地之美。道家文化自然的美学思想在很大程度上影响了中国陶瓷艺术审美的艺术形态和审美创造。《老子》说，"道大，天大，地大，人亦大"，"域中有四大，而人居其一焉"。这就清楚地说明人和万物是平等的，人并不比其他万物具有更高的地位。道家崇尚自然，主张遵循客观规律，人应法天、法地、法自然，"道法自然"揭示了整个宇宙的特性，以及生生不息的运行规律，"道"又通过"德"的外化作用，

把天地间这些包罗万象的事物属性完整地表现出来。道家美学思想从精神境界到审美境界的呈现，对中国陶瓷艺术审美的影响意义深远。道家文化思想自然无为的审美观，朴素自然、无功利的社会态度和审美标准，探索了道家美学观对陶瓷艺术审美标准及其在陶瓷艺术中的具体体现。东晋陶渊明的田园诗是反映渴望回归自然的典范之作，《归园田居》细致描写了纯洁、幽美的田园风光，表达了自己"久在樊笼里，复得返自然"的喜悦心情。诗的语言平淡质朴，不加藻饰，所写景物真淳自然，寻常可见。但由于"以心托物"，将自己美好的心灵影射在自然景物之上，从而使散缓无奇的景物具有了超凡脱俗的情韵和感人至深的艺术魅力。他的《饮酒·结庐在人境》更是将深刻的哲理和高尚的情韵融入自然美景之中，"采菊东篱下，悠然见南山"二句，描绘出一个心与物遇，情与景通，物我两忘，天然淡泊的美妙境界。"此中有真意，欲辩已忘言"二句，反映了对大自然的审美观，领悟到了人生的"真意"，这种"真意"只能靠亲身去体验，而无法用言语来表达。陶渊明的诗句和思想是中国元明清时代青花瓷纹饰的主要表现体裁之一，这种自然之美的审美观至今在陶瓷艺术创作中影响至深被人称赞。

中国陶瓷艺术重视艺术表现上的自然本色，反对刻意雕琢的藻饰之美，把自然之美当作陶瓷艺术创作的最高审美观念，要求陶瓷艺术创作要充满清新流畅的自然气息。《庄子·齐物论》上说，"天地与我并生，而万物与我为一"。老子认为，人与万物都根源于"道"，"道"是人与世界的一种本原关系，它是"天地之始""万物之母""众妙之门"，是一切实践活动的出发点和归宿。老庄"崇尚自然"的审美理念，给了中国陶瓷艺术写意山水一种极富韵致的审美灵感。只有大自然全幅生动的山川草木，云烟明晦，才足以表现胸襟里蓬勃无尽的灵感气韵，徜徉天地之间，能够真正得到山水之道所赋予思想和观念上的超脱与灵性。中国明代中后期的青花瓷纹饰山水题材作品，如"长岸空亭""无人之境""寒江垂钓""柳荫静境"等都是以山水之灵养性怡情，抒情言志，强调"由尽物性之妙"，与自然之道相弥合。

寄自然之情，寓山水之道的理念，为青花瓷时代纹饰写意山水审美思想带来了无穷意蕴，这种尊崇自然的审美观念在中国陶瓷艺术审美中也得到了体现。道家崇尚自然、敬畏天地的存在，以及道法自然的思想，对中国陶瓷艺术审美所带来的启迪是多方面的。中国陶瓷艺术表现的构思和内涵及"技进乎道"的审美创造，无不体现道家的哲学思想境界。中国陶瓷艺术通过对自然美景的描写，反映了陶瓷对自然造化的憧憬和向往，体现了陶瓷与自然融为一体的思想情感。中国陶瓷艺术是崇尚自然的典范之作，尊崇自然的审美理念对中国的陶瓷艺术创作产生了深远的影响，直到今天，崇尚自然之美的主题在中国陶瓷艺术审美观念中仍占据着重要地位。

中国陶瓷艺术审美思想产生于源远流长、博大深厚的中华民族历史文化精神。数千年来，它形成了自己独特、统一和持续的传统，深深渗透到了中国陶瓷艺术审美的心理、意识、趣味之中。中国陶瓷艺术审美创造了众多的艺术形式，积累了丰富的艺术审美经验，取得了极高的艺术成就，中国陶瓷艺术为繁荣中华民族的精神文化做出了重大贡献。中国儒道传统文化思想作为文化的载体，滋生出其特有的中国陶瓷艺术精神，纵观中国陶瓷艺术的发展可以看到，表现具有中国审美特征，绝不仅仅局限于陶瓷造型和色彩上的视觉感受，以及一般意义上对人类征服大自然的心理描述，更重要的还是对中国儒道文化思想要有深厚的理解。中国陶瓷作为一种实用的物质产品，以其高超的技艺和独特的风格，成为中国传统艺术中的一个重要门类，并以其丰富的思想内涵，成为中国陶瓷艺术精神文化的重要组成部分。中国传统文化思想有着十分丰富的内涵，包含着坚韧不拔的从道精神、厚德载物的宽容品格、贵和尚中的和谐理想。中国陶瓷艺术体现出传统文化思想的包容意识、超越功利的人文精神、成圣成贤的人格追求等方面的精神特征。如前所述，中国陶瓷艺术审美是不可或缺的灿烂音符，它以一种独具神韵的侧影屹立于伟大的东方地平线上，成为一种深邃而丰富的"生命"。

江西景德镇龙窑遗址

元 青花麒麟纹盘 局部

厚德尚善　融贯礼乐
明代民窑青花瓷麒麟纹饰艺术审美研究

　　明代民窑青花瓷是景德镇瓷器中数量最大、最具代表性的产品，它扎根于民间，与人民的生活最贴切。同其他民间美术一样，保持着简练、质朴、纯真的艺术风格，尽管在制作工艺、技巧等方面与官窑相比显得粗糙、简单，但那些充满浓郁生活气息的画面中，蕴含着劳动人民质朴的审美观念和纯真的感情，显示着无穷的生命力。中国麒麟文化的产生是对自然物象的神化塑造，麒麟造型集中了多种动物特征，凝聚着古人高超的造物智慧，彰显出独特的传统民族文化和艺术审美。麒麟是"四灵"之首，能带来太平、长寿、福禄与好运，是祥瑞的象征，从中国儒家美学思想看，麒麟文化的和谐之美主要体现在厚德尚善的伦理方面，无论是中道原则还是礼乐精神，都是要达到和谐人伦、回归天地的目的。麒麟和龙、凤等祥禽瑞兽一样，是古代传统观念中象征"仁"的符号。在儒家审美理念中麒麟是以虚拟具象"仁兽"表现抽象道德观念的产物，麒麟作为瑞兽被人们推崇为具有中国艺术魅力的神灵，以丰富多彩的含义和意蕴表现了古代人民的审美和信仰。麒麟纹饰之所以能在明代民

清 焦秉贞《孔子圣迹图：麟吐玉书》

窑青花纹饰艺术中发展传承，正是因为它所具备的品质符合了中国传统的形式美感和儒家厚德风范。

一、明代民窑青花瓷麒麟纹饰艺术的历史发展

1. 麒麟纹饰文化艺术的历史延展

关于麒麟最早的记载见于《诗经·周南·麟之趾》，诗中是采用比兴手法以麒麟比人，寓意多子多孙，且子孙品德高尚，如同麒麟。周文王行王道，以仁政治理天下，天下太平，麒麟出现，喻指周文王获得天命。春秋时期，麒麟已经是吉祥与美德的象征，传说孔子的母亲在身怀孔子祈祷于尼丘山时，遇到麒麟而生下孔子，麒麟口吐玉书，书上写道"水精之子孙，衰周而素王，征在贤明"。孔子七十一岁

时听闻鲁哀公捕获奇异的动物之后，赶到城郭外的时候，那奇异的动物已经被叔孙氏的家臣鉏商杀死了，孔子一看被杀的动物正是麒麟，不禁悲痛万分，竟然没人知道是麒麟降世，还被当作怪物杀了，写出了"唐虞世兮麟凤游，今非其时来何求，麟兮麟兮我心忧"的挽歌，这就是著名的鲁哀公西狩获麟的故事。

汉代是一个多民族融合、繁荣富强的时期，麒麟的艺术形象逐渐得到广泛应用，麒麟艺术形象简洁大方，装饰合宜，反映人们对美好生活的向往。汉武帝在政治上推行"独尊儒术"的思想，儒学成为国家政策制定的重要依据，从而使得当时的艺术思想只注重政治的功利性，推崇形式森严的礼教色彩。麒麟的艺术形象适合当时的社会背景，追求完美的人格化形象，反映了儒家厚德尚善的文化审美思想精髓。魏晋、南北朝时期的帝王陵墓神道两侧一般有一对石兽相向，石兽矫健有力，其头上有双角者一般称为天禄，与之相对的单角者，称为麒麟。六朝和唐代时期的麒麟所见不多，武则天之母杨氏顺陵中有一对高大异常的石麒麟立于神道两侧，显得十分特别。宋代施行重文轻武的政策，学术文化由原始的宗教氛围转变成以人为主体，思想观念也由史官文化向民俗文化转变。反映在麒麟造型方面，逐渐失去了过去的雄浑豪迈，进而发展为清秀而灵动，又回到了鹿科动物的形体特征上。从宋代开始，陶瓷麒麟纹饰的躯干上开始出现规则的鳞片，颈部出现了飘拂的鬃毛，鼻翼处伸出触须，肩部出现了火焰，尾巴的造型似牛尾并呈扇形散开。

元朝是中国陶瓷发展的重要时期，在繁荣的唐宋瓷业基础上有所进步和发展，尤其是青花瓷的烧制技术日益成熟。景德镇生产的青花瓷更为精美，更具时代特色，成为青花瓷的主要生产基地。元代青花瓷器上开始出现麒麟纹饰，一般呈现奔跃向前的姿态，有着明显的鹿科动物特征。明代民窑青花麒麟纹饰集历代之大成，综合了天禄、辟邪以及白泽的外形和威严，具有鹿和马的仁心并且嘴巴紧闭，用"不食不饿"来表现"仁"，从奔跑的动态变成或坐或卧的静态形象，具有更加闲适和威严的儒家文化内涵，承载着中华民族远古时期的图腾崇拜。

元 青花麒麟引凤纹菱口盘

2. 明代民窑青花瓷麒麟纹饰文化艺术的盛行

明朝是我国历史上一个强盛的时代，民窑青花麒麟纹饰艺术跨入了一个新的阶段。明代民窑青花瓷在元代的基础上，又有新的创造与发展，从而使民窑青花麒麟纹饰更具民间生活气息，整个明代民窑青花麒麟纹饰都非常重视儒家文化"厚德尚善"的寓意审美表达。

洪武民窑青花瓷器大气磅礴、简洁雅致的时代特征十分明显，麒麟之类的动物纹极为少见。《明太祖实录》记载："除一品至五品酒盏用金，其余器皿俱不得棱金、描金并雕刻龙凤，里饰金玉、珠翠及朱红黄色、彩凤、狮子、麒麟、犀象等形……违者罪之。"这可以说明洪武时期麒麟禁止在民间使用。

永乐时期民窑青花瓷器清新隽秀，造型丰富，在保留传统图案基础上吸收外来文化的影响。永乐时期的麒麟形象几乎达到了完美的程度，除宫廷的需要外，民间也不断出现并使用麒麟形象，从而使祥瑞神仙的思想演变为吉祥如意的愿望，如用"麟趾呈祥"来称赞别人家的孩子有出息，用"凤毛麟角"指代优秀人才，用"麟吐玉书"，指民众祈求早生贵子、金榜题名。宣德皇帝在诗、书、画及艺术品等方面具有很高的艺术才能，极大地促进了手工艺尤其是瓷器的发展。宣德民窑青花纹饰改变了元青花繁密的布局和粗犷的画法，装饰风格逐渐趋于疏朗，这一时期麒麟纹饰从元代发展演变而来，或立或卧，或奔或坐，麒麟身上多带有火焰纹饰，周围环饰以花草纹或杂宝纹。纹饰构图疏朗，用笔风格简练，既有画工繁缛生动的大罐、大盘，也有寥寥数笔勾勒的小盘、小碟。明代永宣时期民窑青花瓷上的麒麟形象，麟体雄健有力，布局合理优美，笔墨功力和情趣韵味均达到了非常高的境界。明代永宣时期民窑青花麒麟纹饰在龙形的基础上，有时也稍作变化，继承了元朝时期的麒麟纹饰风格，显得稳健敦实，麒麟纹饰在这一时期的民窑青花瓷器上较为盛行。

正统至景泰、天顺时期，民窑青花麒麟纹多以卧地回望的姿态呈现，马头状的头部鬃毛前冲，身上覆盖鳞片，腿部及身上有火焰披毛。虽然描摹得十分简单，但

明 景泰 青花麒麟望月纹盘

明 嘉靖 青花麒麟望月纹罐

其形态演变还是有一个相对清晰可循的路径，麒麟纹饰的基本形态已经相当完备了。成化、弘治、正德时期，民窑青花麒麟纹饰的形态开始有所改变，在整体形态上或奋蹄奔跑，或缓步徜徉，并非单一的卧地回望状。嘉靖、万历时期，民窑青花麒麟纹饰的基本形态趋于规范化，头部呈现类似狮、虎的形态，背鳍与鳞甲较为完整，装饰意味更浓而神态上少了威严与勇武的气概，最具时代特征的是增加了大量道教文化符号和含义。明末天启、崇祯时期，民窑青花瓷麒麟纹饰大量出现，纹饰元素组合繁杂，绘制潦草，但艺术审美一直遵循着祈福纳祥的精神内涵，又逐渐转化为以儒家厚德尚善礼乐文化审美功能为目的，并对清朝初期青花瓷麒麟纹饰艺术产生了深远的影响。

二、明代民窑青花瓷麒麟纹饰的民俗文化特征

1. 从生命崇拜到道德崇拜的麒麟纹饰文化艺术

明代洪武、永乐、宣德时期的民窑青花瓷器已经成为景德镇瓷器生产的主流，麒麟纹饰作为传统文化中的吉祥象征，在民窑青花瓷纹饰审美中有着深刻的民俗文化意义，是纳福迎祥、喜庆祝寿的重要载体。麒麟是鹿的神化产物，鹿的繁殖力极强，包含着古人的生殖崇拜。《诗经·召南·野有死麕》："野有死麕，白茅包之。有女怀春，吉士诱之。"指男子剥下鹿皮包上白茅送给怀春的女子求爱，期望该女子像鹿一样具有旺盛的生殖能力。由鹿演化而来的麒麟仍然具有鹿的生殖象征意义，作为多子多孙、祈子求嗣的吉祥象征而受到民间普遍欢迎。

明代民窑青花瓷麒麟纹饰文化本质为道德崇拜的产物，麒麟是儒家厚德与礼乐文化的象征，"麒麟圣舞"作为皇家庆典中的表演艺术，用来祈求太平盛世。明朝时期人们认为麒麟能够改变命运，用以表达对美好生活的向往和作为吉祥、幸福的象征。明代民窑青花纹饰中的麒麟道德崇拜非常兴盛，涉及民间风俗的方方面面，

体现了敬天畏神的文化内涵，反映着人们的传统人生观和世界观，是道德意识和民俗心理的双重象征，被广泛地应用在明代民窑青花瓷器中。明代永乐、宣德时期的民窑青花麒麟纹饰艺术对筋肉、骨线作了强有力的夸张表现，整体姿态威武雄壮。宣德时期的麒麟回头望月别出心裁，其动作活泼，鬃毛卷旋，采用一笔点画的技法，用笔生动，构图简洁。宣德的民窑麒麟纹虽有前朝遗风，但突出曲线的运用，而衬景中的杂宝等物更是永乐所未有。宣德时期的青花麒麟纹盘中心青花双圈内绘一昂首的麒麟，头尾夸张，腹部浑圆而小，间饰以灵芝仙草、杂宝芭蕉等，虽是写意之作，但注意眼睛的描绘，恰到好处地表现了物象的层次，明代民窑青花瓷麒麟纹饰文化是包含以儒家思想为主线的中国道德文化体现。

2. 从祥瑞象征到美善比喻的麒麟纹饰文化艺术

历史的审美积淀使明朝麒麟纹饰艺术具备了丰厚的审美文化内涵，麒麟纹饰文化是中华文化的一个缩影，"天人合一"的思想贯穿始终，象征民族、民间、民俗文化心理。不管是物质形态的麒麟，还是意识形态的麒麟，都能使人感到精神慰藉。在明代民窑青花瓷纹饰艺术审美中，麒麟以它的珍贵和神圣，为人们带来长寿、福禄、太平与好运的期盼。

永乐、宣德时期的景德镇民窑的制瓷工艺有了长足的进步，装饰纹样的题材增加了人物故事、麒麟、凤纹、花鸟纹、十字宝杵等。永乐、宣德时期以麒麟象征科举取士的君子，君子所应具备的品德修养作为人生最重要的一步，包括"义"和"信"。这也是传统士大夫所应具有的美德。《礼记》说"义者，宜也"，要求人们的言行举止要符合自己的身份，神圣不可侵犯的麒麟成为明代永宣时期士大夫人伦美善品格的象征。

吉祥观念是明代正统、景泰、天顺时期麒麟纹饰文化生成的基础，吉祥二字表示美与善，是对美好的向往和对未来的企盼。明代正统、景泰、天顺三朝一直处于动荡和战乱之中，受此影响，景德镇御窑厂也继永宣的高潮之后落入低谷，这段时期也被称作明代陶瓷发展史中的"空白期"。空白期前段民窑青花麒麟纹饰绘画风格质朴豪放，后期开始向轻柔秀丽转变，延续了永宣时期的艺术风格，青花呈色以灰蓝色为主，采用一笔点画的手法，具有鲜明的时代特色。"土木之变"明英宗被蒙古瓦剌俘虏后，明代宗上位，一年后，明英宗被释放，但又被明代宗囚禁七年。此时民窑青花瓷纹饰中的神兽麒麟充分反映出人民对社会安定的向往，纹饰作为传播手段充分反映了社会背景。正统麒麟纹饰的器物大体有以下三种风格：第一种构图繁密与应龙等装饰在同一器物上，应是当禁之列的官样纹饰。第二种构图饱满，与杂宝等物相组合，有宣德民窑遗风，构图疏朗，单独为纹饰，有永乐时遗风。这一时期的青花麒麟纹盘还有一种风格，盘心绘毛发、鳞甲细密的一只麒麟，神态凶猛，环衬以松针，内壁绘四条应龙及江崖海水纹。第三种构图繁密，绘画精细，粗看多少有些元代风韵，但较元代形体丰满，为正统精品。青花麒麟纹盘内绘青花双圈麒麟纹，头部毛发略疏而长，腹小而圆，青花色泽灰蓝，本朝特征明显。天顺时期的麒麟纹饰艺术风格逐渐发生变化，青花色调既有深沉凝重，也有淡雅秀丽，双勾填色的绘画技法已经开始出现萌芽，线条也由前期的刚劲豪放转向圆润轻柔。天顺时期的青花麒麟纹饰的情感表达主要是祥瑞、美善两个方面，形成人们精神寄托的吉祥物，从而反映了人们的向往和追求。明代正统、景泰、天顺时期的民窑青花麒麟纹饰的祥瑞美善文化经过长期历史积淀，反映了人们共同的审美要求和思想选择，麒麟纹饰逐渐成为大家所敬畏的吉祥图案。

　　麒麟是明代人们心目中的祥瑞之物，象征着吉祥幸福，并且广泛应用于明代各时期的民窑青花瓷纹饰艺术之中，正统、景泰、天顺时期的民窑青花瓷麒麟形象是明代特有的经典题材。麒麟属"仁兽"，指繁盛、安宁，望月代表期盼。民窑青花麒麟纹饰文化在趋吉心理的支配下，将麒麟文化与自然事物和文化事物作为吉祥的观念信仰，通过对自然事物和文化事物象征性观念的发挥，托付明代民窑青花麒麟文化对祥瑞、美善的向往和追求。

三、明代民窑青花瓷麒麟纹饰的艺术审美精神

1. 明代民窑青花瓷麒麟纹饰艺术的审美意蕴

明代民窑青花瓷麒麟纹饰艺术形态历经岁月的洗礼表现为夸张多变、造型勇猛、纹饰华丽、工艺繁复，同时也体现了明代民窑青花麒麟纹饰艺术的高超审美意蕴。

成化时期的景德镇恢复了往日的繁荣，胎釉和青料的提纯以及烧造工艺的进步，使得民窑青花麒麟纹饰艺术风格也出现了明显变化，成化、弘治、正德时期的民窑青花麒麟纹饰风格基本相似，其中成化与弘治两朝风貌极其相似，有"成弘不分"之说，正德时期的民窑青花麒麟纹饰处于过渡阶段，继承了成化、弘治时期的特征，对嘉靖时期的麒麟纹产生了重要影响。这一时期的麒麟纹饰比较复杂，色调仍以浅淡的灰蓝色为主，又多采用"一笔点画"的技法，因此很具有明代早期青花艺术的神韵。

弘治时期民窑青花麒麟纹饰器物较为常见，多绘在盘类器物的内心，有精、粗两种风格，精者有元代遗风，粗者本朝特征明显。这一时期常见的青花麒麟纹盘，一般盘心绘回首望月的麒麟，内口沿八个开光内书"金玉满堂，长命百岁"的吉语。盘心麒麟造型夸张，背鳍、鳞甲清晰，环衬以山石、灵芝、芭蕉、花果，此构图明代极为少见。弘治民窑青花麒麟纹饰的辅助纹饰均有芭蕉叶、山石，寓意家大业大、千秋稳固。弘治时期的麒麟多以威武雄健之态出现，表情以夸张为美，多以行走状及蹲状示人。总之，明代成化、弘治、正德的民窑青花瓷麒麟纹饰在不同文化区域中又具有不同的特征，以象征观念为基础与具象形态相结合，成为超越自然形态的艺术造型，因此，传统的麒麟文化审美是影响着这一时期民窑青花麒麟纹饰夸张多变之美的主要原因。明代成化、弘治、正德时期的麒麟纹饰艺术造型集多种传统礼制和精神原则形态于一身，始终以传统礼制原则造型规律和传统吉祥文化的内涵为基础，体现了多种审美思想的融合。明代成化、弘治、正德时期的民窑青花麒麟纹饰审美也可以解释为大气、圣威、权力，具有震慑的作用，为大美和谐的体现。

明朝嘉靖时期的民窑青花瓷麒麟纹饰风格与明早、中期明显不同，写意麒麟纹饰已不见有，代之而起的是与山石花草或福山寿海组合在一起的添福纳祥纹饰。这一时期的青花麒麟纹主要装饰在器物的外表，所绘麒麟纹头如龙，躯干勾画鳞甲填青花，由于青料晕染，鳞甲不甚清晰。青花双圈内绘山石花草麒麟纹，麒麟头部极为夸张，青花晕染有浓淡之分，躯干上的鳞甲以浓青花勾描，以淡青花晕染，须及尾的线条细腻流畅，它不仅体现了传统儒家文化审美情趣，更体现了明代嘉靖时期独有的道教文化色彩，表达了人们希望挡煞禳灾、贵生贵命、长生不老，以及向往和谐美好生活的意愿和积极的人生态度。万历时期的民窑青花麒麟纹饰与嘉靖朝艺术审美大不一样，写实的纹饰极为少见，多为白描画法，造型简约，寓意祈福纳祥挡煞禳灾。万历时期出现了麒麟送子纹饰，纹饰粗犷豪放，线条硬朗，采用传统铁线描，为万历晚期代表器。虽全为线条勾描，但纹饰清晰传神，运笔流畅，颇有硬笔画的韵味，前朝不见有。随着官窑的衰落，民窑逐渐摆脱了官窑纹样的桎梏，大量贴近劳动人民日常生活的麒麟纹饰题材出现在青花瓷上，为万历时期民窑青花麒麟纹饰风格的多样化增添了勃勃生气。天启崇祯时期的民窑青花麒麟纹饰的典型艺术审美特征是形体高大健壮，背景多有祥云晴日，绘画细腻写实，背景衬以山石栏杆、芭蕉流云，层次极为丰富，以及凤尾鳞甲的勾染，火焰勾线渲染留白，密集的鳞状背景，无不凸显本朝特征。崇祯时期民窑青花瓷的麒麟纹饰造型集历代之大成，达到了"图必有意，意必吉祥"的程度，把纹饰吉祥寓意发展到了极致，并广泛应用于民窑青花瓷审美意蕴之中。

2. 明代民窑青花瓷麒麟纹饰艺术的审美精神

明代民窑青花麒麟纹饰艺术创造了鲜明的民族艺术特色和独特的文化审美境界，青花麒麟纹饰艺术有着中国哲学思想和美学的深刻印记。儒家厚德尚善、融贯礼乐的文化思想对青花麒麟纹饰艺术精神产生了重要影响，被具体物化为庄重、秩序、自然、自由的艺术审美追求。儒家哲学思想是青花麒麟纹饰艺术的审美精神，是青花麒麟纹饰艺术精神的品质体现，培育了明代青花麒麟纹饰艺术审美崇德、尚德、重德、厚德的品格，对后世的麒麟文化及艺术审美精神产生了深远而持久的影响。儒家推崇的"中和之美"是明代青花麒麟纹饰的文化精神和艺术精神的核心，积淀成为明代麒麟纹饰艺术的文化心理原型。

天启、崇祯时期的民窑青花瓷器的质量良莠不齐，有的工艺草率。而此时的高档精细瓷器造型规整，工艺精湛，青花麒麟纹饰的绘画内容以及艺术风格比较复杂，既有传统的继承，又有在传统基础上的发展，更有令人耳目一新的创新，从纹饰风格上采用明代后期惯用的单线平涂技法，在明末民间青花匠师的笔下麒麟纹饰成为生动优美的艺术形象。应当说这种源于生活、充满生命力的麒麟纹饰作品，才是明代后期民窑青花麒麟纹饰艺术的真正精粹。崇祯时期的民窑青花麒麟纹饰画面中常以山石芭蕉作衬景，以此企盼吉祥平安，寄托人们对国家安定、生活祥和与子孙贤明的美好生活向往。

明代民窑青花瓷麒麟纹饰作为传统文化中经典审美纹饰，重视艺术形象的塑造和结构形式的表现，追求抽象化的瞬间传神形态，具有旺盛的生命力和丰富的审美内涵。明代民窑青花瓷麒麟纹饰的艺术表现具有丰富的精神内在，并通过丰富寓意象征现实，民窑青花瓷麒麟形象的塑造，不是多种动物特征组合的唯美物象，而是被赋予超自然的力量和神的特征。但在古人的思维观念中却始终以亲切感人的形象出现，与民间信仰联系密切，是人类精神的文化崇拜。明代麒麟文化与儒家文化思想有着深厚的历史渊源，将麒麟比作君子的道德标准，加强政权统治，从而推行大一统文化，麒麟出世预示着天下太平，体现了帝王的贤明。明代民窑青花瓷麒麟纹饰艺术用自己独特的艺术语言，诠释着中华民族典雅清新的东方神韵之美。

四、结语

中国传统麒麟文化的吉祥观念源远流长，集多种动物之美，表现出超凡的理想化形式美，并赋予吉祥文化以道德、审美的双重内涵，给人们带来和谐温馨的陶冶、吉祥的祝福和醇美的享受。明代民窑青花瓷麒麟纹饰是中华民族传统美德的形象体现，质朴的创作风格和深邃的艺术内涵，将青春永驻，魅力长存。明代民窑青花麒麟纹饰来于自然，又高于自然，麒麟纹饰的艺术形象具有罕见的开放性、包容性，它威而不猛，泰而不骄，贵而不俗，灵而不钝，蕴含着自强不息、向往和平盛世的精神和愿望。明代民窑青花瓷麒麟纹饰艺术的文化精神与民族传统美德中的"厚德尚善、融贯礼乐"是共通的。明代民窑青花瓷麒麟纹饰文化精神中倡导的仁爱、和谐、厚德精神，对于文化艺术的传承发展和构建和谐社会具有一定的现实意义。

正德三年臘月朔晉昌唐寅畫

明 唐寅《嬰戲圖》局部

化善为美 回归自然
明代后期民窑青花瓷婴戏纹饰艺术审美研究

作为我国传统陶瓷装饰纹样，婴戏纹以其独特的审美风格被广泛应用，这体现了人们对美好纯真的追求。至明代，青花婴戏纹已经成为这一时期的主要陶瓷纹饰，并在明代后期青花瓷器上达到了一个艺术创作高峰，题材多为儿童玩耍、嬉戏的生活场景，这也从侧面反映了当时的民俗风貌。所谓明代后期民窑青花婴戏纹饰艺术审美研究，就是从婴戏纹的审美意义、文化内涵、哲学形态等方面对其进行探析，发掘其审美价值，并联系明代的社会经济发展，最终展现出一个清晰的明代民窑青花瓷婴戏纹饰发展演变过程，解读这一题材所蕴含的中国文化艺术精神。

本文所说的明后期指嘉靖、万历、天启、崇祯四朝，这一时期的民窑青花婴戏题材丰富多样，主要分为儿童游戏、仕女婴戏、婴戏动物、婴戏植物四大类。婴戏纹所表现的率真、质朴、充满民间审美情趣的艺术风格与民俗文化，受到了各个阶层的青睐，它一方面反映了人们质朴与达观的生活理念，另一方面则满足了人们对生命本体及社会生活求吉纳福的追求，展现了中国传统的审美哲学和极富意趣的东方生活。

一、明代民窑婴戏纹饰文化艺术历史发展

1. 婴戏纹饰艺术审美的历史延展

中国文化的创始与奠基，是指从远古至先秦这一漫长时期中的文化经历。先秦时期，中国开启了古典文化走向理性自觉的时代，由此确立了"轴心时代"意义上的中国文化传统，建立起中华民族的文化心理结构，对后世文化艺术产生了深远而且持久的影响。先秦诸子在阐述其思想时，从不同层面、不同角度出发，对艺术问题进行了理论反思，形成了初期的艺术观和美学观。其中，影响最大的当数以孔子为代表的"儒家艺术观"和以老庄为代表的"道家艺术观"。婴戏纹最早出现在战国时期的玉器上，汉代画像砖上的孝子故事中也有儿童形象的出现，到了魏晋时期，壁画砖上有描写儿童游戏的场面，此时婴戏纹饰已逐步形成。

唐代揭开了中国古代最灿烂夺目的历史篇章，铜官窑遗址出土的"青釉褐彩婴戏纹执壶"是目前所见最早出现在陶瓷上的婴戏纹饰，纹饰画法简单，包括头和手部的线条以及肚兜、腰际系带的处理等。这件作品体现了窑工们高超的技法以及当时的孩童世界的现状，并且对后世婴戏纹的发展产生了深远的影响。五代时期黄堡窑址中的剔刻花攀枝娃娃牡丹纹青瓷盂，腹部刻着攀枝娃娃与折枝牡丹图案，描绘的是裸体童子攀附在盛开的牡丹枝叶上的景象；另一件青瓷残盖上表现了一个裸体童子在半掩的荷叶内睡卧，显得格外悠闲和天真烂漫，充满神话色彩，体现出传统吉祥观念和"托物化生"观念在这个时期陶瓷装饰中的运用。尽管瓷器上的婴戏纹在唐代还不普遍，但此时的审美风格为宋代婴戏纹饰的盛行打下了坚实的基础。

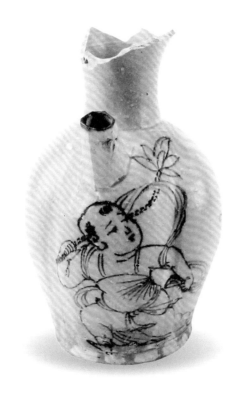

唐　青釉褐彩婴戏纹执壶

宋　磁州窑　白地黑花婴戏纹瓷枕

宋代是人物类纹饰全面发展的时期，婴戏纹经过长时间演变逐渐独成一派，常见题材有放风筝、捉迷藏、对弈、蹴鞠、习武、执莲婴童、莲生贵子、喜报多子、庭院婴戏、郊外婴戏、傀儡戏、婴孩读书、三子出头、五子登科、五婴争冠、十六子、百子等，多绘于碗、盘、瓶、罐、缸、盒等器物上。元代制瓷工匠深受以山水题材为主的文人画艺术审美的影响，因此婴戏纹陶瓷器已明显减少，婴戏纹饰装饰工艺也比前期少。

2. 婴戏纹饰艺术审美的明朝复兴

明代初期，在朱元璋、朱棣父子两代的统治下，对前朝的政治、军事诸方制度革旧鼎新，使秦汉以来形成的封建中央集权制度有了进一步发展。政治的稳定使洪武时期的制瓷业得到较大的发展。永乐、宣德时期，元代衰落的婴戏纹开始出现在瓷器上并得到发展。虽然数量较少，技法、构图也不能和其他纹饰相比，但明早期民窑青花婴戏纹更重要的是暗含了对宋朝文化审美的回归和期盼，这对后世青花婴戏纹饰进一步发展起到了不可估量的促进作用。

进入明代中期，社会酝酿着重大的变化，反映在传统审美领域则表现为一种反抗思潮。从王阳明哲学到李贽的浪漫主义思潮，都对明代后期青花瓷婴戏纹饰艺术审美产生了巨大影响。李贽作为浪漫思潮的中心人物成为王阳明哲学的杰出继承人，自觉地、创造性地发展了阳明心学，并宣讲童心，提倡真心，反对虚伪、矫饰。政治的稳定，经济的繁荣，加之新哲学思想的推动，使明中期青花婴戏纹得到进一步发展，种类愈加丰富多彩，极具特色，较为全面地反映了儿童生活场景，画面生动活泼，充满着童真情趣和吉祥意蕴。常见的婴戏图案有戏莲图、蹴鞠图、放风筝图、捉迷藏图、斗蛐蛐图、玩花灯图、习武图、对弈图等。

明代后期时局动荡不安、战火不断，政治经济逐渐走向衰竭，但是民窑青花婴戏纹饰仍然大量使用，风格有所改变，颇具特色。此时的婴戏纹已经形成了一种固定模式，程式化特征明显，但灵动、飘逸的线条与描绘孩童活泼好动的天性和嬉闹

明 嘉靖 青花婴戏纹碗

时的敏捷动作相得益彰。万历后期，民窑青花瓷婴戏纹饰表现采用双勾分水技法，减笔变形，豪放夸张，多为"大写意"式的描绘方法，将儿童天真活泼的表情表现得淋漓尽致，栩栩如生。天启、崇祯时期的民窑青花婴戏纹与前朝风格截然不同，其主要特点有：题材广泛，画面简洁，过于抽象。主要描绘孩童，场景衬托物越来越少，有的甚至只绘婴孩；刻画婴孩写意变形，不求形似，几乎看不出眼鼻，但表现力强、生动。总之，明代末期天启、崇祯民窑青花婴戏纹饰艺术审美的复兴极具鲜明独特的风格特征。

二、明代后期民窑青花瓷婴戏纹饰艺术审美特征

1. 嘉靖、万历民窑青花婴戏纹饰精湛细腻、充满童趣、浓重华丽

明代后期民窑青花婴戏纹饰艺术是对现实生活的能动表现和反映，但并不是现实生活的简单再现，而是充满民间艺术的激情，是内容美和形式美的统一。同时，明代后期婴戏纹饰艺术形式美的法则并不是凝固不变的，艺术贵在创新，随着婴戏纹饰艺术的不断发展，形式美的法则也在不断创新和发展。从明后期婴戏纹的发展来看，嘉靖、万历时期为婴戏纹的繁荣时期。此时的"官搭民烧"政策，最终形成了一种官民竞技的生产局面，这可以说是民窑青花婴戏纹饰盛行的原因之一。另外嘉靖皇帝求子心急，为祈福求祥，所以此时的民窑青花婴戏纹饰所占比例，有十分之一之多。嘉靖民窑青花婴戏纹瓷器明显具有由民入官的特征。而所谓由民入官是民窑青花婴戏纹瓷器纹饰风格向官窑瓷器浓重华丽的转化。相比正德时期，嘉靖民窑青花婴戏纹的风格发生了明显的变化，构图由疏朗走向繁密，纹饰由淡雅走向浓重，画法由流利圆润走向细硬。纹饰题材较明中朝更趋丰富，拓宽了题材范围，对后世产生了较大的影响。婴戏纹饰依托的器形有碗、盘、罐、瓶、圆盒、方斗杯、梅瓶、六方罐等，包括读书、蹲地、扑蝶、舞拳、练棒、踢腿、用鞭、戏鸡、荷枪、

明 万历 青花婴戏纹盖罐

敲锣舞扇、摇旗呐喊、打镲助威、拱手、骑木马、打镲、打陀螺、弯弓射箭等几十余种戏童形象。如嘉靖时期经典的民窑"青花庭院婴戏纹高足碗"，三个童子在庭院中戏耍，绘工颇为精致，青花色泽浓艳泛紫，有青金石蓝一般鲜亮感觉，而凸起的后脑颇具童子世界的时代特征。这种婴儿头部画法俗称"大头娃娃"，极富特色，五官描绘得生动传神，而身态衣着仅勾勒几笔。孩童周围由各类花草、山石或栏杆填满，总体呈现出一种沉郁雄健之美。种类丰富的婴戏纹饰，疏朗典雅的纹饰布局，优美稳重的器物造型，体现出了嘉靖民窑青花瓷的制作水平。

万历民窑青花婴戏纹饰主要受徽派及金陵派版画的影响，使婴戏纹走出了一味承袭传统的模式，拓宽了题材范围。此时的花鸟画、山水画、书法等艺术形式的笔墨技法对婴孩神态的表现产生了很大的影响。没有万历徽派版画的崛起，就不会有明末景德镇民窑青花婴戏瓷器纹饰的繁荣丰富。万历民窑青花婴戏纹种类比较多，有的舞扇、执莲，或扬旗、扑蝶，有的对弈、斗草，有的玩陀螺、骑竹马等，丰富多样。构图及画法也多受版画影响，婴戏体态比之前更加活泼，头上的小辫更为清晰洒脱。例如万历民窑"青花婴戏图碗"，外壁绘礁石庭院青花婴戏图，六个童子在欢快戏耍，尤以骑木马小车的童子最为传神，碗心亦绘二童子在栏杆内起舞。画法为勾线填色，线条转折较硬，填色有漫出线外现象，过大的后脑和小辫具有时代特征。

明代后期民窑青花瓷婴戏纹在技法应用上仍旧遵循民间艺术创作的吉祥传统观念和求吉利的功利意愿表达，通过青花与白底的颜色对比给人以视觉美的感受，而民间世代以来的吉祥心理诉求也便在民窑青花婴戏纹饰审美艺术中得到了象征性的实现。青花婴戏纹饰艺术作为一种独特的文化审美形态或文化现象，在整个传统文化艺术体系中占有极其重要的地位，在经历了上千年的历史演变后，形成了一种独特的民窑青花瓷纹饰艺术表现风格。综观明朝后期嘉靖万历民窑青花瓷婴戏纹饰审美精湛细腻、充满童趣、浓重华丽，时代特征非常明确。

2. 天启、崇祯民窑青花婴戏纹饰布局疏朗、传神飘逸、活泼率真、体态各异

愉悦性美感是明代末期天启、崇祯民窑青花婴戏纹艺术最鲜明的特征，传神飘逸、美感愉悦是情理交融、情中寓理的愉悦，是一种高级的生命状态，是整个明代民窑青花婴戏纹审美活动的最高境界。民窑技法种类的丰富且不断趋于精熟，为天启、崇祯时期婴戏纹的发展提供了重要支撑，并以明丽的色彩迎合了普通大众的审美情趣。此时的婴戏纹多是由仕女形象与游戏中的孩童组合构成的纹样，如仕女抚婴、仕女课子等，这种组合形式主要是对源于祈子习俗的母性崇拜的表现，突出强调了女性在孩童成长、成才过程中的不容忽视的重要作用。其中仕女的形象端庄贤淑、童子则调皮可爱，既形成鲜明对比又显得和谐统一，这种略显夸张而又不失法度的审美造型承载着人们对生活幸福的吉祥追求。

天启民窑青花婴戏纹呈青灰色，淡雅清丽，亦有青翠浓艳，青花有浓淡之别。纹饰线条传神飘逸，画风粗率豪放，笔法为单线平涂，线条挺劲有力、活泼率真，着色则不拘小节，一挥而就，全无晚明规整平稳的画风，但受到了晚明版画的影响，时代特征尤为明显。此时婴戏纹饰的题材以"蹴鞠图"最为常见，五官、身体细节和球画得都比较清楚，但已经没有场景中的其他衬景，线条流畅富有节奏。虽然画法简笔写意，但神形毕肖，线条飘逸洒脱，后脑没有了嘉靖、万历时的凸起。

崇祯时期的婴戏纹具有明显晚明版画痕迹，多使用青花分水技法，使纹饰具有浓淡深浅的层次感，其艺术成就明显高于天启时期。除了传统的婴戏纹题材，崇祯时期还有许多创新寓意的婴戏人物，人物众多，热闹非凡，尤以写意传神的婴戏纹饰时代特征特别明显。崇祯民窑青花婴戏纹写意传神，儿童的脸部五官和身体细节及场景已被省略，蹴鞠只用一点来代替，突出的是儿童嬉戏的动作和神情，作为孩童的辅助玩具也是一样写意。总之，明代末期民窑青花婴戏纹饰审美艺术具有简笔写意、传神飘逸、活泼率真的鲜明特征，青花婴戏纹饰艺术的创新达到了明代前所未有的高度和境界。

三、明代后期民窑青花瓷婴戏纹饰艺术审美精神

1. 明后期民窑青花瓷婴戏纹饰艺术审美理想追求：童心未泯、人丁兴旺、返璞归真、宗教意蕴

在明代后期的民窑青花婴戏纹饰艺术审美中有两个世界，婴戏纹的画面、线条、语言形式为"可见"的世界，婴戏纹艺术形象背后所隐含的寓意为"未见"的世界。明代民窑青花婴戏纹饰艺术审美有象外之象、韵外之致，具有超出于形式之外的意味世界，这是婴戏纹审美的本源。明朝后期，婴戏纹作为人们对于人丁兴旺追求的象征，其蕴含的吉祥寓意自始至终都没有改变。婴戏纹首先表达的是孩童的生理特征，夸张变大的头部艺术造型显得生动有趣，并体现出孩童的聪慧；其次是面部的神态总是呈现喜笑颜开，表现出俏皮灵动、纯真自然的特点；动态十足的整体形象显示出孩童俏皮爱动天性，用夸张艺术手法来体现人们童心未泯的心态。崇祯时期的婴戏纹虽将孩童的形象简化定格在某个动作上，但仍然展现出生命的动感与力量，呈现出孩童特有的自然神韵。总体来看，明代后期的婴戏纹得以广泛流行，首先是对传宗接代思想的一种表达，其次是对趋吉避凶愿望的一种寄托，最后是对人丁兴旺、重男轻女封建观念的一种延续。流传千百年的传统伦理道德思想，影响了明代后期婴戏纹的各个方面，达到了祈祷天下太平和生活美满的美好愿望。

中国传统文化是在儒释道文化长期并存和融合背景下形成的。佛教传入中国后为了适应新的生存环境，逐渐与中国世俗化文化相结合，在社会各阶层产生了深刻影响。佛教以莲花化生童子故事描绘极乐净土的美好生活从而达到吸引信众的效果，化生童子借助中国传统伦理孝道及民间审美情趣逐渐世俗化，由严格的宗教文化转向了民俗审美，这就是宗教信仰与民俗大众相结合的产物。可见，源于佛教的孩童手持荷莲形象，与中国传统的祈子信仰结合，而具有了"莲里生子"的吉祥寓意，直至明后期，在民窑青花瓷婴戏纹饰中仍有大量相关思想的审美艺术表现。

道家自然审美哲学中"婴儿"意象的思想，对明代后期民窑青花婴戏纹饰文化艺术审美影响深远而持久。道家审美哲学认为婴儿的无欲无求正是人与自然和谐"混一"的最佳状态，因此道家将婴儿提高到了与"道"等同的高度。婴儿的天真无邪具有了吉祥的象征意义，指示人们从世俗生活的烦恼中解脱出来，追求心灵世界的自由无碍，以得到世间返璞归真的大幸福。明代后期民窑青花瓷上的孩童们在庭院中野外斗草、扑蝶、捉迷藏、放风筝时，与自然万物之间达到了真正的"物我同一"，其审美形式所蕴含的童心未泯的吉祥内容，源于现实生活中对审美精神性功利意愿的追求。这些美好的想象都需要借助民窑青花婴戏纹饰艺术表现和传达，无疑明代后期民窑青花婴戏纹饰迎合了一些思想和获得心灵的补偿。

明代后期民窑青花婴戏纹饰是传统精神文化与物质文化生产活动所创造的物质文化。传统的思维模式、哲学观念、宗教信仰、伦理道德、教育思想、审美意识等方面都是民窑青花婴戏纹创造传承的根基。民窑青花婴戏纹具有深远的民俗寓意，表达了人们对美好理想的向往和企盼人丁兴旺的思想。因此，明代后期民窑青花瓷婴戏纹饰艺术审美的理想追求具有童心未泯、人丁兴旺、返璞归真、宗教意蕴的中国哲学审美精神。

2. 明后期民窑青花瓷婴戏纹饰艺术审美应用追求：朴素情趣、吉祥福瑞、求生趋吉、民间信仰

明代后期嘉靖、万历、天启、崇祯民窑青花婴戏纹饰艺术在漫长的历史发展过程中，完成了由实用向审美的过渡。民窑青花婴戏纹饰艺术的美之所以高于现实美，是民间艺术家通过创造性劳动将现实生活中的真、善、美凝聚到了民窑青花纹饰艺术中，使生活的"真"升华为艺术的"美"。婴戏纹饰艺术中的"善"通过民窑纹饰艺术的创作，使民窑艺术纹饰化"善"为"美"。明代民窑青花婴戏纹的艺术审美表达都把婴孩作为载体，参与传统节日、日常娱乐和节日庆典活动的场景，表达了人们对吉祥福瑞生活的祝愿。

明代后期民窑青花婴戏纹的形式美所饱含的朴素情趣，多通过描绘日常生活中庭院内儿童的游戏、玩耍活动，衬以树石、栏杆、花草等来展现。纵观明代后期民窑青花瓷中的婴戏纹饰，描绘手法以写意为主并且带有漫画感，追求神似，在笔墨中突出"戏"的韵味。民窑青花婴戏纹艺术的审美过程是在日常生活中进行的，并且经常处于不自觉的状态，往往与其他的民间信仰掺杂在一起。于是，朴素情趣、求生趋吉的民间信仰就成了婴戏纹饰艺术的另一个基本审美特征也是主体性特征。明代后期民窑青花瓷婴戏纹饰艺术用形象来反映社会生活，融入婴戏纹饰的创作情感，体现出明显的时代性和创新性。

明代后期的婴戏纹作为一种典型的吉祥纹样，不仅吸收了中国传统审美艺术元素，更蕴蓄着儒释道三家思想的内涵与精髓，在长期的民间社会生活浸润中，表现出丰富多彩的民俗意蕴。在传统美学方面，道家的齐同万物、禅宗的确立世界本义、儒家的创造新变的思想，对明代后期民窑青花婴戏纹审美特点的确立起了重要作用。以"仁"为核心的儒家思想把孝作为重要内容与基础，在民间便有了繁衍子孙、延续家族香火的含义，与宋明理学强调的家族伦理如出一辙，使得民窑青花婴戏纹成为这一思想的艺术表现形式。这也是明代后期青花瓷婴戏纹饰艺术广泛传承的重要因素，所以明代后期民窑青花婴戏纹饰艺术审美是以人们精神性功利目的为终极价值追求的审美艺术形式。民窑青花婴戏纹在明代后期的流行有着多元的文化背景，朴素情趣、吉祥福瑞、求生趋吉、民间信仰等民俗功利的双重叠合，塑造了明代后期民窑青花婴戏纹饰的审美精神，表现出独特的明代后期民窑青花瓷婴戏纹饰民俗意蕴。

明代后期民窑青花婴戏纹作为珍贵财富在中华文化中占有重要地位，婴戏纹是对民俗生活与民俗观念的反映，无论是题材的选择、形象的塑造都有明显的民俗痕迹，成为普通民众表达自身情感的一种有效载体。作为有着特定寓意象征性内涵的精神文化元素，明代民窑青花瓷婴戏纹的民俗意蕴扎根于深厚的中国传统文化土壤之中，儒释道思想皆对其产生了重要影响，构成了明代民窑青花瓷婴戏纹饰深刻的精神文化内涵。明代嘉靖、万历、天启、崇祯时期，充满吉祥寓意的婴戏纹借助民窑青花瓷表达出民族精神的审美理念，寄托了人们对生存繁衍、祈福纳祥的追求。在长期的艺术审美实践中，明代后期民窑青花瓷纹饰积累了丰富的艺术审美经验，深化了对艺术审美活动的认识，形成了具有东方特色的审美观念，体现出了高尚的审美情操和较高的审美水平。分析明代后期民窑青花婴戏纹饰构建体系的艺术审美理念，对于全面了解明代青花婴戏纹饰的价值体系，深刻理解传统精神文化的渊博内涵具有重要意义。

明 宣德 青花缠枝莲纹盘 局部

陶成雅器 素肌玉骨
明代初期民窑青花瓷缠枝莲纹饰艺术审美研究

　　庄子说："天地有大美而不言。"这是传统美学不言之美的一个代表性观点。美的创造就是归复自然之道，它是人的生命所映照的世界，一切灿烂美的形态都是这样来体现的。明代初期民窑青花瓷缠枝莲纹饰艺术是集精神、意象、形式的整体，创造源于生活高于现实的艺术形象，是中国陶瓷文化中最经典的纹饰之一。缠枝莲又称为串枝莲、穿枝莲，以莲花为主体，以蔓草缠绕成纹饰图案，是中国传统文化中的经典植物纹样。在洪武、永乐、宣德民窑青花缠枝莲纹饰艺术风格中，自由自然和天地大美的境界是民间民俗的写照，风格淳朴包含着对幸福美好愿望的期盼。透过明代初期民窑青花缠枝莲纹饰艺术审美，可以看出中国传统文化和传统美学的深刻印记。明代初期洪武、永乐、宣德民窑青花缠枝莲纹饰审美艺术成长于民族悠久灿烂的历史传承，汲取着千年积淀的深厚文化底蕴，作为物质文化，承载着民族文化艺术审美的经典记忆。

　　中国美学思想的产生可以上溯至先秦时期，那时还没有充分自觉的审美理论，美学思想寄寓于先秦哲学、伦理学之中，以对宇宙人生的一定认识作为前提。而正是这些尚未系统化、理论化的先秦美学思想，特别是先秦儒家和道家美学思想，为中国美学奠定了根基，成为后世各种美学思想的源头，产生了巨大而深远的影响。

明代初期的民窑青花缠枝莲纹以一笔点画为特点，线条流畅自如，动感强烈，使人感悟到气和力的运行，产生情感上的共鸣，当时民窑青花缠枝莲纹饰色彩蓝黑泛灰，色调沉稳，格调精致高雅，意境博大深远，是青花、白瓷、纹饰三者的完美融合。在长期的艺术审美实践中，明代初期洪武、永乐、宣德民窑青花缠枝莲纹饰积累了丰富的艺术审美经验，形成了具有东方特色的审美情操和审美观念。总结和分析明代初期民窑青花缠枝莲纹饰构建体系的艺术审美观念，对全面了解明代青花纹饰价值体系、深刻理解传统精神文化渊博内涵具有很重要的意义。

一、明代民窑青花缠枝莲纹饰艺术的历史渊源

1. 明代以前缠枝莲纹饰的历史发展

中国传统美学的产生和发展来自于源远流长的历史基础，经过历朝历代的不断积累才逐渐形成了中华民族独特的美学传统。明代初期民窑青花缠枝莲纹饰艺术的发展并非某种单一原因，而是多元的综合，传统文化始终起着主导性的作用，它的审美演变过程正是在这样一个有机整体系统中建构起来的。

回望中国陶瓷艺术的审美过程，缠枝莲纹饰历史非常悠久，在中国陶瓷装饰史上有着重要的地位，缠枝莲纹饰最早可以追溯到新石器时代彩陶上的旋涡纹。旋涡纹产生的灵感源于大自然，曲线优美的旋涡纹所产生的节奏让人们感受到了生命的变化和律动。这一时期，涌现出了大量具有曲线特征的纹饰，植物纹样多为特征简化的抽象几何形式。史前阶段的莲花纹饰作为可食用植物以及原始的生殖崇拜出现在陶器上。商周时期，人类艺术又发展到了一个高峰，装饰纹样的表现形式与新石器时期有着明显的区别，植物纹饰更为写实，出现了许多新颖、复杂的纹饰，造型丰富多样，具有现代图案的构成章法，这一阶段的植物纹饰为春秋、战国时期缠枝纹雏形的出现奠定了基础。莲花别名芙蓉、芙蕖、荷花，有活化石之称。西周至春

秋战国时期，荷花文化已经形成。春秋时期，荷花已经进入了人们的精神世界，《诗经》中已有关于荷花的描写，如《诗·郑风》"山有扶苏，隰有荷华"。《周书》记载"薮泽已竭，既莲掘藕"，说明在西周时期人们已经掌握莲是可食用的以及它的生长规律。晚期青铜器"梁其壶"上的莲花是较早使用莲花来做装饰的。战国时期的楚地产生了一部极具浪漫主义色彩的诗歌总集《楚辞》，其中就有多处把莲花描绘为君子。两汉时期的道教在朴素唯物主义自然观影响下，以莲花纹饰象征紫微中宫，装饰于宫廷建筑和墓室建筑之上。莲花纹饰作为瓷器装饰纹样开始于魏晋时期，而魏晋时期佛教盛行，被视为佛门圣花的莲花便成为瓷器上的流行纹饰，但多为图案化的莲瓣纹。随着佛教思想的广泛传播，莲花内涵与中国传统理念互相渗透，但最重要的是佛教思想和中国文化的完美结合，使中华民族对莲的喜爱从一种形式美上升到了哲学高度，而缠枝莲纹饰是由莲花纹和忍冬纹结合产生的完美的图案，同时具备了形式美和内涵美。

自隋唐以来莲花清新脱俗的自然形态特征使其备受推崇，缠枝莲纹饰更是以其生生不息、缠绵万代的吉祥寓意得到人们的喜爱。宋代理学家周敦颐毕生追求莲花的内在精神，把莲花奉为"君子"，歌颂其"出淤泥而不染，濯清涟而不妖"的高尚品格，人们对莲花"君子"之风的追求促进了缠枝莲纹饰的发展。宋代缠枝莲纹饰开始盛行，无论是作为主体纹饰还是辅助纹饰装饰，都被大量运用在盘、碗、瓶、壶、杯、炉、洗等器物表面上。元代青花瓷开始大量出现，青花缠枝莲纹饰开始出现在瓷器上，以缠枝与花头的审美形式出现，构图饱满繁密，色泽浓艳，用笔精湛且具力道。元代后期发展出成熟的青花以及釉里红工艺，开创了缠枝莲纹饰新的表现形式。明代初期的民窑青花缠枝莲纹饰的文化寓意、艺术风格及审美特点已成为陶瓷文化艺术审美的主流。

2. 明代初期民窑青花缠枝莲纹饰的形成

中国数千年来保持着统一和持续的文化形态和顽强求美的美学信念，这是明代初期民窑青花缠枝莲纹饰艺术审美精神存在并不断发扬光大的生长根基与动力源泉。明代洪武、永乐、宣德时期缠枝莲纹被大量装饰在民窑青花瓷器上。莲花受明初社会广泛喜爱的最根本原因在于它饱含中国文化精神，也是儒家人格风范的象征。明代初期青花缠枝莲纹饰的青花料色之美和青白对比的和谐之美，使得青花、白瓷、缠枝莲纹饰相得益彰，青花缠枝莲纹饰端庄高雅、内敛沉静的品性符合了儒家文化的审美要求，被赋予一种幽雅、明快、高尚、圣洁的情感。明代初期缠枝莲纹饰发展是一个承上启下的历史发展阶段，其艺术成就达到了高峰。明代初期青花缠枝莲纹饰的审美包含了一般所说的美感，以及与之相关的审美趣味、审美观念等，验证了它独特的品质和艺术生命力。从洪武时期开始，缠枝莲纹从辅助纹饰走向主体纹饰，其文化内涵逐渐脱离宗教的影响，走向现实生活，具有赏心悦目的艺术审美效果，同时寄托了人们对美好生活的赞美和向往。洪武时期，青花缠枝莲纹饰艺术水平高超，已成为青花瓷纹饰艺术审美的主流之一。

明初在经过长达二十年的战火洗礼后，社会资源处于匮乏状态，土青料较为珍贵，此时青花瓷作为生活实用器开始大量走向民间，大写意缠枝莲主体纹饰应运而生。"永宣盛世"时社会生产力水平提高，经济飞速发展，民窑得到了大力发展。永宣时期的民窑青花缠枝莲纹饰在官窑的影响下渐趋成熟稳定，风格多样，笔法顺畅。由于大明王朝日益昌盛，人们对精神生活的要求随之提高，除了日常生活用瓷，还需要供人赏玩的陈设瓷，这是永宣时期民窑青花缠枝莲纹饰风格多样的社会因素。处于初级发展阶段的青花缠枝莲纹，受"官搭民烧"制度以及元末文人画的影响，开始突破传统的约束，追求自由写意的纹饰绘画风格。明初民窑青花瓷釉下彩技法与缠枝莲纹饰的结合，白瓷的玉感和青色的釉彩符合莲的气韵，完美地契合了中国人的审美心理。明代初期的民窑青花缠枝莲纹饰艺术审美经过历史的沉淀，最终成为民族文化审美的经典。

明代民窑青花缠枝莲纹饰艺术审美过程如同泥火传奇的过程，美需要一个展示

明 洪武 青花缠枝莲纹碗

明 永乐 青花缠枝莲纹碗

明 宣德 青花缠枝莲纹梅瓶

的过程，审美活动使潜在的美得以显现，使可能的美变成现实美，使自在的美变成自觉的美，对于缠枝莲纹饰之美的现实存在过程有着重大的意义。明代初期民窑青花瓷缠枝莲纹饰艺术审美并非只是简单的还原活动，审美活动在使美得以实现和完成的过程中充满着主体创造精神。明代又是由封建正统文化向大众世俗文化倾斜的时代，是一个传统儒释道文化并存的时代。莲花在儒家文化中被称为君子之花，在佛家文化中被称为圣洁之花，在道家文化中被称为吉祥之花，这些传统哲学文化精神正是百姓生活中对美好的追求和精神期盼。明代民窑青花瓷缠枝莲纹饰艺术是自然形态与社会文化的交融，在民窑青花瓷缠枝莲纹饰审美中表现出传统哲学与世俗生活审美共存的特征，在这一过程中，明代民窑青花瓷缠枝莲纹饰艺术的经典美学特征逐步形成。

二、明代初期民窑青花缠枝莲纹饰艺术的审美风格

1. 规整豪迈、枯槁之美、富丽盎然是洪武民窑缠枝莲纹饰艺术风格

明朝建立，明太祖平定四海之后，对元朝遗留的政治制度进行了一系列改革，社会经济得到恢复和发展，史称"洪武之治"。经过几年的休养生息，民窑青花瓷器开始成为明代生产、生活方式中普遍使用的主流实用器，民窑青花瓷器生产的发展势在必行。随着战乱的结束，民安商通，青花瓷器贸易成为可能，市场需求促进了青花瓷器生产的发展。明初，景德镇仍是全国制瓷业中心。洪武年间烧造的还是和元代一样的青花瓷。此时，民窑青花瓷的造型虽然延续了元代古朴浑厚的遗风，但瓶、罐类的陈设瓷，以及一些具有伊斯兰风格的异国造型都明显减少，而碗、盘、杯类的日用瓷明显增加。明初民窑一方面为市场的需求而生产青花瓷，另一方面还可能承接着少量的为官府制瓷的任务，但是民窑瓷器无论是在纹饰上还是在青花的用料上都与官窑有着较大的区别。规整豪迈、枯槁之美是明代洪武时期民窑青瓷纹饰审美表现中极富价值的思想。洪武时期是明朝大动荡初稳时期，是明代民窑青花缠枝莲纹饰艺术形式思考的重要内容。洪武时期的民窑青花瓷缠枝莲纹饰艺术风格就是要建立一种真实的时间观，追求一种生命的"真迹"。这样的时间观以超越元代具体时间为起点，以归复大明生命之本为旨归，它是明初哲学内在超越思想的重要表现形式之一，是洪武时期青花缠枝莲纹饰规整大气、豪迈稚拙、富丽丰盈艺术特征的根源。明代初期民窑青花缠枝莲纹饰主体艺术风格是对永恒的追求，是对生命真迹的追求，是自然节律背后的声音，这是洪武青花瓷缠枝莲纹饰艺术的一大特色。

明代洪武时期的青花缠枝莲纹饰在继承元代风格的基础上，在细节上开创了本朝风格，丰满莹润、端庄大气。洪武时期社会礼制森严，民窑青花缠枝莲形式较为单一，构图简洁，层次简单，运笔生动，表现出了民窑瓷器绘画的写意风格。明代初期民窑青花缠枝莲纹饰多绘于碗、盘类器物的外壁，纹饰分为两类风格：一类为

明 宣德 青花缠枝莲纹碗

明 宣德 青花缠枝莲纹鼎式三足炉

一笔点画的装饰技法，莲纹由五六笔快速画的莲瓣组成，线条粗犷，充分体现出民窑青花缠枝莲的豪放不拘。莲纹虽然是一笔点画，画法简单，但是在每朵花瓣中能看见浓淡不同的笔迹，缠绕的枝蔓断断续续，灵活多变。另一类为笔法简拙枯槁，比例失调，线条生硬，枝蔓纤弱无力，莲纹的形态比较单薄，勾线填色不准。

缠枝莲纹饰在洪武时期民窑瓷器上使用最为广泛，均绘在器物的外壁，具有自由、灵活多变的特征，适用性强。洪武民窑缠枝莲纹均为横二方连续式，骨架多为水波形。其纹饰以花头的画法区分，大致分为花朵式、麦芒式、螺旋式；以叶片区分，有葫芦式、螺丝式。洪武民窑青花缠枝莲纹饰花头结构相对简单，一般是由三至六瓣花瓣构成，波浪形缠枝骨架从花头处起线，向另一个花头展开，有的一气呵成，有的从中间断开。还有一些缠枝中间以花叶的延伸代替枝蔓，整体造型粗犷写意。综观洪武时期，民窑青花缠枝莲纹饰艺术表现整体豪迈规整，具有枯槁之美、富丽盎然的艺术风格。

2. 大美不言、酣畅自然、静里春秋是永乐、宣德民窑缠枝莲纹饰艺术风格

永乐、宣德年间，由于御器厂的设立，景德镇青花瓷出现了新的高峰，成为一代名瓷，青花瓷制作成为瓷器生产的主流。永乐、宣德民窑青花在承袭洪武的基础上有所发展，以生产碗、盘、杯为主。装饰纹样继承了"一笔点染"的手法，以植物纹饰最多。但总体来说，表现出较强的沿袭性。永乐、宣德时期经过政治纷争后，

明 宣德 青花缠枝莲纹碗

民窑青花瓷艺术审美风格进入了静里春秋时代，突出了"静"在明代青花艺术中的地位。这一时期青花艺术极力创造静寂的意向，是为了超越时间，在静中体味永恒。明代青花瓷缠枝莲纹饰艺术风格强调于极静中追求极动，心灵由躁动归于平和，人在无冲突中自由显现自己，这就是永乐、宣德时期的时代特点造成的艺术审美特征。

永宣民窑青花缠枝莲纹饰继承了洪武时期的艺术风格，整体布局重视主次关系，线条流畅自然，构图比例恰当，造型丰富多变。青花缠枝莲纹饰的构图、花头、花叶、缠枝骨架都有着不同程度的创新。永乐民窑青花饰有缠枝莲纹的器物最为常见，以碗、盘类器物居多，除作为外壁的主题纹饰外，器内壁与器心亦有装饰。永乐民窑碗类缠枝莲纹见有同花同向式、异花同向式。以同花同向式花头的变化最为丰富，或为涡线式，或为火珠式，或为莲实式。花叶仍有前朝痕迹，构图仍为传统的横带式，较官窑器简洁，并借鉴官窑器物留白的方法突出主题。宣德民窑瓷器纹饰全面继承了永乐时的传统纹饰，并有所创新。宣德民窑缠枝莲的花朵饱满，状如麦粒，枝蔓缠绕有永乐遗风，整体构图紧凑，枝蔓及花叶双勾填色。永宣时期是民窑青花缠枝莲纹饰的绘画技法一笔点画和勾线填色技法共存时期，采用横带式的构图布局和一笔点画技法绘制，釉色以靛青为主，色调沉稳，青料凝聚出多有下凹的黑褐色斑痕，缠枝莲纹的花芯为涡线式，外点饰花瓣，缠枝的线条细硬流畅，S形骨架不连贯，一直延伸到器物口沿，是永宣时期典型的青花缠枝莲骨架形式，此类型为明初期永宣青花缠枝莲骨架的继承与延续。永宣后期的缠枝莲纹饰构图左右对称，莲纹形态单薄不顺畅。从总体看，明代永宣时期青花瓷缠枝莲纹艺术风格表现，形成了大美不言、酣畅自然、静里春秋的独特艺术审美境界。

三、明代初期民窑青花缠枝莲纹饰艺术的审美精神

1. 明初民窑青花缠枝莲纹饰艺术的自然之美

尊崇自然是明代初期民窑青花缠枝莲纹饰艺术一个重要的审美观念。明代初期

民窑青花缠枝莲纹饰艺术表达出希望与自然的统一和谐，在追求自然的审美中陶冶情操并得以升华。崇尚自然、赞美自然是明代民窑青花瓷缠枝莲纹饰艺术的永恒主题，民窑青花缠枝莲纹饰以自然之美的表现形式装饰着人们的生活。

明代初期民窑青花缠枝莲纹饰艺术形式是明代植物纹饰中最典型的代表之一，是人们寄托生活愿望的表现形式。任何美学观念的形成都必然根植于深厚的传统文化，明代洪武、永乐、宣德三朝的民窑青花缠枝莲纹饰艺术审美也与传统哲学有着密不可分的关系。明代初期民窑青花缠枝莲纹饰以写实的花叶形象将莲的生命力与

明 宣德 青花缠枝莲纹双耳瓶

灵巧的伸展特性表现出来，为人们展示出生动的自然之美。这里的自然美包括莲花的自然生态之美，还有人们对生活的期盼之美。现实中莲花的茎杆原本是中通外直、不蔓不枝的，但在明代初期民窑青花缠枝莲纹饰艺术表现中，人们用具有生命特征回转缠绕的枝茎形式来描绘莲花的形态美，人们将植物中最具生命代表性的特征嫁接到纹饰艺术中，并赋予它美好的文化寓意。明代初期缠枝莲纹饰无论是从选材还是形式上都是朴素可识的，是对莲花生态之美的充分体现。

在明初洪武、永乐、宣德时期的文化审美中，一个突出的表现就是崇敬大自然，热爱大自然，"自然"是人们审美的最基本准则和最高准则。明初传统文化的生态意识不仅是对大自然的亲近和欣赏，更是对大自然的崇敬。在洪武、永乐、宣德时期的审美境界中，自然万物无时不美，无处不美，自然万物和人类一样具有存在的合理性，大自然不仅仅是审美对象，更是精神生活的重要组成部分。明代初期民窑缠枝莲纹饰的寓意通俗、朴实，是最普遍情感的充分表达。明代初期民窑青花缠枝莲纹饰艺术表现的总体特征始终是一致的，其形体特征始终保持自然之美的主旋律，并将其继续延伸，产生一种连绵不断、轮回永生的艺术效果，把总的趋势走向构成一种律动，连绵起伏，生生不息。这使明初缠枝莲纹饰纹样在形式上更加生活化、更贴近百姓生活，借莲花寓意对自然的真诚情意。明代洪武、永乐、宣德民窑青花缠枝莲纹从外形上看，酷似连绵不断的藤本植物，使人们感受到了生命力的顽强，用这种纹样装饰生活，有对丰裕生活的期待、有对生命延展的渴望、有对自然的眷恋，它所代表的质朴情感期望构成了完整的世俗生活百态。因此可以说，明代初期洪武、永乐、宣德民窑青花瓷缠枝纹艺术形式是朴素的生活境界之美，是生生不息的自然之美。

2. 明初民窑青花缠枝莲纹饰艺术是中和延展的理性之美

受儒家"中庸"哲学思想的影响，明代洪武、永乐、宣德民窑青花缠枝莲纹饰把传统文化的"中和"思想作为重要的审美原则。中庸之道要求人们的审美不要偏激，要不偏不倚；中和之美则要求人们的艺术审美要符合"温柔敦厚"的儒家诗教，审美情感不能超越儒家传统的道德规范，要"发乎情，止乎礼义"，延续中和的人文理性之美。明代初期是旧制与创新俱在的特殊时期，它既建立了完备的政治制度，又迎来了民窑青花瓷文化艺术的发展，在思想文化方面也同样是异彩纷呈。民窑青花缠枝莲纹饰艺术形式在社会转型期的环境中，把握住了人们的内心所需，以青花纹饰展现出有序的理性之美。

明代传统文化审美思想一直遵循以中和为美的理念。明初洪武、永乐、宣德民窑青花缠枝莲纹饱满圆润的曲线造型正好符合了延展中和的美学思想。明代初期民窑青花缠枝莲纹的主要特征正是力求在线条造型上达到一种饱满圆润的视觉效果，以吞吐自如的流畅线条来表现"中和"的境界思想。明代初期青花缠枝莲在传统的构图要素之间完美融合，纹饰内部艺术结构对称均衡，生动有序的枝茎和俯仰相对的莲花体现了良好的规律性和均衡性。

明初民窑青花瓷缠枝莲纹饰艺术的内在文化美与外在的造型美，是思维与行为的融合，兼具了意识与物质的相互转换。明代初期经过几十年的战争，人们投入了更多的关注在现实生活需求中。因此，明代初期民窑青花缠枝纹饰顺应了社会发展趋势，顺应了人们对现实生活的普遍追求，是具有理性之美的装饰审美艺术形式，既保留了民窑青花缠枝莲纹饰的活力，又兼顾了合理的社会内部构成关系。明初民窑青花瓷缠枝莲纹饰理性之美体现在社会环境的现实基础之上和各要素间的基本构成之中，传统文化是保障明代初期民窑青花缠枝莲纹饰艺术的精神力量。明代初期青花瓷缠枝莲纹饰艺术审美中蕴蓄着深厚的韵味，刚柔相间，变化无穷，蕴涵着中国独特的中和理性之美，比较完美地体现了明初文化审美的面貌。

四、结语

明代初期民窑青花瓷缠枝莲纹饰艺术以中国传统文化为积淀，以对自然万物内在本相的再现为基本创作原则。以明代洪武、永乐、宣德民窑青花缠枝莲纹为代表的中国传统经典装饰纹样，是明代青花瓷纹饰民间民俗文化中最具广泛性的艺术形态之一，其规整豪迈、枯槁之美、富丽盎然的纹饰艺术风格具有丰富的文化内涵。明代初期民窑缠枝莲纹完美融合了当时的社会生活和社会文化，不管是在纹饰技法的表现形式上，还是纹饰的文化寓意上，都始终保持着精神与物质的双重追求，与客观规律相符合。大美不言、酣畅自然、静里春秋的纹饰艺术风格，充分体现了传统儒学"中和大美"的美学思想。明代初期民窑缠枝莲纹是明代陶瓷艺术植物纹样中具有浓厚文化内涵的一个重要代表，它旋转缠绕的艺术形式把多种吉祥寓意融合其中，是传统文化具象化的载体。正是在这种兼收并蓄的中国传统文化的影响下，明代初期民窑青花瓷缠枝莲纹饰文化艺术审美充分表现了中国人的哲学意识，大美不言的自然之美、中和延展的理性之美、大乐天地的和谐之美，符合明代初期民窑青花瓷缠枝莲纹饰文化艺术审美的终极追求。

江西景德镇瑶里水车

明 林良《岁寒三友图》局部

美善相乐 尽善尽美
明代民窑青花瓷植物纹饰艺术
与儒家文化思想研究

　　明代青花瓷艺术是中国陶瓷发展史上的一个顶峰。明代青花瓷植物纹饰艺术以文化内涵丰富、色彩清新淡雅、纹饰古朴典雅而著称。明代青花瓷植物纹饰艺术的核心审美理念是儒家美学思想，并以其所饰植物特有的思想意蕴与精神文化内涵，对儒家文化审美思想的传播起到重要作用。"和谐统一"美学观是儒家美学思想在明代青花瓷植物纹饰艺术审美形态中的重要体现。儒家思想主张以"仁"为本，以"乐"为熏陶，同时注重人格的锤炼和品性的培养。明代青花瓷植物纹饰艺术注重的不仅仅是形式上的美，而且通过色彩与造型、内容与内涵的统一，实现了儒家传统文化精神对"美"与"善"的追求。明代青花瓷艺术对于植物纹饰的设计及运用可谓别具匠心，具有鲜明的民族艺术特色。在明代青花瓷植物纹饰审美文化的塑造过程之中，会自然而然地继承与发扬前代的文化成果，如春秋时期的兰文化、唐代的牡丹文化、宋代的梅文化等，这些前代文化成果构成了其特有的发展历史，并丰富了其文化内涵。儒家文化思想是中国传统文化的重要组成部分，其美学内涵随时代发展而不断演变，明代青花瓷是中华民族灿烂文化的代表、儒家美学思想的重要载体，给当今青花瓷艺术发展以启迪的同时，其纹饰的题材与内涵，也需要适应时代的发展变化，并在融合科学性、艺术性、人文性的基础上，创造新的文化特征与时代风貌。

一、明代青花瓷植物纹饰艺术"美善相乐"的文化理念

明代青花瓷植物纹饰是带有典型儒家美学思想特征的艺术，是"美"与"善"的完美结合，亦即"美善相乐"，美是善的具体表达，善是美的思想根基，通俗地说就是表里如一，外表和内在是互相融合的，其最高境界是"尽善尽美"。文以载道，乐以教化，明代青花瓷植物纹饰艺术在对"美"与"善"的强烈追求上，饱含着劳动人民对美好生活的热切盼望与不懈追求，这也体现了儒家美学思想在中国传统民族文化中的重要地位。

明代青花瓷植物纹饰艺术美学具有陶冶情操、启迪人心的审美作用，体现了儒家文化美学思想的崇高之美。《论语·八佾》："子谓韶：'尽美矣，又尽善也。'谓武：'尽美矣，未尽善也。'"即美的事物应该表里合一，美的形式和美的思想应该相统一，即"美善结合"。荀子称："天之所覆，地之所载，莫不尽其美，致其用，上以饰贤良，下以养百姓而安乐之，夫是之谓大神。"他认为世界万物都是尽美之体和尽善之用的紧密结合。也就是说，美和善的结合应该得体，要"合情合理、相得益彰"。中国古代文人贤士对植物"美"与"善"境界的歌颂有很多，例如：东晋的陶渊明以爱菊著称，称颂菊花"怀此贞秀姿，卓为霜下杰"，在他看来菊花具有高洁与卓尔不群的气质。南宋大诗人陆游对梅花最为喜爱，他赞扬梅花"正是花中巢许辈，人间富贵不关渠"，"零落成泥碾作尘，只有香如故"。在他的诗词中，梅花俨然成为一位具有崇高气节的君子，具有冰雪之姿，风骨傲然。牡丹一直被认为是"富贵之花""财富之花"，然而它不与百花争春斗妍，而在百花盛开之后开放，是为"非君子而实亦君子者也，非隐逸而实亦隐逸者也"，象征了中华民族谦逊、礼让、包容的品格，也展现了儒家美学思想中的"美善相乐"的审美观。宋代的周敦颐则赞扬莲花"出淤泥而不染"，而又"香远益清，亭亭净植"。这些具有"美"与"善"的植物在明代青花瓷纹饰艺术中都有具体体现。

"美善相乐"的审美观是儒家美学思想的中心话题。在儒家文化中，"美"和"善"的精神境界处在不同的层次上，通常认为"美"比"善"更加高尚、深刻与完备。"善"是道德的起点，是对人性的普遍要求，由"善"进而达到"美"的程度，就变为一种更为高尚的、带有理想成分的道德，亦即"美德"。因此，在儒家"美善相乐"的境界中，不是"美"去俯就"善"，而是"善"去攀登"美"，唯有如此，才能达到"乐"的境界。在明代永宣时期的青花瓷植物纹饰题材中，菊花的旷达、高洁、不同流合污，莲花的"出淤泥而不染"，以及有"岁寒三友"之称的松竹梅，无论是在其内在所蕴含的精神品格上，还是其外在表现形式上，都达到了儒家思想文化中的"美善"境界。《荀子·劝学》载"不全不粹之不足以为美也"，即君子学习各种事物的法理，以完全纯粹为美。把这种美学观运用到青花瓷纹饰艺术上，就是要更加典型、更为普遍性地表现生活与自然，并达到形式美与内容美的结合。"全"与"粹"既是一种理想，也是明代青花瓷植物纹饰艺术内容充实与去粗存精的原则。如明代青花瓷作品：明宣德青花松竹梅纹三足炉，通体在空虚的背景上绘松竹梅纹，虚实结合，与三足炉古朴的造型相得益彰。松、竹、梅是中华民族推崇的三种植物，松有"刚强意志，潇洒风度"的高风峻节，竹有"经冬不凋，傲立霜雪"的刚正不阿，而梅有"玉骨冰肌，独立而春"又不争奇斗艳的尊贵个性。在儒家文化思想中，作为松竹梅文化的精神境界，美比善更高尚、更纯粹、更完全；作为人生境界，美比善更充实、更丰富。

　　如何在明代青花瓷植物纹饰艺术中达到由"善"到"美"、"美善相乐"的境界，在儒家看来就是要进行礼乐教化。孔子在《论语》中提出的"从心所欲不逾矩"的心境，也是"美"与"善"达到高度统一的高尚境界。提高"善"的另一层含义，就是给明代青花瓷植物纹饰艺术美学中的"善"赋予具体、生动的美感形式，使"善"成为可以激发情趣的观赏对象。明代青花瓷植物纹饰艺术风格中有"青花梅兰竹菊纹""青花玉堂富贵纹""青花湖石芝竹纹""青花折枝花果纹""青花缠枝菊纹"

明 宣德 青花松竹梅纹三足炉

等，它们都是精选的集"美"和"善"于一身的超理想植物品种。从"善"到"美"，就明代青花瓷植物纹饰艺术创作而言，儒家美学思想中的"美善相乐"美学观内涵更加丰富、更加自由与自觉。

二、明代青花瓷植物纹饰艺术"比德、比兴之美"的文化理念

明代青花瓷植物纹饰艺术创作主题取材于自然，并以儒家思想文化精神为创作基础。在创作过程中，把握其中自然的气息与意识，让儒家传统思想文化精神给予人们精神关怀，使人们可以在生理上和心理上享受大自然的纯净、平和、合理、持久，在大自然之中感悟生命的意蕴，是明代青花瓷植物纹饰艺术的理想。儒家传统思想文化精神的审美本质是以理节情，并将伦理道德看作审美活动的根基，讲究在艺术与自然的审美感受中体悟高尚的品格，追求人格的锤炼和人品的修养。孔子用"比德"作为他的自然美学观，将仁、义、礼、智、信等道德理念比附到自然景物之上，在山水自然中感悟道德观。明代青花瓷植物纹饰艺术美学的核心理念，就是一种对高尚人格的欣赏与赞颂，亦即对君子的推崇。

"比德"是儒家文化思想的道德观与自然审美观。它的主张就是要以人的伦理道德的角度去感受自然美，自然中的山水、花木、鸟兽、鱼虫等之所以能引起欣赏者的共鸣，就在于它们的外在形态与神态可以与人的精神世界发生共振，从而使其产生深厚的文化内涵，进而成为一种文化载体。《论语·子罕》载"岁寒，然后知松柏之后凋也"，直接反映了儒家的"比德"观。具体到明代青花瓷植物纹饰艺术审美之中，就形成了"比德"审美手法，即用植物装饰时配以植物观赏典故，如"国色天香"（牡丹花）、"寒秋三魂"（菊花）、"六月花神"（莲花）、"岁寒三友"（松竹梅）等都源于"比德"的审美观。

因此，欣赏明代青花瓷植物纹饰艺术之美，在于发掘与感悟其所绘植物体现的

明 永乐 青花岁寒三友图盘

君子美德，并以此修身养性，提高道德情操，这也是"比德"观在植物纹饰审美中的体现。如明代洪武时期的青花松竹梅纹执壶，执壶流修长，柄弯曲多姿，盖为宝塔形宝珠钮，流与壶颈之间的连接板作流云状。弯曲的壶柄上，正反两面均绘有缠枝莲。这种里外双绘的手法，为洪武青花执壶所特有。壶身一面绘湖石、梅竹，一面绘湖石、松竹，这是典型的"比德"风格作品。在明代青花瓷纹饰文化审美中，梅开百花之先，独天下而春，具有清雅俊逸的风度美，它的冰肌玉骨、凌寒留香为世人所敬重。梅花的自然形态被转译为自然、社会哲理，暗喻自然和社会的内在秩序。由此可见，明代青花瓷植物纹饰美学的比德观不仅具有外在的形式美，而且具有深厚的人文内涵与哲理内涵。

与"比德"相比，明代青花瓷植物纹饰艺术所蕴含的另外一种儒家审美理念，就是"比兴"。所谓"比兴"，就是赋予自然中的山水、花木、鸟兽、鱼虫等以一定的象征寓意，并以此传达某种情趣与理趣。如明代洪武、永乐时期青花瓷盘、梅瓶、执壶器型纹饰艺术中所表现的石榴纹有多福多子的内涵、兄弟和睦用紫荆表达、玉棠表示富贵等。又如桂花有折桂中状元的含义、桑梓代表故乡等。这些象征内涵多为"吉祥""如意""财运""富贵"等吉祥祝福之意。儒家"比德"与"比兴"的审美观为明代青花瓷植物纹饰艺术，提供了一套完整的哲学理论基础和美学理念。植物在"比德"与"比兴"中被赋予的文化内涵，构成了明代青花瓷植物纹饰艺术特有的传统审美方式，也决定了其基本内涵与表现风格走向。

三、明代青花瓷植物纹饰艺术"中和之美"的文化理念

中国传统文化以儒家文化中的"中庸"思想为精神核心。中庸思想对中国青花瓷艺术的审美特点也产生了重要的影响，并为其美学理念提供了一套完整的理论基础。具体到明代青花瓷植物纹饰艺术上，中庸思想表现为对"中和之美"的追求。

明 洪武 青花松竹梅纹执壶

可以说，"中和之美"是世界上最具连续性的文化，也是中国各个思想流派中最具现实价值的核心观念与精神。明代青花瓷植物纹饰艺术将"中和之美"的艺术审美观体现得淋漓尽致，并用它来寄托对社会生活的强烈感情。这同时也使明代青花瓷植物纹饰艺术的美学风格具有丰富而浓重的社会和谐意义。

儒家文化中的"中和之美"思想对明代青花瓷植物纹饰美学理念的影响深刻而持久。董仲舒《春秋繁露》载"以类合一，天人一也"，也就是说，所有的理论思想，实质上都要统一到"中和"这一大的原则之下，只有这样才能使审美主体达到"满足"，明代青花瓷植物纹饰艺术正是严格遵循"中和"这一审美观的典范。"中和"强调人与自然的和谐，主张二者应该处于一个有机的整体之中。应用到明代青花瓷植物纹饰艺术之中，则表现为对人、青花瓷、植物纹饰三者之间和谐统一的追求，即追求植物纹饰与自然的"有机"美。如永乐青花缠枝莲纹绶带耳扁瓶、永乐青花山茶纹扁壶、宣德青花缠枝莲纹菊瓣碗，这些作品都是将植物纹饰艺术与自然空间环境融为一体，并在形式与功能上有机结合，体现了"天人合一"的思想。

"中和"是孔子的核心思想，《论语·八佾》载"《关雎》乐而不淫，哀而不伤"。其中"乐"与"哀"是动，"不淫"和"不伤"就是动而不过，动而适度。这集中而又明确地展现了孔子对美的形态观点，"乐而不淫，哀而不伤"，"动而不过、动而适度"的美学思想，这就是"中和"。孔子主张情感的宣泄要受到节制，思想情感的表达要委婉含蓄。而就明代青花瓷植物纹饰的创作而言，其所表现的形象一定是从整体性出发，并注重整体与局部之间的纹饰比例及尺度的统一，这也是明代青花瓷植物纹饰审美强弱适度、高低和谐的整体美的原则。另外，对其"中和之美"的欣赏与理解不能只是注重它的表面，而是要进一步认识到植物纹饰所具有的儒家美学深层文化内涵。

儒家"中和"的美学理念，对明代青花瓷植物纹饰艺术的发展与创新，都具有重要的指导意义和作用。在欣赏明代青花瓷植物纹饰艺术的同时，必然能体会到儒家"中和之美"的审美理念与文化哲理，也必将让人与自然产生更多的情感共鸣。在遵循儒家审美形态的观念基础上，明代青花瓷植物纹饰艺术具有了更加强大的生命力。

四、明代青花瓷植物纹饰艺术"礼乐之美"的文化理念

儒家文化中的"礼乐之美"文化理念，对明代青花瓷植物纹饰艺术也产生了深刻的影响。"礼"起着一种社会规范的整合作用，是指人通过自身的主体意识，同产生于自己意识之外的"文化存在物"之间的沟通，其特点是"有秩序"。在儒家文化的发扬下，"礼"变成一种等级，并与儒家想建立高度秩序化社会的理想相契合。在儒家文化的观念中，世间万物都应该有其内在的秩序，体现在社会制度上就是等级森严的帝王权力制度，这反映在明代青花瓷植物纹饰艺术上，就是用植物的外在与内涵形象来表示礼教制度，展现青花瓷植物纹饰的庄重之美。明代青花瓷从类别上可以分为三大类：皇家官窑青花、民窑青花、宗教青花。这三大类型青花的植物纹饰各有特色，其中皇家官窑青花的植物纹饰艺术最具儒家礼制文化的代表性。皇家官窑青花代表着至高无上的皇权，故而青花瓷植物纹饰艺术也要处处彰显皇室气场，表达皇权文化、皇族气派，如松柏纹经常作为象征皇权统治长存的基调纹饰。而明代青花瓷盘、碗器型内常绘有象征"玉堂富贵"的玉兰、海棠、牡丹，并搜集天下各种的珍奇花木纹饰描绘其中，无一不体现出皇家的华丽富贵。儒家传统文化精神倡导"礼者，天地之序也"，主张建立一个高度秩序化、规范化的社会。儒家文化中的"礼乐"美学观大大丰富了明代青花瓷纹饰文化的民族性。

不同于"礼"，"乐"是一种自由与理想，指一种人自身、人与社会、人与自然的和谐状态。在儒家思想的理念中，"乐"是情感的流露，意志的表现；"礼"是行为仪表的规范，用处在于调整节制；"乐"使人生气洋溢；"礼"使人在发扬

生气之中不至于泛滥横流。"和"是乐的精神，"序"是礼的精神。在明代青花瓷纹饰艺术中，常用一丛翠竹，数块以沿阶草镶边的湖石，加上在仲春开放的海棠，来表现"山坞春深日又迟"的意境。在中国古代的传说中，凤凰"非梧桐不栖，非竹实不食"，因此，具体到明代青花瓷植物纹饰中，常用一株梧桐和翠竹数竿的配置形式，寓意"梧竹待凤凰之至"。明代青花瓷植物纹饰艺术，以简洁的描绘，有比喻又有象征，对"乐"的阐述具体而生动，揭示了"礼乐之美"的真谛。儒家文化中"礼"和"乐"是内外相应的："乐"使人活跃，"礼"使人严肃；"乐"是浪漫的精神，"礼"是古典的精神。无论是官窑青花瓷还是民窑青花瓷，都深刻地受到儒家礼乐美学观的影响。

五、结语

儒家文化审美思想对明代青花瓷植物纹饰艺术的影响，是随社会时代的变化而不断发展的。儒家文化思想中的"美善相乐""比德比兴""中和""礼乐"美学观为明代青花瓷植物纹饰审美的发展奠定了文化基础，并架构了其美学方向。另外，明代青花瓷植物纹饰艺术作为儒家美学观的一个重要的物化成果，对于塑造人们的自然观和审美观，以及儒家文化思想的传播，也起到促进作用。明代青花瓷植物纹饰艺术是自然情趣与儒家文化思想相融合的产物，对当下中国青花瓷纹饰艺术发展的启示，就是纹饰艺术的发展既要继承儒家思想的美学精髓，又要符合当前社会生活的发展形势，追求时代性，要以现代化的格局，对儒家美学进行创造性弘扬。相信传承两千多年的儒家文化思想，必将为中国现代青花瓷纹饰艺术的发展，注入新的时代活力。

明 文徵明《云山溪翠图》局部

悦心悦意　悦志悦神
明代民窑青花瓷山水纹饰艺术审美研究

　　明代民窑青花艺术在长期的实践过程中，通过不断创新和数百年的发展，在造型、烧造、釉色、纹饰等方面充分体现出民窑制瓷艺术的高水准，并在中国瓷器史中占有重要的地位。民窑青花山水纹饰始于元朝末年，这一时期的青花山水纹饰只有简单的竹石花草和远山云气，用来当作人物故事的背景衬托。如元青花"鬼谷子下山图"罐中主要以人物纹饰为主，山石树木只是作为人物的背景使用，这时山水元素还未成为纹饰中的主流，也是青花山水纹饰的初始时期。洪武时期民窑青花瓷山水纹饰大部分是以简笔单体纹饰为主，画面纹饰趋于简单化，变化很少，尚未形成独立的山水纹饰风格。至永乐、宣德两朝，民窑青花的纹饰、品种并未完全受到官方的限制，青花山水纹饰有了长足的发展，并开始形成独立的格局，风格表现特征主要是简笔写意的纹饰表现方法，多以山水云气、庭院栏杆、兰草花卉等固定纹饰为主。这一时期出现的云气、福山寿海等山水纹饰，受道家文化的自然和谐之美的哲学精神影响较为明显。另外正统、景泰、天顺时期还出现了一些高士出行、高士坐观、琴童侍乐等其他山水纹。到成化、弘治、正德时期，有些云气纹非常简练，"写意"的形式已经出现，吉祥如意的社会审美倾向形成，青花山水纹饰所表现的文人淡雅、幽娴的仙道意境，独具艺术风格和意义。

明后期嘉靖、隆庆、万历民窑青花瓷山水纹饰发生了重要变化，由于国内市场的扩大和欧洲、亚洲、阿拉伯等国家瓷器需求的增加，促使民窑的生产规模逐步扩大。进入天启、崇祯时期，民窑青花瓷山水纹融合文人画的审美思想，完成了一次质的飞跃，从原来的道教思想中脱离出来，而具有了文人画和儒家思想的艺术精神。具有文人气息、清新脱俗的山水题材，使青花山水纹饰的整体面貌发生了根本的转变。明末散点透视的山水纹饰层次丰富、疏密有致，用笔更加大胆，线条流畅洒脱，寥寥几笔就能将纹饰描绘得生趣盎然、意境深远。这一时期的民窑青花瓷山水纹饰，将文人、文化、艺术、哲学四者真正融入一体，使釉下青花瓷纹饰艺术和制瓷工艺向前推进了一大步，具有鲜明的时代印迹。

一、明代民窑青花瓷山水纹饰艺术的"美"与"善"

"美"与"善"是中国传统哲学文化中的最高境界。明代民窑青花瓷山水纹饰艺术强调文化艺术在道德上的感染作用，并表现出"美"与"善"的高度统一，这也是其艺术审美的显著特征。可以说"美"与"善"的统一始终是明代民窑青花瓷山水纹饰艺术审美的根本问题。明初是民窑青花纹饰艺术的创新时期，洪武民窑青花瓷山水纹饰以山水云气、云气兰草等为主，多为一笔点画的绘画技法，构图简练。经过了永乐、宣德时期的发展，社会环境的相对稳定以及制瓷技术的进步，促使明早期的民窑青花发展到了高峰。永宣时期民窑青花开始出现山水纹饰，虽然还是作为装饰图案出现，但已形成了这一时期所特有的艺术特征。明代早期民窑青花瓷审美在哲学、思想、艺术等方面作了种种思考，如以自然形式寻找美的本质，或者把意识与物质结合作为美的本质，或者从实践活动中寻求美的本质。

"美"是与"真"相互关联的，"真"是指自然万物自身的发展规律，离开事物的发展规律，"美"就失去了基本内涵，只有在事物的具体存在得到肯定之后"美"

明 宣德 青花山水纹碗

才会具有意义。洪武时期的"青花披云踞石图""青花坐观云起图""青花把卷读诵图"等山水人物纹饰题材都是"美"与"善"之美的核心范畴，它不仅是人与自然关系的理论，更是人生价值与人生理想的审美艺术。"善"表现为个体需求对整体需求的关系，个体的需要只有在与整体社会需要的结合中才能得到实现。明代民窑青花山水纹饰艺术中"美"与"善"的联系具有现实感，它通常把个体的"美"和道德的"善"结合在一起，并以伦理道德的"善"充实艺术精神的"美"，最终形成"以善为美"的思想内涵，这也说明了道德精神具有引起审美愉悦的属性。

洪武时期的民窑青花瓷受元代影响较大，这时的山水纹饰还没有形成真正意义上的山水空间，只是单体元素的组合，但在整体构图上已经表达出一种"美"与"善"的艺术审美境界，这对之后青花山水纹饰的发展而言，具有文化精神和道德人格之美的双重意义。可以说它掀起了明代民窑山水纹饰美学思想发展的序幕。永宣民窑青花则一改元青花粗犷的风格，变得清新秀丽，画法写意简洁。随着理学的发展，民窑青花瓷山水纹饰的意识形态色彩越来越明显，政治思想、文化传统和宗教理念都在民窑青花瓷山水纹中体现出来。在这种观念的影响下产生的具有吉祥寓意的山水纹饰，如"海浪仙山"，通过描绘海水纹饰，给人以大海宽广无边的感觉，有万寿无疆之意，在海浪之中屹立不倒的仙山，寓意着大明江山永固。这种带有吉祥寓意的山水纹饰寄托着明朝统治者对自己统治长治久安的美好愿望，也体现出永宣时期的强国气质，同时也反映了人们对"美"与"善"的追求。如永乐时期民窑"青花山水纹碗"外壁绘四组菊花纹饰，背景衬以山石花草，浓粗的竖线条代表山峰，近口沿处的横线条和点饰表示远峦，纹饰间以涡线纹相间代表石头，这是永乐的典型画法，其中的菊花既是儒家文化中品德寓意的体现，也具有道家思想中贵生贵命的思想内涵，整个构图饱满，具有极强的山水装饰效果。

明代洪武、永乐、宣德时期民窑青花瓷山水纹的艺术审美，精神愉悦的"美"与道德伦理的"善"分别表现出不同的社会功能，两者统一起来则"力行其善，至于充满而积实，则美在其中而无待于外矣"。通过"美"与"善"的赋予，青花山水纹的自然形体具有了高尚的精神道德情操，并以此而增光生辉。明代民窑青花纹饰艺术审美不同程度地揭示了美善的社会功能，深刻地体现了"美"与"善"的传统文化实质和对美学思想的追求。

二、明代民窑青花瓷山水纹饰艺术的人与自然之美

人与自然的关系是明代民窑青花瓷山水纹艺术审美重要的话题，也是传统哲学在不断讨论着的一个重大问题，即"天人合一"问题。"天人合一"思想是明代民窑青花瓷山水纹饰的一个根本审美思想，对其形成与发展具有决定性影响。道家思想赞美自然，要求人与自然和谐相处，回归自然，这给明代民窑青花瓷山水纹带来一种自由的自然境界。天与人是相通的，"天道"与"人道"是一个道，这种哲学思想在明代民窑青花瓷山水纹艺术审美中得到了极大的发展。

明代正统、景泰、天顺三朝在瓷器发展史上被称为"空白期"，这一时期是民窑青花艺术由明代早期向中期转变的纽带，有承上启下的作用，山水纹也具有这

一过渡时期的艺术风格。空白期的民窑青花瓷山水纹有两种：一种是构图饱满，画工精湛，艺术成就较高；另一种则构图疏朗，简洁大方，绘画写意。这一时期的山水纹依然作为人物纹饰的背景，人物形象多以高士为主，表现出人与自然和谐统一的意境。同时，"空白期"青花山水纹饰也有一定的创新，正统时期的山石画法具有宋元时期画院风格。景泰时期山水纹较前朝写意，其中"携琴访友图"中的人物已经换成了高士，山石树木与前朝画法相似，人与自然的统一之美主题更加明确。天顺时期的山石配景依然具有山水画的刚健画风，表现了人与自然的复归和崇尚自然的审美思想，用笔概括提炼，娴熟劲健而一气呵成。正统、景泰、天顺时期民窑青花瓷山水纹艺术所表现的人的伦理道德精神生活同自然规律有一种内在的密切联系，在本质上是互相渗透协调一致的。自然的东西也具有人的社会精神意义，"自然的人化"哲学理论给这一时期的民窑青花瓷山水纹艺术审美的发展带来了非常重要的影响。

明中期成化、弘治、正德民窑青花艺术进入一个更加高速发展的时期，民窑青花瓷山水纹饰也逐渐趋于成熟。受成化、弘治两位皇帝崇尚儒风的影响，此时的民窑青花画风开始追求文人自然之趣，这与大气庄严的永宣民窑青花面貌有很大区别。如成化时期"青花人物梅瓶"，口沿下一周双弦纹和双层莲瓣纹，莲瓣形如云头，胫部双弦纹上绘一周变形莲瓣纹，莲瓣肥长，腹部主题纹饰为树草和身穿宽袍肥袖的老翁，画面疏朗简洁，画意清雅典朴，情趣盎然，极具自然风貌，是民窑青花中人与自然之美题材的精品。成化之后青花瓷生产进入了相对稳定的成熟期阶段，创新增加使得青花纹饰发生了很大的变化，混水技法开始在民窑青花中应用，成化民窑青花瓷的繁荣局面带动了山水纹的变化，出现独立意义上的青花山水纹，这与明早期作为装饰的山水纹截然不同。成化青花山水人物纹在继承空白期艺术特色的基础上构图更加简洁，并形成了本朝独有的山水纹风格特征。接下来的弘治时期民窑青花瓷山水纹饰真正显现了人与自然山水的统一之美，如"青花人物楼阁盖罐"腹

明 正德 青花山水人物图套盒

部绘两组纹饰：一组为身穿朝服的文人，旁站一仙鹤，周围山水云烟缭绕，在梦幻中成为当朝一品宰相；另一组描绘的是虚无缥缈山水中的仕人携琴访友，寻找知音。两组图案的含义是梦中主人公极想在仕途中得到发展，若不能如愿以偿，便超脱现实去过闲云野鹤式的高士生活，整幅画面充满了浓郁的民间风情和生活气息，充分体现了民窑青花瓷的山水人物绘画风格。这个时期民窑中的青花山水人物纹饰装饰性大大减弱，而是具有了一种文人山水意味的构图，在笔墨技法方面，一种延续了永宣民窑的粗犷简洁风格，但相对细腻了许多，还有一种符合了文人柔和纤巧的自然艺术审美风格。

正德时期民窑青花瓷山水纹既满足了人们对自然生命的渴求，也实现了与社会伦理道德的统一。如正德"青花山水人物图套盒"，盒盖绘状元、榜眼、探花三人骑马游于市井，空隙处填以云山、松亭等纹饰作为陪衬。套盒盖顶周边和壁，分别绘以变形莲瓣纹、双弦纹和龟背锦。套盒底绘一周龟背锦纹、变形莲瓣纹和双弦纹。中间两层主体纹饰绘仕女游春图，每层仕女四人，衬以大片卷云、树石栏杆和地皮景，以作衬景，是一幅极为精美高雅的山水人物艺术绘画。此套盒胎白釉润，青花呈色灰蓝淡雅，是正德时期最具代表性的山水纹青花器物。

成化、弘治、正德民窑青花瓷山水纹艺术审美高度重视形式美，重视艺术形式的规范化，强调形式与情感的自由，肯定大自然生生不息的力量之美，赞叹它在空间上和时间上的永恒，强调人同自然的不可分离，主张道德精神修养的同时，注重个体内在心灵与自然和谐统一的美。因此，这时的青花山水纹饰没有雄伟的气魄，但充分强调着人在艺术审美创造中的主观能动性，如"笼天地于形内，挫万物于笔端"，"一画收尽鸿蒙之外"却始终不脱离和摒弃自然，没有堕入用主观思想去吞并或追求超自然的神秘狂想中去。

明晚期经历了嘉靖、隆庆、万历三朝，这一时期是中国陶瓷史上的重要时期，也是民窑青花高度发展时期，景德镇的民窑生产的变革将青花瓷器生产推向了一个

明 嘉靖 青花梅妻鹤子图瓷板

新的高峰。此时的民窑青花瓷山水纹饰在明中期的基础上得到了很大的发展，山水元素不但在山水人物中大量出现，并且开始把鸟兽置之于山水之间，自然山水纹饰不断丰富。嘉靖、万历时期民窑青花瓷山水纹具有了很高的艺术成就，如嘉靖"青花梅妻鹤子图瓷板"，人物居中坐在书案前提笔赋诗，旁边童子研墨相待，梅花点点，仙鹤起舞，山石疏简得当，衬托人与自然恬淡的心情，其绘画工细，太阳祥云、松树石洞等用线勾描再用青花混水分出浓淡，层次分明，青花发色浓艳，表达了人与自然和谐统一的幽深山水意境。除绘有人物的青花山水纹之外，还有只绘自然风景的山水纹饰，如嘉靖"青花山水纹盘"，画面描绘的是一处仙山胜境，中间一株松树，右上还有一折枝松倒垂，树上栖有两只仙鹤，吉祥意味极浓厚。此纹饰构图饱满，山石线条圆润，楼阁建筑勾线填色，青花色泽浓淡相间，绘画工整细腻。这种自然山水纹在明后期发生重要变化，由典型的模式化图案逐渐向具有传统文人画写意山水的方向发展。如明万历"青花山水楼阁纹碗"，碗外壁所绘山水纹饰层次清晰，近处亭台楼阁，中间留白处绘有泛舟，远景为群山祥云，意境更加幽深，笔

明 仇英《玉洞仙源图轴》局部

墨更加丰富。嘉靖、万历民窑具有文人意境的青花山水纹的出现，为明末民窑青花瓷山水纹自然文人气质风格审美的大繁荣奠定了基础。

人与自然统一的思想贯穿在整个明代民窑青花瓷山水纹饰艺术审美之中，其意义和表现是多方面的。最为重要的是，这一思想使明代民窑青花瓷纹饰美学在解决美与艺术、社会内容与艺术形式的各个重大问题时，牢牢地把握住人与自然规律以及艺术和审美不可分的联系，使人们意识到艺术的美来源于自然又超越了自然，这就是人们在青花艺术审美中所追求的"天人合一"境界。

三、明代民窑青花瓷山水纹饰艺术的"情"与"理"之美

中国传统美学强调"情"与"理"的统一，强调艺术在伦理道德上的作用，而人们对某种伦理道德原则的接受，既不同于法律上的强制，也不仅仅是一个理论认识的问题，它需要我们人的个体通过情感的感染而推向行动，这就使得明代民窑青花瓷山水纹饰审美观念在艺术上特别强调情感的表现。"人情的一面"在明代民窑青花瓷山水纹饰审美观念中长期存在，而且受到了极大的重视，在传统文化与历史哲学的深刻作用下，使得明代民窑青花瓷山水纹饰审美在艺术上突出地强调了情感的感染审美表现。

明末天启、崇祯二朝民窑青花瓷山水纹饰开始大量出现，数量之大且风格多样远超前朝，既有精细写实之作，也有粗犷写意之作，纹饰题材内容变得更加丰富和具有生活气息，在元明文人画的风韵情感基础上，开始出现了题字、题诗具有点题意义的山水纹饰，画面中的山水人物纹饰也比以前更加丰富，形成了明末所特有的情与理完美融合的艺术审美特征。如崇祯"青花赤壁赋碗"，碗外壁以青花绘东坡游赤壁图，图旁一侧书写整篇赤壁赋，所写书法极佳，此处题诗既点明了主题，更使得整幅画面看起来和谐统一、主题明确，表现出山水纹饰情与理的统一之美。崇

明 崇祯 青花赤壁赋碗

祯"青花山水人纹罐"，罐身一周通绘山水纹饰，邻水而建的房屋中绘有两人，依稀可见的水波纹，远处层峦叠嶂，意境幽深好似世外桃源。同时，民窑青花瓷山水纹饰中的题词已经开始向文人山水画的题词接近，如崇祯"青花山水高士图筒瓶"，此瓶腹部绘有一幅全景式的山水纹饰，其构图大气磅礴，笔法精湛，堪称精品。画面空白处题诗一首"胜口寻芳泗水滨，无边光景一时新。等闲识得东风面，万紫千红总是春。己卯夏月写"，此山水人物纹饰正是描绘的高士游春的景象，诗画的结合恰到好处地点明画意，形成情感互补，表明明末民窑青花瓷山水纹饰艺术审美受到文人画情与理表达的影响。

"诗言志"是中国传统美学的一个古老命题，是古人以诗作所蕴含的艺术精神来表现情感的思想萌芽。明末民窑青花瓷山水纹审美强调艺术的情感表现和感染作用，同时强调遵循传统中国美学思想以乐为中心的原则，从而达到充分体现青花山水纹艺术表现情感的功能。

明末天启、崇祯时期民窑青花瓷审美艺术发展到顶峰时期，民窑青花瓷山水纹饰也得到了前所未有的发展，题材内容较以前也变得更为丰富，山水纹饰风格多样，笔墨技法已完全成熟，文人化程度不断加深，不但继承了明晚期文人山水纹饰的已有形式，而且开始出现了情与理、诗与画的结合，并且开始出现大写意的山水纹饰，这不是明末因陋就简而产生的无奈之笔，而是受文人画影响深入的又一体现。

明末民窑青花瓷山水纹总体上呈现出一种简洁清逸的文人意境构图风格，这种风格在粗笔写意和绘画精细的青花山水纹饰中都有表现。崇祯"青花山水人物笔筒"中的山水纹绘画精细，笔筒外壁一圈绘有人物纹饰与山石花草，远处祥云缭绕，近处湖水流淌，一人于小舟之上持钩独钓，画面简洁，意境悠远。又如天启"青花山水人物图盘"盘内绘山水景物，构图分远山近水、树石堤岸，由近及远层层递进，四老者分别立于树木两旁，整个画面简淡萧疏幽逸，四老者岸边畅游，好似远离尘俗。明末民窑青花瓷山水纹饰艺术美学，不仅强调情感的表现，还十分强调"情"必须与"理"相统一。这里所说的"理"包含着自然万物之理，但更为重要和根本的却是"伦理"。无论是孔子的"思无邪"，还是《毛诗序》中的"发乎情，止乎礼义"，都要求艺术表现的情感应当符合伦理道德和善的情感，禁止出现非理性和无节制的情感，这正是美善统一这一艺术特征的具体表现。明末青花山水纹饰简笔写意的艺术特征达到了返璞归真的境界，这种山水意境是逐渐演化而来的。天启"青花山水人物纹碗"以简笔写意的艺术效果表现了返璞归真的境界，画面中的山石人物勾勒简洁概括，用笔随意自然，远山近岗、水纹云气以及人物身影都层次分明，景物的具象性还很强，勾线大胆率真别具一格。明末民窑青花瓷山水纹饰，大胆率真的大写意之风与之后八大山人等大师们的大写意，也颇有相似之处。明末民窑青花瓷山水纹饰审美所主张的"情"与"理"的统一，既是与"善"的统一，也是与"真"的统一。"理"兼真、善，而且"理"与"情"的统一不是外在的统一，而是使"理"渗透到个体内心情感的最深处去。历来认为真正的艺术贯注在个体人格中，是善的情感真实无伪的表现。明末民窑青花瓷山水纹饰审美艺术，深层次地表达了"理"与"情"不能互相分离，而应当融为一体。

明末的民窑青花瓷山水纹饰继承了明晚期的艺术成就，并为清代青花山水纹饰成为主流纹饰奠定了基础。立足于情理交融统一这一根本观点，明代民窑青花瓷山水纹饰艺术审美很早就着重探讨了艺术包含的概念，但这一极为重要的审美特征又非概念所能清楚叙说和穷尽。明末民窑青花瓷山水纹饰艺术审美恰恰体现了情理交融这种美学思想，在陶瓷艺术史上独树一帜，达到了很高的审美境界。

四、结语

明代民窑青花瓷山水纹饰艺术是时代生活和人们精神世界的映照，反映着人们的审美情趣和价值取向。纵观明代民窑青花瓷山水纹饰艺术的发展，从萌芽之初到遍地开花，无不贯穿着中国传统哲学文化精神内涵。观自然万物，壮丽的山川和秀美的花草令人心驰神往。看社会万象，崇高的人格之美和丰沛心灵之美令人油然起敬。美是任何人都能充分体验、尽情享受的，它使我们欢欣鼓舞，使生活富有意义。美与善、人与自然、情与理对于人类如此重要，感受美、追求美、创造美、思索美正是明代民窑青花瓷山水纹饰艺术审美的主题。明代民窑青花瓷山水纹饰审美艺术体现了一种积极的审美再创造，是一种情感层次的悦心悦意的审美愉悦。明代民窑青花瓷山水纹的艺术审美实现了人与器物的浑然合一，使人们在欣赏时的心灵得到净化并与之产生共鸣，美与善的艺术审美精神得以升华，从而获得一种精神人格层次上的审美愉悦。明代民窑青花瓷山水纹饰艺术是在中国传统文化精神中孕育成长的艺术，是中国传统文化精神的缩影。从明代民窑青花瓷山水纹饰艺术的审美中，可以了解到一个时代的文化内涵和一个国家的民族文化精神。中国传统文化中的基本精神，是明代民窑青花瓷山水纹饰艺术审美历史发展的内在思想源泉。

明 佚名《孔子讲学图轴》局部

以德化人　润物无声
儒家美学思想与中国青花瓷纹饰文化艺术

中国传统文化源远流长，儒家美学思想作为传统文化的根基，始终把"美善相乐"和"美道合一"的美学思想紧密结合在一起，推行"中和成德""礼乐相济"的审美路线，强调审美的社会意义，这就是儒家思想独树一帜并取得正宗地位的重要原因。儒家美学思想强调美与善的统一，它以多个理论层面和伦理道德为核心，成为中国传统文化审美的主要特征。

青花瓷纹饰艺术作为一种视觉艺术，它跨越了元、明、清不同时代，为人类世代所共享。青花瓷纹饰艺术既是中华文明的一部分，也是世界艺术发展史上的一颗明珠。青花瓷纹饰主要包括人物故事类、动植物类、山水风景类以及文字吉语类等题材。青花瓷纹饰艺术历史悠久，艺术构思深邃，深受儒家美学思想影响，充满了自然朴素的生活气息，宛如一幅幅形象生动、灵动飘逸的绘画作品，是中国陶瓷艺术最杰出的代表。从青花瓷纹饰艺术的审美特征来看，它具有视觉之美、神韵之美、自然之美三大特征；从文化内涵来看，青花瓷纹饰具有儒家美学思想"比德""比兴""意统情志"的文化审美精神。在青花纹饰艺术中随处可见"美善相乐""美道合一"儒家文化思想的表达，这是青花瓷纹饰特有的文化内涵，是儒家美学思想的结晶。青花瓷纹饰艺术无论是艺术风格还是艺术表现形式，都始终保持着和谐之美、自然之美与强烈的伦理美学思想境界。

一、青花瓷纹饰艺术"儒家"美学思想境界

1. 青花瓷纹饰艺术"美善相乐"的审美思想体现

中国古人对寻求精神生活的最高寄托是通过人生道德的哲学智慧和艺术审美实现的，其中"美善相乐"的儒学思想就充分体现出这一点。儒学中所提到的美与善是两个不同层面的内容，美比善高尚、深刻而完备，美的境界是由善到美，美善相乐的高尚境界主要通过理性的礼乐教化来实现。在儒家学说的美学思想中，美与善是紧密联系在一起的，在尽善尽美的基础上实现美与善的统一，在满足每个个体情感审美的同时，维护社会秩序稳定，使得人与社会和谐相处。儒家美善相乐的美学

元 青花缠枝牡丹纹罐

思想在中国传统文化中的核心地位，决定了青花瓷纹饰艺术的审美表现形式与风格趋向。

　　青花瓷作为中国陶瓷艺术宝库中的瑰宝，有着深厚的民族文化内涵和独具特色的儒家美学特征，无论是纹饰造型还是发色烧制上都充分反映了古人的造瓷水准和艺术水平。青花瓷纹饰艺术在表现方式上具有中国绘画的特性，捕捉现实生活中的细节，运用笔墨以形写神的规律，聚零为整的方式来加以表达，特别是它表现的内容和形式，具有让人赏心悦目的艺术魅力。明代早期青花瓷上的缠枝牡丹、折枝莲、结带绣球、兰草纹等纹饰，体现出了生活实用性与儒家审美思想的完美统一，同时也是这一时期人们美善审美观念的反映。儒家认为善是道德的起点，是对人性的基本要求，善达到一定程度成为美，从而成为一种具有高尚气质的"美德"。荀子在《劝学》中提出了"不全不粹之不足以为美也"美学命题，使优良的品德达到纯粹完整的境界，实现美与善的和谐统一。他在另一篇著作《乐论》中提道："乐行而志清，礼修而行成，耳目聪明，血气和平，移风易俗，天下皆宁，美善相乐。"音乐可以使人志趣清明、耳聪目明，在"美善相乐"的境界中达到一种和谐的状态，才能真正"美善合一"。

　　在青花瓷纹饰文化中，作为青花瓷纹饰内容与形式所表达的理性主义精神境界，相对于"善"来说，"美"具有更高尚和更纯粹的特性，在人生境界中"美"更加丰富多彩，因此在青花瓷纹饰艺术的创作中要创造美、达到美要比达到善更难，要求更高。青花瓷纹饰艺术将儒家"实践理性"的精神融入生活情感和政治观念中，并在世俗文化肥沃的土壤中，吸收了部分绘画的元素，从而产生了具有特殊意义的青花纹饰。青花纹饰艺术与传统绘画一脉相承，同样崇尚其中的笔墨精神，充满浓厚的儒家美学思想气息，闪烁着儒家理性主义精神无穷的趣味与活力。

2. 青花瓷纹饰艺术"美道合一"的审美思想体现

　　不仅儒家审美思想对青花瓷纹饰艺术产生了影响，道家思想对青花瓷纹饰艺术也产生了较为深远的影响。以老子和庄子为代表的道家，与儒家思想互相补充，互为对立面，儒道相辅相成地塑造青花瓷纹饰艺术的审美思想。道家主张自然无为，崇尚超越现实意义的自然审美境界，因此道家经常把"真"与"美"联系在一起，在本真的基础上寻求自然之美。道家所说的"真"是关于人的天真、本真，主张人们要回归到自然的本真中去。老子提出的"见素抱朴"与庄子提出的"朴素而天下莫能与之争美"，都体现出通过本真回归到自然之美，从而最终成为至高的"道"，这种"美道合一"的道家思想在青花瓷纹饰艺术中比比皆是。

美与道是和谐统一的，老子哲学中的"道"是道家美学的最高范畴，"道"与"美"融合为一成为一种天然浑成的审美观。"道"涵盖着"美"，"美"能够形象生动地体现"道"。"道"既有具体可观的真实存在，又有虚无缥缈的理想境界，因此，"道"是虚实结合的一种精神状态，这正是构成青花瓷纹饰艺术审美的基本条件与特性。从青花瓷纹饰艺术中可以看到，儒道两家看法相反，其实相成，它们最后都在"美"的理想境界融合为一。儒家通过礼乐教化使人从善去恶，提高人的性情，使我们的人格更加完美，从而也就进入"美善相乐"的自由境界。道家则遵循自然无为的人生哲学，庄子将老子抽象的"道"变成丰富生动自由的人生境界，使老子"见素抱朴"的自然思想变为具有高尚精神的文化色彩，把儒家与道家从对立变为互补与和谐。儒家"天人合一"的审美思想与道家"自然无为"的哲学观点逐渐演变成共生并存的关系，"儒道合一"也在相当长时间内影响着青花瓷纹饰艺术审美与创作理念。

青花瓷纹饰艺术在传统审美文化中有着重要的地位，在艺术方面陶冶人的情操，培养高尚的人格，在政治方面帮助统治者教化，青花瓷纹饰艺术是古人精神生活的一部分。青花瓷纹饰艺术中的审美文化能够让人们体验自由愉悦的理想生活，是古人挣脱现实束缚的自由天地。明代成化、弘治、正德时期，青花瓷纹饰中所表现的许多高士图题材中的人物形象，并没有依附于宗教，而是隐居山林乡野，而专心从事艺术审美活动。如高士坐观、柳岸闻莺、高士望江、江岸独颂等青花瓷作品。而到了万历、天启、崇祯时期，青花瓷中的山水纹饰在长时间的演变中逐渐产生了虚

明 嘉靖 青花开光八仙图葫芦瓶

实之美，画面里的"山"体现出道家思想的"有"，用青花颜料描绘千仞之壁，彰显出山川的阳刚品质和"实"；画面中的"水"则体现了道家思想的"无"，虽然没有具体的形态，但"品之有象"，以虚无空灵的笔墨来表现水的柔美气质。因而，有与无，虚与实，刚与柔，构成了青花瓷山水纹饰的审美品格，凝聚着道家美学思想的玄妙。道家思想"美道合一"对中国青花山水纹饰艺术风格的影响，是深远持久的。在中国青花纹饰艺术人物题材内容表现上，从景泰、天顺时期的高士出行、高士望江、仙人泛舟等人物题材中，表现出的是道家将"美"与"真"联系在一起，在"真"的基础上求美，审美的境界是道与美合一、自由而愉悦的境界，这种境界的获得主要来自主体超然无恃的态度。儒道两家的审美境界以及针对的问题是相同的，只是认识的路线和采取的方式不同，儒道互补是两千多年来传统文化的一条基本线索，因而"儒道合一"的审美思想在青花瓷纹饰艺术中得以全面体现出来。青花瓷纹饰艺术是随着儒家哲学意识形态的变化而发生改变的，而"儒道合一"正是儒家哲学与美学中最为普遍和广泛的现象。有"儒"必有"道"，这是由两者之间协同性的辩证关系决定的，二者处于一种联系变化的状态之中，青花瓷纹饰艺术在"儒""道"美学思想的影响下产生了独特的审美品格。

二、青花瓷纹饰艺术"伦理"美学思想境界

1. 青花瓷纹饰艺术"比德"文化审美思想体现

青花瓷纹饰艺术的创作主题从自然界中汲取灵感。"比德"思想源自孔子"君子比德于玉"的哲学思想，反映了儒家的自然美学观念和道德感悟。儒家思想将自然界中具有美好品质的事物作为人的一种品德或精神，将伦理道德作为人们审美活动的基础，所以青花瓷纹饰艺术中与自然有关的事物，大部分都具有"比德"思想的性质。如明代弘治时期的月映梅纹、树石栏杆纹等，古人在自然审美艺术的影响下，更加注重人格品性的培养。孔子提出"比德"的自然美学观，将儒家提倡的仁、

义、礼、智、信等道德准则赋予自然景物，在自然中体验伦理道德观。君子比德这种审美本质的理义定势，是对人格的一种赞美和欣赏，也是青花瓷纹饰艺术表现内容的核心理念。

在青花瓷纹饰中，植物纹饰占有极大的比例。儒家审美思想指出在欣赏植物之美时，注重挖掘和领悟植物所体现出的美好品质，把欣赏植物美这一事项作为修身养性的重要手段，从而培养出高尚的道德情操，即青花瓷纹饰艺术审美中的"比德"观。《论语》中就有"岁寒，然后知松柏之后凋也"，深刻地反映出儒家审美思想的"比德"观。孔子认为要有选择地对艺术审美赋予人文内涵，儒家以伦理道德为前提的"比德"思想，形成了青花瓷纹饰艺术的审美观。明代永乐、宣德时期民窑青花瓷中的月映梅纹，表现的是在严寒中独自绽放的梅花，梅花具有超群脱俗的清雅风度，梅花先百花而独放，它凌寒留香的品质被喻为中国传统精神，成为青花瓷纹饰艺术表现的重要对象。青花瓷纹饰艺术不只是为了描绘自然景物的美好，更重要的是体现儒家哲学思想，启发人们的伦理道德与艺术审美。

儒家"比德"思想的艺术审美观念，主张从伦理道德的角度来体验自然之美，自然界的山水树木、花鸟鱼虫等，都能够使欣赏者产生美感，因为它们的外形以及所表现出来的美好内涵，都与人的内心品质发生共鸣。与君子的高尚品质有相似之处的花木，作为装饰图案绘于青花瓷器上，可以在青花瓷纹饰审美欣赏中让更多的人体会儒家美学思想，"君子比德"思想在青花瓷纹饰艺术中得到了充分体现。《荀子》中有："岁不寒，无以知松柏；事不难，无以知君子。"明显是把松柏的耐寒特性比德于君子的坚强品格。另外，"外直中通，虚心有节"的竹子，"淡泊宁静，暗香远播"的兰花等，都是青花瓷中作为"比德"思想使用的纹饰。被赋予了比德思想内涵的自然事物，构成青花瓷纹饰艺术特有的传统文化审美方式，对青花瓷纹饰艺术审美产生了巨大的影响。因此，在中国明代正德、景泰、天顺时期的青花瓷中常用的"四君子"以及"岁寒三友"等纹饰均源于"比德"思想。又如明代成化、弘治、正德时期青花瓷中"一品清莲""缠枝莲"纹饰，把荷花比喻成君子，莲花

明 宣德 青花松竹梅纹盘

出淤泥而不染的品质，象征着君子洁身自好的高尚品格。在青花瓷纹饰艺术中"比德"的理论意义，首先是它显示出自然美的实质是把自然同人的精神品德相比附，其次以青花瓷纹饰艺术为载体，来体现真善美相结合的含义。

儒家文化思想强调以宗法伦理为基础，体现人格的感性认知，这种具有感性形式的人格，在一定的情感体验中就变成了美。在青花瓷纹饰艺术中的另一审美思想就是"比兴"，"比兴"是通过自然景物表达人们内心的思想情感，使主观感情与客观事物结合在一起，从而得到具有和谐之美的艺术审美形象。比兴思想借助花木的形象含蓄地表达一种审美情趣，赋予自然事物一定的象征寓意，所表达的多是福禄寿、富贵如意、和谐美满等吉祥之意。在明代嘉靖、万历时期青花瓷纹饰表现艺术风格中，石榴纹是多子的象征，牡丹纹饰寓意富贵，前榉后朴寓有步步高升、中举之意等。"比兴"是情感、想象、理解的综合体。托物寓情胜于正言直述，可以使表达的概念言尽意尽。比兴思想在青花瓷纹饰中被广泛应用，被赋予了美好的文化内涵，构成了青花瓷纹饰艺术特有的传统审美方式。儒家审美思想推崇自然和谐之美，这种审美思想反映在青花瓷纹饰艺术上就是追求自然的本色美。儒家"比德"与"比兴"的文化审美思想，为青花瓷纹饰艺术提供了一个合理的艺术表达理念，决定了青花瓷纹饰艺术审美的基本理念和艺术风格倾向。

2. 青花瓷纹饰艺术"中和"文化审美思想体现

中庸思想是儒家文化的精神核心，而中庸的主旨又是"中和"。中庸思想对中国传统文化和传统艺术都有着重要的影响，尤其是对青花瓷纹饰艺术的影响。中庸思想对"中和之美"的追求，是儒家美学思想的核心观念，是儒家思想的重要审美特征，儒家"中和之美"的审美思想为青花瓷纹饰艺术提供了完整的理论基础。汉代董仲舒在《春秋繁露》中提出"以类合之，天人一也"这一思想，强调人与自然的和谐，最终实现天人合一，追求"人——青花瓷——纹饰艺术"的和谐统一。

儒家"中和之美"不仅有其特定的实质，也有特定形态。孔子曾经赞美过《关雎》，说它"乐而不淫，哀而不伤"。"乐"与"哀"是动，"不淫""不伤"是动而有度，这句话明确地体现出孔子对中和之美的观点，中和之美的美学思想对青花瓷纹饰艺术产生了深远影响。青花瓷纹饰艺术在中国陶瓷艺术中独放异彩，它具有传统艺术程式化的表现形式，也有儒家审美思想生活化的真实表现，对人物形象个性的塑造。如明代空白期青花瓷纹饰中常见的高士纹饰，在一幅幅山水画面的衬托下，洋溢着浓浓的诗意，整个画面看起来柔美儒雅，能够引起观者的共鸣。明代成化、弘治、正德时期青花瓷纹饰题材中的陶渊明爱菊、周敦颐爱莲一类的高士图作品，也体现出运用诗与画的神韵，对人物性格的准确刻画。又如明代万历、天启、崇祯时期的各种青花瓷纹饰的婴戏图、童子嬉戏图、秋庭戏筝图，都是描述童趣生活的作品，表达了浓厚的自然生活的和谐之美。另外，还有庭院抚琴、对弈争雄、郊外春游、春夏习武、破缸救友等作品，都从各个不同的角度，生动地描绘了儒家中和之美的意境。青花瓷纹饰艺术"动而不过，动而适度"的美学思想，就是青花瓷纹饰审美创作的中庸之度，即孔子所说的"中和之美"。就青花瓷纹饰的审美艺术来说，表现形式有一定的整体性，整体中的局部之间比例、节奏要相互协调统一。对于青花瓷纹饰艺术的审美理解不能只看表面，而是要认识到"形式与内容的合理性"以及儒家"中和之美"的深意。

儒家"中和之美"思想对青花瓷纹饰的发展与创新具有重要指导意义，青花瓷纹饰艺术审美是儒家"中和之美"哲学文化的审美。儒家文化的审美思想让人与自然产生更多共鸣，使青花瓷纹饰艺术能够更好地发展与传承，并逐步完善青花瓷纹饰艺术审美形态的实质。儒家"中和之美"的理念确定了青花瓷纹饰艺术的美学价值，是最重要的审美形态和至高境界。

三、青花瓷纹饰艺术"意统情志"美学思想境界

1. 青花瓷纹饰艺术"悦心悦意"文化审美思想体现

儒家文化中的心学思想是一种以伦理评价为中心的心性修养美学，它以自身人格的修养程度为准则来评价自然事物的美德。儒家心学思想继承了以善为美的儒家美学基本特征，又在新的历史条件下融合了庄子与禅宗思想，使其具有了新的艺术特征。心学思想的精神性特征包括现实关怀和理想关怀，理想关怀的终极目标是成圣，将思想与审美统一起来。"悦心悦意"是审美形态最常见、最大量、最普遍的形态，是审美愉悦走向内在心灵，青花瓷纹饰艺术中的大部分作品都呈现出这种审美形态。并且由于青花瓷纹饰艺术的多样性、复杂性，其所呈现的"精神性""社会性"显得更为突出。从而使这一形态千变万化，五彩缤纷，更加具有意义。

儒家"悦心悦意"在心学思想审美中有特定含义，对心意的界定关联着道德的修养，心意的愉悦体现出心性体验伦理道德的快乐，这一点发展了孟子的美学思想。孟子明确地提出人格、道德、操行也能引起普遍必然的愉快感受，与味、声、色的艺术审美有相似之处。如明代嘉靖、万历、天启、崇祯时期，青花瓷上的高士人物

纹饰，有高士坐观、四爱图、江岸独颂、静听流水等，都会让人从纹饰审美的愉悦中走向内在心灵。只要从这些青花瓷纹饰艺术中认真体会自己的良知本体，任何时候都能够获得这种内心的愉悦。由于儒家心学审美强调"意之所在便是物"，指出随时体悟获得修心的愉悦，所以青花瓷纹饰艺术审美把理性教育转为感性认知，使青花瓷纹饰文化在日常生活中得到思想上的升华。

青花瓷纹饰艺术审美表现的内容强调了儒家思想侧重的社会理性和美善统一，在纹饰审美的创作上则要以理节情、温柔敦厚的教化传统，强调个体在审美创作中的地位。儒家社会性的内容经过个体认知，对"体认"过程的重视也正是儒家心学审美修养理论带给儒家美学的突破，这一点也体现在其对"中和"之美的认识上。中和之美是儒家美学思想中的重要范畴，而中和的基础是中庸思想。儒家心学思想对中和思想进行了重新阐述，体现在美学思想上便是对悦心悦意的文化审美思想在儒家美学范围内的规定，从而使青花瓷纹饰艺术审美的创造有了更高的追求。无论是对自然山水、人物，还是对花鸟鱼虫题材的创作，都强调符合自己的心性修养，从而使悦心悦意之美更加有益于身心。

艺术源于生活，生活的艺术审美本源在于人心，人心又赋予了艺术实质性的形式内容。青花瓷上的一段柳枝纹饰不能称为艺术，但将它画成"柳岸闻莺"的青花作品，并用心体会柳岸闻莺之音中，吹奏起的中和之音才是儒家美学所理解的艺术。儒家美学思想的中和之情具有强调主观心理的色彩，当内在修养达到最高境界后会获得无限的愉悦。儒家心学审美的圣人境界即修养达到"悦心悦意"阶段所获得的愉悦则是一种本体之乐与境界之乐。

2. 青花瓷纹饰艺术"悦志悦神"文化审美思想体现

青花瓷纹饰艺术审美是从纹饰的表现形式开始的，是审美能力和审美理念的结合，通过审美形态来阐述"悦志悦神"的理念。正是在"悦志悦神"的层面，人的审美境界、美学精神和心学精神才合而为一。"悦志悦神"是一种更高境界的要求，既能让人感受到美，又能够启迪和鼓舞人，深刻体现自强不息、奋斗不止、厚德载物的精神文化，能够持久地激发人们的奋斗精神，影响人们的价值观念。儒家心学审美思想具有强烈的精神特征，强调以禅的方式来超越现实人生，获得儒家理想的圣人境界之乐。明代空白期的松音高士、山寺暮扫、高士对话等青花题材正是儒家高级精神之乐的体现。所谓"悦志"，是道德理念的追求和满足，是对人的意志、毅力、志气的陶冶和培育；所谓"悦神"则是超道德而与无限相统一的精神感受。实际上"悦志悦神"并不仅仅局限于道德领域，还包括对人生理想的探讨、坚持和追求过程中的精神感受。青花瓷纹饰文化审美艺术表现的题材中对"悦志悦神"文化审美思想就有这样强烈的精神诉求。

青花瓷的纹饰题材种类繁多，尽管表达的思想理念千差万别，但其思想的终极价值取向往往殊途同归，有的是关怀人现实存在境遇，有的是对人类命运、社会理想，超越了时空、生死精神世界的关怀。当人们从青花纹饰艺术审美中找到真理时，精神思想会得到极大的愉悦，这就是"悦志悦神"。这种境界不同于愉悦人的耳目或心意，而是理性智慧的愉悦，同时又是一种感性的人生境界，这成为青花瓷纹饰艺术美学所探讨的范围和意义。

"悦志悦神"与人的心性修养有关，当对心意的愉悦指向理想境界时，就会获得一种超越感性而又与感性相连的"乐"，这种乐正是一种"悦志悦神"的审美形态。在青花瓷纹饰艺术审美中这是一种本体之乐，也有人称之为境界之乐，青花瓷纹饰艺术经过长期发展与创新，最终形成了自由怡悦、充实活泼的心境。这种"乐"不属于情感范畴，而是作为本体之乐与万物一体思想的境界范畴，儒家美学思想规定为心体，与日常生活中经历的感性快乐的审美愉悦不同。"乐"是心之本体，只有"调停适中"的情感抒发才是本体之乐的情感，也就是圣贤的"真乐"。另外，在青花瓷纹饰艺术审美的赏析过程中，这种真乐并非只有圣贤才有，"而亦常人之所同有"。本体之乐虽然圣人和常人同有，但圣人识的良知本体，修养达到了"以天地万物为一体"的境界，儒家"悦志悦神"的审美思想在青花瓷纹饰艺术审美过程中就是本体之乐。如果常人从青花瓷纹饰艺术审美作品中不能感受圣人之乐，"常人有之而不自知"，那么也就不能获得本体之乐。

儒家美学思想与心学思想在精神上是相通的，对理想的人生审美境界的强调不仅使情与理完美融合，还使其美学思想达到一种信仰的精神高度，从而重新巩固了儒家美学在整个社会现实审美中的地位。儒家心学思想审美将儒家伦理法则融入青花瓷纹饰艺术之美，从而使儒家美学具有了更深层的理论意蕴，使儒家美学重新具备了阐释现实的能力。儒家心学美学对青花瓷纹饰艺术有着深远的影响和启示意义。

儒家文化思想的美学精华在历史传承中经过磨炼、积淀，成为中华民族的智慧、精神和美德。青花瓷纹饰艺术富有鲜明的民族特色和深厚的文化底蕴，以及源远流长的民族性格和民族感情，自觉地融入青花瓷器的外观造型与纹饰文化中，并寄寓了儒家文化思想传统的审美观念与审美情怀，浸透的是中国人的精、气、神和传承的人文理想。青花瓷纹饰表现的云影山光、龙凤和鸣的如仙境界，正是民族、民间向往的艺术与人生。许多优秀的儒家美学思想融入青花瓷纹饰艺术中，成为青花瓷纹饰文化审美的核心和灵魂，处处闪烁着儒家思想的光辉。中国青花纹饰艺术在漫长的发展过程中，其艺术风格是在历史的艺术实践中逐渐形成的，艺术表达方式自成体系，构成了中国陶瓷纹饰艺术的民族特征与气派。探讨作为中国陶瓷文化特征的重要标志之一的青花瓷纹饰艺术，不能停留在孤立地考察青花纹饰艺术本身，而应该把它置于特定的时代、特定的文化氛围之中，只有这样才能揭示青花瓷纹饰艺术风格的特征及其发展规律。同时，又能折射出中国陶瓷文化艺术审美发展的独特魅力。

清 陈士俊《三教图》局部

以和为贵　天人合一
中国青花瓷纹饰艺术与儒释道文化思想研究

元、明、清时期丰富的青花瓷纹饰艺术作品遗存折射着中国传统文化艺术的光辉。青花瓷纹饰艺术是典型的在中国传统文化精神中孕育成长的艺术。它以别致多姿的造型样式、精美多彩的纹饰和秀丽的青花色彩，记述着中国传统艺术和传统审美的重要特征。

中国哲学精神不断延续着儒、释、道并存的格局。儒、释、道在保持自己的独有立场和特质的同时，充分反映了中国哲学文化的融合精神。元、明、清青花瓷纹饰艺术的审美精神是在儒、释、道文化的共同影响下形成的，包含着中国哲学精神的多重文化意蕴。青花瓷纹饰文化审美以其特殊的方式不断延展着儒、释、道文化思想前进的足迹。

一、儒家文化思想对青花瓷纹饰艺术的影响

1. 以人为本、以和为贵是青花瓷纹饰艺术审美的根基

儒家思想中"以人为本"的价值观念又称为人本思想，是青花瓷纹饰艺术创作题材的基本依据。孔子认为人生最重要的是提高自身的道德品格修养，同时应该重视生命的意义和人生的价值。青花瓷植物纹饰题材中的"松竹梅""月映梅""一品清莲""梅兰竹菊"等，把"仁"的思想附加到自然景物上。青花瓷中的这些花卉纹饰被赋予了不同的含义：梅花象征高洁坚贞；牡丹寓意繁荣昌盛；荷花寓意为真、善、美，象征着圣洁；菊花被赋予吉祥、长寿的含义。这些都是儒家文化审美特征中以人为本的"比德"思想的体现，通过自然景象来表达抒发内心的情感和观念，饱含了中国传统哲学精神中以人为本的价值理念。儒家"以人为本"的理念主张弘扬人的主观价值，尊重人的高尚品质，注重人的主观能动作用，鼓励人们积极入世和参与，都是一种鲜明的人文精神表达。

元、明、清时期的青花瓷纹饰中山水意境的审美表达就是儒家"以和为贵"核心价值理念的艺术体现。其中明代弘治时期到天启、崇祯时期的青花山水题材中"山、水、人"构成了一幅完整的"大和"人生图景，例如："柳岸闻莺""江岸独颂""春和景明"等青花瓷纹饰作品，表达的是一种对于人生以和为贵的思考，体现出一种淡然处世的智慧和审美理念。

儒家"以和为贵"的理念，逐渐形成了稳定的哲学精神观念和审美理念，对青花瓷纹饰艺术风格取向的形成起到了促进作用，影响深远。正是由于儒家的哲学价值理念和审美理念在人们的心灵深处扎下了根，人们才形成了对青花瓷纹饰艺术"以人为本""以和为贵"的审美认知，从而铸就和发展了青花瓷纹饰艺术审美的强大生命力。

2. 以礼为序、经世致用是青花瓷纹饰艺术审美的特征

儒家"以礼为序"的哲学思想是礼学中的一个重要方面，维护了民族的团结统一和正常社会秩序，规范了人们的道德行为和生活实践。"以礼为序"的哲学思想是青花瓷纹饰文化在哲学理性主义精神指导下艺术和审美的重要特征。孔子认为"仁""和""礼"三者之间是相互关联的，起规范作用的"礼"保证了"仁"的实现，从"克己复礼为仁"的角度上来讲，保持"和"的形式也离不开"礼"的调节，"仁""和"是儒家思想崇尚的一种人格状态和社会状态，两者的实施都必须依托"礼"的手段来完成。对于社会来说，"礼"代表着一种公共秩序，而对于个人来说"礼"又是一种行为规范。孔子认为一个人要想变得更加完美，"文以之礼乐"用礼乐的方式进行教育和熏陶就是一个不可或缺的重要条件。元代时期青花纹饰艺术审美中的经典器物有"鬼谷子下山图罐""昭君出塞图盖罐""尉迟恭单骑救主图罐""三顾茅庐图罐""孟月梅写恨锦香亭罐""周亚夫屯细柳营图罐""西厢记焚香图罐""百花亭图罐"，这些题材的青花纹饰内容都是儒家"仁""和""礼"

元 青花尉迟恭单鞭救主图罐

的具体体现和"以礼为序"的典范之作。

孔子大力提倡恢复周礼，强调"不学礼，无以立"，要求人们的言行举止要合乎礼仪。元青花人物图案纹饰中就包含很多关于文人雅士的纹饰题材，如《四爱图》，反映出儒士心目中所崇拜的一些偶像，而这些人物恰与元朝程朱学说的代表人物相符，可见这一现象不是偶然的巧合，应是儒教礼学在元青花艺术审美领域的表现。以礼为序的文化思想，成为青花瓷纹饰文化审美的基本宗旨。

儒家倡导"经世致用"的价值理念，倡导人们应拥有博大的胸怀和高尚的道德情操，"用"字体现在青花瓷纹饰艺术中，把儒家的哲学思想贯彻到青花瓷纹饰艺术创作的理念之中。儒学讲究内圣外王，对内要求修身修德，自强自立，对外要求齐家、治国、平天下，是一种注重现实、奋发图强的实践哲学。元代的尉迟恭单骑救主图青花罐，罐体自上到下依次绘有缠枝花卉、缠枝牡丹、人物故事、变体莲瓣纹。罐体中间的主题纹饰场面宏大，人物描绘得生动传神，激烈对战从侧面表现了不屈不挠的精神和奋发图强的理想人格。青花瓷纹饰艺术承载着教化作用，以劝诫、助人为主要文化功能，同时也说明了青花瓷纹饰作品表现深受孔孟"经世致用"哲学思想的影响。

二、道家文化思想对青花瓷纹饰艺术的影响

1. 道法自然、天人合一是青花瓷纹饰艺术的创作理念

"道法自然"是人与自然和谐的生态伦理观，对青花瓷纹饰艺术审美风格的形成与发展起了决定作用。青花瓷纹饰艺术主张"自然而然"的本性创作。《道德经》中明确提出人与自然万物的地位是平等的，主张崇尚自然、效法天地自然的规律，青花瓷纹饰艺术中体现的道家的审美观念和朴素的审美标准，说明道家思想对青花瓷纹饰艺术产生了深远的影响。如明代嘉靖时期的青花云鹤八仙纹葫芦瓶，瓶体上

半部分的主题纹饰为云鹤纹和八卦图形，"兑""巽""艮""震"四卦分别表示泽、风、山、雷四种自然现象。云鹤纹象征道教所谓的羽化成仙，也常以"鹤"象征吉祥长寿，鹤纹常与祥云、灵芝合绘一处，瓶下部绘道教神话中的八位神仙，这是道家文化思想中人与自然和谐统一的完美体现，在道家看来人和自然万物共同构成一个有机的整体。青花瓷纹饰艺术中的八仙人物、云鹤、如意八宝、八卦、松鹤等，都表现出贵生贵命、吉祥幸福的美好向往。

老子、庄子"崇尚自然"的哲学审美理念，给具有写意意蕴的青花山水纹饰带来一种富有韵致的灵感，尤其是明代青花山水纹饰，能够真正体现出自然之道所赋予的哲学思想，达到思想观念上的飘逸与灵性。明代中后期的青花山水纹饰题材中，如"长岸空亭""无人之境""寒江垂钓"等都是依靠山水的灵动来抒情言志、养性怡情，强调将自然之道与山水纹饰相结合，寄情于自然山水之道的理念，从而为青花山水纹饰的艺术审美带来无穷意蕴。如清康熙时期青花开光山水人物图花觚，花觚撇口，直身，腹部微鼓，外撇大圆足，底有双圈银锭形图记。全身纹饰分三组，上部和下部方形开光中，绘山水人物图，人物形象生动逼真，浓淡相间，山石层次分明，富有立体感，充满浓厚的生活气息，是一幅将青花纹饰之美提升到"道"的境界的中国山水人物画。它具有与中国山水画同宗同源的审美精神和水墨技法。道家学说顺其自然、敬畏天地的存在，以及所主张的道法自然的哲学精神，给青花瓷纹饰文化审美所带来的启迪是多方面的，青花瓷纹饰艺术表现的构思和内涵布局及"技近乎道"的哲学审美创造，都表达出道家哲学思想中"道法自然"的艺术审美境界。

天人合一就是与先天本性相合，人要与自然和谐统一。这里天是指天地之间的自然万物，我们要遵守自然界中的规律和准则，只有顺应自然规律，世界的事物才会像春夏秋冬、四时朝暮一样变化丰富。道法自然的最终法则便是自然而然。人与自然的和谐是青花瓷纹饰艺术审美的主题，自然之美蕴藏着生机活泼、欣欣向荣。

青花瓷纹饰艺术追求"天人合一"的哲学思想审美境界，青花瓷器构图元素的选择、造型的塑造和纹饰寓意的表达，使得青花瓷纹饰艺术充满了旺盛的生命力。道家文化思想强调人与自然的和谐统一，与自然亲和协调，在遵循自然法则的基础上符合自然的要求，才能被自然接受，青花瓷纹饰艺术也必须遵循自然法则的审美思想才能发展。在道家的思想观念中，神仙传说等内容被广泛地应用到青花瓷的纹饰题材上，大大丰富了青花瓷器的纹饰风格。明嘉靖青花瓷纹饰审美中道教色彩浓厚，如"仙人乘槎""仙翁小憩""折枝灵芝""高寿双庆""魁星点斗""刘海戏金蟾"等，反映了嘉靖皇帝对道教的尊崇，总的纹饰风格体现出的是具有贵生贵命，追求长生不老的道教思想。养生是道教实现长生不老的手段之一，所以这一时期的青花纹饰常以灵芝、仙桃来表达人们对于长寿的期盼，明代帝王的这些故事对后世的青花瓷器纹饰"天人合一"文化审美理念影响深远。明代青花瓷纹饰艺术审美常见的八仙人物、八卦、八吉祥、灵芝、云鹤、松竹梅，以及用花枝、树枝组成的福、寿

明 天顺 青花人物故事图罐

字，以及道教神话中的八仙所持的八种宝器称为"暗八仙"，也是明代青花瓷"天人合一"思想中常用的题材纹饰。庄子《逍遥游》中用"鲲鹏"来象征审美自由，而嘉靖却借此来表达自己的执政理念。明代嘉靖、万历两朝帝王尤其信奉道教，因此道教中的八仙就成为青花瓷器的重要纹饰之一，通常绘有"八仙过海""八仙祝寿"等题材。由于嘉靖皇帝对道教的热爱，道家文化思想得以繁荣发展，从而促进了具有道教思想意蕴的青花瓷纹饰艺术的发展。因此"天人合一""天地合德"与自然相互适应、相互调谐的审美情趣和哲学理念成为青花瓷纹饰文化审美艺术表现最重要的命题。

2. 致虚守静、无为而治是青花瓷纹饰艺术审美的精神本质

春秋时期思想家老子在《道德经》中提到道家修养以"致虚极，守静笃"为主旨，他认为世界的本质都是虚空而平静的，自然万物的生命都是从"无"到"有"，再从"有"到"无"，最后复归回根源，虚和静是自然生命的本质，是身心和谐的生命精神的体现，顺应自然本源，守住本真之美，是道家修身养性的哲学审美境界。致虚守静就是顺应自然的变化，从而使自己的心性静笃到与自然同等虚极之美的哲学精神境界。这为后来的青花瓷纹饰艺术审美创作切入艺术体验的哲学精神境界找到了理论渊源，也对青花瓷纹饰艺术审美境界的创造产生了重要的指导意义。

青花瓷纹饰艺术的表现内容起点就是从此开始的，正是受到中国传统哲学审美态度的影响，青花瓷纹饰艺术严格遵守了老子道法自然、致虚守静的审美标准。此时的青花瓷纹饰艺术在表现时往往以自然山水为艺术灵感，从而形成一种人与自然万物的和谐氛围，在自然中寻找生活的乐趣和寄托自己的情怀，始终保持着一种致虚守静的心境和自由自在的精神。明代正统、景泰、天顺时期的人物题材纹饰"携琴访友图""老子讲道图""高士观景图""高士出行图"等青花瓷作品，大多表现了高士迎风而行，冠带、衣带随风飘起，体现出高士的清逸悠闲，以及生命与自然的沟通，生命超越精神的心境。道家老庄的虚静思想，作为一种原始的传统哲学思想被引入艺术审美的视野范围，进一步参与到青花瓷纹饰艺术的实践创作中，成为青花瓷纹饰艺术审美前期创作的必备心理状态，并且在青花瓷艺术创作的多个环节中都渗透着"虚、静"的思想。

随着道家老庄思想的进一步发展，"虚、静"成为青花瓷艺术的审美范畴。如明万历时期青花云鹤凤凰纹六方盖罐，盖钮、壁均绘花卉纹，腹部六方每边中心为如意形开光，其内分别绘云鹤和云凤纹，鹤、凤均做展翅飞翔状，姿态各异。开光周围以花卉填空，胎质厚重坚硬，釉色白中泛青，细润光洁，青花色料为回青料，浓重艳丽，以致有的纹饰不甚清晰，纹饰布局新颖疏朗，造型别具风韵。此件青花瓷器纹饰以身心和谐和超越生命的意境表达道家致虚守静的命题，演绎道家的文化思想，实践道家文化的理念，弘扬道家思想文化精神。

老子哲学的核心思想是"无为"。"无为"就是不违背事物各自的发展规律，"无为而治"是不能随意妄为。元代青花瓷纹饰中以自然题材居多，主要植物纹饰有牡丹纹、菊纹、莲纹、莲池纹、瓜果藤蔓等，除此之外，动物纹饰还有鱼纹、麒麟芭蕉纹、山石瑞兽纹、山石锦鸡纹、兔纹、芦雁纹、鱼藻纹、云龙纹、云凤纹、穿花凤纹、莲池仙鹤纹、莲池鸳鸯纹等，皆是无为而治哲学思想的体现。

中国明清时期老庄哲学思想的青花瓷题材非常丰富，几乎涵盖社会生活的方方面面，中国青花的审美特征无不渗透着道家"无为而治"的哲学精神影响。老庄哲学思想深深作用于青花瓷纹饰艺术创作中，给青花瓷纹饰艺术的创作带来了取之不尽、用之不竭的艺术营养。

三、佛家文化思想对青花瓷纹饰艺术的影响

1. 禅宗独盛、佛本行赞是青花瓷纹饰艺术审美的宗教意蕴

佛教文化也是中国传统文化的重要组成部分，佛教自东汉时期传入中国之后，

受政治、经济、文化条件及世俗信仰的影响，隋唐以后逐渐向着本土化发展。由于禅宗哲学思想的盛行，元明清时期青花瓷纹饰常以佛教故事中的一个场景情节作为青花瓷纹饰，其中著名的禅宗故事青花瓷纹饰有玄奘夜渡玉门关、达摩渡江、达摩面壁、目连救母等。

元代时期青花瓷大量出现，佛教对青花瓷纹饰艺术的审美观念起了非常重要的作用。莲花作为佛门圣花，在佛教文化艺术中有着特殊地位，通常以圣洁的莲花代表佛国净土。元代青花瓷器中的莲花纹花瓣由两道外粗内细的线构成，莲瓣之间留有空隙，如青花鸳鸯莲花纹盘就是其中的代表之作，其纹饰整体构图饱满，绘画细腻精致，以青花双圈线隔成多层带状，各层花纹之间主次分明，从中可以体会出这一时期人们对莲花的理解，看到禅宗思想在青花纹饰艺术中的影响。佛教禅宗中的宝相花与八宝也成为青花瓷纹饰哲学文化审美表现的重要题材。纵观青花瓷纹饰文化审美的发展历程，佛教禅宗哲学文化思想对青花瓷纹饰艺术的发展起到了举足轻重的作用。

在禅宗独盛之时，佛教典籍翻译的春天也同时到来。佛教经典典籍内容非常丰富，包含了佛教以及有关文化——政治思想、道德伦理、文学、艺术、哲学、习俗等方面的广泛论述。隋唐时期佛经翻译才真正成熟，佛经的翻译为中国佛教文化注入了新的血液，佛家典籍中的绘画逐渐成为青花纹饰艺术中的重要题材，如唐代刻印的《金刚经》中所绘卧于佛前的两头狮子，在瓷器中狮子的形象无处不在。从元青花狮舞绣球的形象，到永乐的双狮纹压手杯及成化后众多带有梵文的"狮纹"，都有狮子的形象，狮子作为文殊菩萨的"坐骑"，逐渐演变成被广泛接受的青花瓷纹饰形象，俨然成为佛菩萨的化身。

佛经翻译使青花瓷纹饰艺术的审美情趣发生了改变。明宣德青花蓝查体梵文出戟法轮盖罐，罐身分层绘海水、八吉祥、蓝查体梵文及莲瓣纹。罐附圆盖，盖面中央书一蓝查体梵文，周边绘四朵云纹，间以四个蓝查体梵文。盖之外壁饰海水纹。

盖内顶面双线圈内绘一周九个莲瓣，每个莲瓣内均书一蓝查体梵文，中央双线圈内横书"大德吉祥场"五个篆体字，与罐内底面同样的五字相对应。盖内九字中，有五字为五方佛中的五佛种子字，另四字分别代表前四佛双身像中的四女像种子字。罐外壁中间一周梵文为密咒真言，其上下各有八个相同的梵文，代表各方佛双身像中的女像种子字。此种文字组合图案被密宗信徒称为"法曼荼罗"。此器在宣德青花瓷中极为少见，其造型、花纹均充满宗教含义，当为佛教徒做道场时所用的法器，是景德镇专为宫廷烧制的佛事用具。又如清代雍正时期青花梵文碗，口沿绘一周缠枝石榴纹，腹部一圈梵文，底心为花瓣组成的圆形图案，间以平行弦纹相隔，纹饰具有明嘉靖、万历时期的装饰风格。类似受到佛经典籍翻译时代哲学文化影响的青花瓷纹饰作品在元明清时期随处可见，十分盛行。

2. 佛教造像、佛教言孝是青花瓷纹饰艺术审美的文化价值

汉魏以来受佛教文化的影响，中国哲学精神与文化艺术进入了一个崭新的阶段。佛教造像采用夸张的艺术手法，把佛、菩萨的艺术形象加以神秘化，使佛教文化产生无比庄严的美感。佛教造像盛传于我国后，对元、明、清青花瓷纹饰艺术的审美风格产生了重要影响，佛教造像极大地丰富了元、明、清青花瓷纹饰艺术的表现内容。青花瓷佛像题材作品，成为青花瓷纹饰宗教艺术文化宝库中的璀璨明珠。

佛教传入中国以后，为了宣传佛教以及募集布施，佛教造像成为重要媒介，佛像艺术经过长期的探索和实践，逐渐成为中国造像艺术的一部分。佛像具有强大的感染力，深受佛教造像影响的佛教文化成为青花瓷中常见的装饰题材，无形中影响了青花瓷造型和纹饰题材的发展。青花瓷器物上与佛教有关的纹饰大致可以分为两大类：小型瓷器上的简单纹饰，如碗、盘、碟、钵、杯、盒、瓶、壶等，绘有与佛教文化相关的荷花莲波纹、缠枝宝相花纹、十字宝杵纹、海螺纹等，这类纹饰以清新纯朴取胜，具有典型的节奏美感；大型瓷器多装饰有复杂纹饰，人物多达十几人甚至更多，其背景中有山河湖海、亭台楼阁、日月云雾、动植物等，整体构图气势

明 宣德 青花蓝查体梵文出戟法轮盖罐

磅礴。

　　佛教传入中国后融合了儒家思想中的伦理道德，扩展和改善了人们对孝道的理解，两者的完美结合构成了中国佛教孝道思想体系，佛教言孝成为青花瓷纹饰的重要表现题材。父母恩是佛教强调"报四恩"之一，《大乘本生心地观经》认为父母养育子女的恩情广大无边，子女如果不孝顺赡养父母，死后就会坠入地狱，孝顺父母就会得到佛菩萨的护持。北宋时期著名高僧契嵩在前朝佛教孝道理论成果的基础上，对孝道进行了讨论和总结，所著《孝论》十二章都在讲解孝道义理。《孝论》最大的特色是其戒孝合一论，被尊称为中国佛教的孝经。

　　佛教言孝思想对于青花瓷纹饰艺术审美产生了深刻影响，使得明清两代青花瓷上常出现中国传统文化中"二十四孝"审美题材的纹饰，如万历、崇祯时期最为多见的青花筒瓶。这些青花作品，造型端庄大气，胎骨厚重坚致，釉色莹润明亮，颈部的变形蕉叶纹，肩、足处的暗刻纹饰，具有崇祯时期瓷器的典型装饰特征。主题纹饰描绘的是"二十四孝"中"鹿乳奉亲"的故事，画面表现的正是郯子向猎人叙述取乳缘由的情景，只不过原来故事中的猎人已变成刀甲鲜明的军士。除此之外，"二十四孝"故事中的"弃官寻母""扼虎救父"等，都是明清时期青花瓷纹饰审美中关于孝道的重要题材。佛教言孝与儒家论孝有所不同，儒家的孝道讲究要继承先人的遗志，完成先人的事业。佛教言孝不仅侍奉供养双亲，继承他们的志向和事业，更重要的是让他们止恶行善，进而能够了脱生死，远离痛苦。总的说来，佛教之孝在儒佛之间找到了完美的契合点。元明清时期的青花瓷纹饰文化作品中体现佛教言孝的故事很多，如"母必亲供""居丧不食""泣血哀毁""凿井报父""礼塔救母""悟道报父""念佛度母"等。

四、结语

　　青花瓷纹饰艺术历经元、明、清三代至今不衰，在辉煌灿烂的陶瓷艺术史上独树一帜，具有很高的地位和影响力。青花瓷纹饰艺术是民族文化的象征和艺术典范，中国哲学精神影响着中国传统的青花瓷纹饰艺术审美，使青花瓷纹饰艺术成为儒释道文化传播的一种载体并包含着多重文化意蕴。青花瓷纹饰艺术延续着传统哲学的文脉格局，并充分体现了中国文化的融合精神。"道法自然"为青花瓷纹饰艺术提供了形象化的基础，佛家追寻自我的逻辑思维为青花瓷纹饰艺术提供了抽象化的可能性。青花瓷纹饰艺术依靠儒家的"中庸"哲学思想在佛、道之间取得平衡，从而找到了一个合适的平衡点，在"师法自然"的同时又提炼出抽象化的自然之美，保持了丰富多样的自然美，从而获得了简练的诗情画意。青花瓷纹饰艺术在儒、释、道的共同影响下，形成自己的独特风格，在中国陶瓷艺术史上占有极其重要的地位。

明 仇英《松下论道图》局部

以人为本　刚健自强
中国陶瓷艺术与民族文化精神

　　中国陶瓷艺术是人类文明史上出现最早的一种艺术形态，是在中国民族文化精神形成过程中孕育成长起来的艺术品类，是中华民族传统文化精神的缩影。我们可以从陶瓷艺术的审美中了解中国不同时期的文化内涵，探寻中国的民族文化精神。文化精神是人类思维运动发展的精微内在动力，中国陶瓷发展的内在思想源泉离不开中国传统文化的基本精神。中国的民族文化精神具有两个重要特征：一是拥有广泛而深远的影响力，能为大多数人所接受领悟，起到了陶冶情操和精神引领的作用；二是具有鼓励人们奋发图强和促进思想凝聚的发展作用。中国几千年的传统文化基本精神，以天人合一、以人为本、自强不息、以和为贵四项基本观念为核心思想。中国陶瓷艺术是在民族文化精神的基础上，在人与自然社会和谐相处中把握自己的精神内涵，从而获得了具有自己独特本质的艺术审美特征。因此，对民族文化精神来说，中国传统文化精神中的哲学思想成为中国陶瓷艺术的灵魂，而中国陶瓷艺术审美体验则是哲学思想之灵。"中和之美"是中国艺术文化审美范畴的崇高境界，体现着人文精神中"自然"的魅力。中国陶瓷艺术反映着中国人崇尚中和、中道的审美情趣与价值取向。纵观中国陶瓷艺术的发展，从浑沌之源、萌芽之初到遍地开花，自始至终贯穿着中国的传统文化精神内涵。

中国陶瓷艺术是人类漫长历史发展中的伟大发明，我们的祖先怀着对生命无限的热烈之情与丰富的创造力，为我们留下了精美的陶瓷作品与璀璨的陶瓷文化。中国陶瓷艺术承载着民族文化精神的成长历程，包容了中国人既深邃含蓄又慷慨激昂、粗犷豪放的情怀。中国陶瓷艺术以自身原始泥土的本质和如脂似玉的品质成为中华民族文化精神的见证。中国陶瓷艺术所表现出来的民族文化精神，展示了不同时代独特的精神面貌，体现了中国人对生活、对生命执着的文化精神追求。

一、天人合一

天人合一的哲学思想是指人与自然的和谐统一关系，天人合一的内涵表达不仅要实现人与自然的和谐统一，更要实现人与整个宇宙的和谐统一，在以生命为主体

元 青花缠枝牡丹云龙纹罐

和自然为客体的生态美学基础上，实现陶瓷艺术与民族文化精神的"天人合一"。中国陶瓷艺术中的天人关系主要体现的是人与自然之间的关系，中国陶瓷艺术的文化精神重点强调人与自然的亲近与融合，追求天人合一的自然天成境界需要合乎自然的要求，遵循自然发展的法则，只有这样才能被大自然所认同接纳。在天之道与人之道的对立中，在崇尚"天之道"的基础上维持"人之道"的道德原则，才能保持人与天地之间自然万物的平衡与和谐，以获得天人和合。正是遵循了自然生态的发展法则，中国陶瓷艺术才逐渐走向顶峰。

孟子将人性与天道联系在一起，《孟子·尽心上》中提到"尽其心者，知其性也。知其性，则知天矣"，孟子认为人性有天赋的善端，所以只有在"知性"的基础上才能"知天"。《易传》中所阐述的"裁成辅相"之说是天人合一的萌芽思想，《文言传》所解乾卦部分提出的"与天地合德"思想，对于"非常人"来说，合乎天地的意志，有日月的光彩，符四季的秩序，也顺应神鬼的吉凶。与天地合德就要与大自然均衡和合、天人协调。中国的传统哲学中的儒家、道家、佛家都强调"天人合一"，传统哲学对宇宙万物和自然生命的特殊体悟渗透进中国陶瓷漫长的发展过程中，这是中国陶瓷艺术发展中的一个根本观念，中国陶瓷艺术的成长就是遵循了自然与人和谐统一的哲学理念。

《道德经》曰"人法地，地法天，天法道，道法自然"，又讲"道生一，一生二，二生三，三生万物"。老子认为道是天下万物的母亲，天地万物由道产生，而道本身是自然的、有一定规律的，道的活动以自我满足、独立自在为法则，这种传统美学思想成为中国陶瓷艺术效仿的对象。《考工记》记载："天有时，地有气，材有美，工有巧，合此四者，然后可以为良。"天时、地气是自然界的客观条件，材美、工巧是主体方面的主观因素，只有气候因素、地理环境、材料的自然美感和工匠的艺术造诣这四大因素达到一种完美的调和，才能制造出精良的器物。著名的龙山黑陶是继仰韶文化彩陶之后的优秀品种，黑陶选用精细淘洗的陶土，利用轮制

明 弘治 青花高士图葫芦瓶

作胎，以封窑烟熏的渗炭工艺烧造，在朴素无华的光泽表面仅以刻划镂空装饰，最终造型刚健挺拔，形成"黑如漆、明如镜、薄如纸、硬如铁"的整体效果，代表着这一类型陶器的杰出成就，是新石器时代的人工艺术设计与天然材料融为一体的一个重大突破。西汉时期董仲舒认为道出于天，人事和自然都受制于天命，系统地提出"天人感应"学说。北宋思想家张载明确提出"天人合一"四字，在所著的《正蒙·乾称篇》中以形象的语言宣示乐天顺命、天人合一的思想，认为人与万物由气构成且都是天地所生，充分肯定了人与自然界的和谐统一。

中国陶瓷艺术的文化精神是人与自然和谐统一的延伸，身与物化的哲学观在自然造化中汲取美学思想的营养，不断赋予陶瓷器物新的生命，这种创作精神是对美好事物的向往，也是对现实生活的真情感悟，是中国民族文化精神中的独特文化象征。中国陶瓷艺术是一种包含着多重文化元素的文化现象，必将以其特有的民族文化精神，启迪人类文明与文化的现在与未来。

二、以人为本

中国陶瓷艺术蕴含着中华民族的卓越智慧，是人类文明发展的重要见证，折射出东方文明的奇光异彩。儒家倡导以人为本的重要价值理念，强调"人最为天下贵"，充分肯定人的价值，人领受天地之间的精气而生，人有生命、知识、智慧、道义，优于万物，是宇宙万物中最高贵者；儒家历来重视人的作用，崇奉人的尊贵地位，弘扬人的主体价值，重视人的社会作用，鼓励人的入世态度与参与意识，这是一种鲜明积极的人文精神。儒家文化思想把"以人为本"的价值理念与经世态度和奋斗精神紧紧地结合在一起，提倡自强不息、开拓进取的入世精神。千百年来，以人为本的发展理念培育出坚韧不拔、积极进取的民族文化精神品质，从而激发出中华民族勇于开拓的强盛斗志，依靠这种价值理念精神的支撑，中华民族创造出的灿烂文

明 嘉靖 青花莲池鸳鸯纹盖罐

化始终保持着强盛的文化创造力与艺术生命力。

　　儒家"以人为本"的价值理念是中国陶瓷艺术几千年来艺术创作的基础，以人为本可以称为人本思想，所谓以人为本就是以人事为本，并不是把人作为宇宙的根本，而是把人作为社会生活的根本。孔子"仁政"的基本精神是对人民有深切的同情和爱心，孔子的这种思想意义深远，影响着历朝历代统治者。受儒家文化思想影响，在中国陶瓷艺术文化审美特征中，形成了以人的道德教育代替宗教影响的理念。中国自秦汉到元明清时期的陶瓷题材有"君子如玉"的精神，中国陶瓷装饰纹样题材中的松竹梅纹、月映梅纹、梅兰竹菊纹等，所体现的就是孔子自然美学观的"比德"思想，将仁的道德理念引申到自然景物之上，在大自然的山水中体味领会道德观。这种"人格比附观"与孔孟儒家所提倡的理想人格和以"仁"为核心的精神准则是一致的。孔子的这种人生价值观包含着内圣外王与自我牺牲的精神，倡导个体道德的自我完善。儒家"以人为本"的文化思想对中国陶瓷艺术的发展产生了深远而持久的影响，赋予了中国陶瓷艺术深刻的民族文化精神内涵。

　　孟子提出"民为贵，社稷次之，君为轻"的民本思想，荀子将君与民的关系比作舟与水的关系，劝告君主要平正爱民、隆礼敬士、尚贤使能，这些都是对"以人为本"理念的论述与展开。南朝宋著名的思想家何承天所著的《达性论》，宣扬人本观念，认为天地人相须而成，都当成为宇宙间的重要存在，没有天地的孕育，人就无法产生，没有人的存在，天地失去精神，人是天地万物的中心，不能与其他生物并列为"众生"。南北朝时期著名的唯物主义思想家范缜所著的《神灭论》，系统地阐述了无神论思想，提出形为质而神为用的学说，更彻底批驳了神不灭论。宋明理学中的诸多派别也都高度肯定人在现实生活中的价值，受儒家以人为本思想影响的中国陶瓷艺术，宗教意识都比较淡薄。在中国陶瓷艺术文化精神中，自始至终都有以道德教育取代传统宗教的创作传统，虽然道德也是有时代性的，但是这一道德传统仍有其积极的意义。

中国陶瓷艺术文化的创作，饱含了儒家以人为本的价值理念和人本思想，反映了儒家文化的审美特征和人格理想，儒家文化思想的人本主义精神理念培育了中国陶瓷艺术审美独特的风格与品质。我国从秦汉到唐宋元明清，依靠"以人为本"的价值理念和人文精神的支撑，创造出了灿烂的陶瓷文化艺术与优秀的传统文化审美作品，始终保持着强盛的艺术生命力和文化创造力。

三、刚健自强

中国陶瓷艺术以其深厚的民族文化精神和独特的艺术表现形式，成为中国和世界艺术文化宝库中一朵璀璨的奇葩，在历史遗存的丰富陶瓷艺术作品中反映出一种刚健自强的民族文化精神，体现了不同时代人与生命的品格及独特的精神面貌，充满了生机盎然的生命力，鲜明地显示了中国人对自然生命和现实生活刚健自强的执着追求。先秦时期的儒家提出刚健自强的人生准则，孔子也重视"刚"的品德，认为坚毅质朴而不善言辞的人往往有一颗仁慈的心，刚毅木讷距离仁德不远。《论语·泰伯》云："可以托六尺之孤，可以寄百里之命，临大节而不可夺也。君子人与？君子人也。"面临生死存亡的紧急关头而不动摇屈服，这才是刚毅君子的表现。《周易大传》提出"刚健""自强不息"的生活信念。《大有·象传》云："大有，柔得尊位，大中而上下应之，曰大有。其德刚健而文明，应乎天而时行。"《乾·文言传》云："大哉乾乎！刚健中正，纯粹精也。"《乾·象传》云："天行健，君子以自强不息。"乾卦的卦象代表天，特性是强健，天行就是日月星辰的运行。宇宙自然不停运转从不间断称为刚健，人应效法天地，永远不断地前进而自强不息，自强即努力向上、积极进取。同时儒家还重视"不息"的作用，《中庸》云："故至诚无息，不息则久，久则征，征则悠远，悠远则博厚，博厚则高明。"《诗经·周颂·维天之命》云："维天之命，于穆不已。"天道运行，庄严没有止息，这些都

元　青花云肩缠枝牡丹纹梅瓶

具有积极的发展意义。孟子在孔子思想的基础上，对儒家思想中的伦理道德观念作了进一步丰富和发展。《孟子·公孙丑上》集中阐述了恻隐之心是仁的开端，羞恶之心是义的开端，辞让之心是礼的开端，是非之心是智的开端，仁义礼智这四种端就像四肢一样，孟子认为仁义礼智四种美德是与生俱来的，但他同时又强调要想真正有所作为，人们需要努力扩充四种美德，加强后天的自身修养。

在中国陶瓷的发展历史过程中，宋瓷极简主义的陶瓷艺术风格理念领先世界一千年，宋瓷的美学思想是儒家刚健自强的人与生命品格的最好表达。由此，中华民族形成了诸多独异于世的传统美德，这些美德不仅为过去中国陶瓷艺术的发展提供了巨大的精神力量，也为中国陶瓷文化艺术精神的形成发挥了重要的指导作用。

在中国传统的民族文化精神审美中，与刚健自强政治伦理观念有密切联系的是具有独立人格意志的道德品格，以及为了实行仁德坚持原则宁可牺牲个人生命的思想。孔子肯定人人都有独立的意志，他说："三军可夺帅也，匹夫不可夺志也。"孔子认为仁慈的人和有志之士，决不为了自己活命而做出损害仁义的事情，而是宁可牺牲自己也要坚守仁义道德的原则，高度赞扬伯夷、叔齐恪守独立的人格与不食周粟的傲骨。孟子进而提出："生亦我所欲也，义亦我所欲也，二者不可得兼，舍生而取义者也。生亦我所欲，所欲有甚于生者，故不为苟得也；死亦我所恶，所恶有甚于死者，故患有所不辟也。"（《孟子·告子上》）他所喜欢的胜过生命的东西就是"义"，义的范围包括人格的独立与尊严，坚持自己的人格独立与尊严，这是刚健自强的最基本要求。孔子与孟子的这种儒家思想包含着内圣外王与自我牺牲的人生价值观精神，倡导了个人道德品格的自我完善。中国民族文化精神的传统美德与道德规范，在加强个人修养方面发挥了重要作用，自古以来培养出了无数被奉为楷模的贤良之士，塑造了为广大人民所共同追求的理想人格。

儒家所崇尚的理想人格是圣贤，圣贤包括两个层次的人格追求，即圣和贤。成为圣人是最高统治者所追求的主要人格目标，古代的圣人典范有尧、舜、禹、汤、文、武、周公等，孔子被后世尊奉为"至圣先师"，也位列圣人。贤人在儒家文化中通常是用"君子"一词来体现的，如《中庸》："君子胡不慥慥尔。"注曰："君子，谓众贤也。"《论语》中"君子"一词的使用多达107处，除极少数代表身居高位的人外，一般用来指道德修养较高的贤能之人。孔子和孟子是儒家思想的主要代表人物，他们从不同的角度阐述了君子道德品质的修养标准，君子要想具备崇高的道德品质与优秀的个人素养，首先要拥有对仁义发自内心的向往，儒家文化思想激励着人们朝着理想中的人格标准努力奋斗，中国陶瓷艺术就是在这种儒家理想人格的鼓舞下逐渐发展起来的。中国历代的陶瓷艺术都将儒家思想的核心内容与现实社会结合起来，创造出大量的适应社会发展的优秀作品，中华民族文化精神的理想人格不断赋予这些陶瓷艺术杰作新的内涵。总之，中国历代陶瓷艺术题材与内涵无不体现着儒家文化思想中刚健自强的文化精神与审美特征。

在中国传统哲学中，儒家宣扬刚健自强的思想，道家则崇尚以柔克刚，这是构成中国传统文化思想的两个重要方面。刚健自强的思想可以说是中国文化精神思想的主旋律，儒家思想在中国民族文化精神思想中占有长期的主导地位，在中国陶瓷史艺术的发展上起了激励鼓舞的积极作用。

四、以和为贵

儒家所倡导的"以和为贵"的价值理念是中国陶瓷艺术审美表现的核心思想。《周易大传》提出"大和"观念，《乾·象传》说："乾道变化，各正性命，保合大和，乃利贞。""大和"是指自然界万物并存共育，儒家文化思想认为人类与自然万物是和谐统一的，强调万事万物之间的对立应回归到相互统一的"大和"状态。中国陶瓷艺术在符合人与社会和谐的客观规律的基础上，来实现和感知中国陶瓷艺术发展审美的创造。《中庸》云："万物并育而不相害，道并行而不相悖。"这正是儒家所构想的"大和"景象。儒家"以和为贵"的思想自秦汉至今依然是中国陶瓷纹饰艺术意境的审美表达，这种以和为贵核心价值理念的艺术体现至今仍具有强大的生命。

儒家思想倡导"以和为贵"的重要价值理念，有和谐包容、恰到好处的含义，体现的是"和而不同"的思想意识。孔子的"礼之用，和为贵"，孟子的"天时不如地利，地利不如人和"，荀子的"和则一，一则多力，多力则强，强则胜物"，都是以和为贵思想的引申与体现。以和为贵中的"和"涵盖了自然之间的和谐、人与自然的和谐、人与人的和谐、人自我身心的和谐。以和为贵的思想不仅有利于社会环境的稳定发展，也能够加强人们自我道德修养，从而与外部世界保持和谐统一。经过历史的不断选择和重塑，"以和为贵"的思想理念逐渐成为民族文化精神的核心观念，对中国陶瓷艺术的形成和发展也产生了深远影响。

中国陶瓷艺术创造中"以和为贵"的思想内涵体现为普遍和谐，注重群体至上的整体观念，它们在长期的历史发展中，形成了中国陶瓷文化艺术审美的精神品格，对中国陶瓷文化艺术创造起到了积极的促进作用。例如元代的青花缠枝牡丹纹梅瓶，通体纹饰共有九层，腹部纹饰以四朵盛开的缠枝牡丹为中心。牡丹被视为吉祥富贵、繁荣昌盛、幸福和平的象征，枝叶缠绕其间，婉转多姿，牡丹花或仰或覆，仪态万方，彰显了"中和大美"的和谐理念，是中国陶瓷艺术中难得的"以和为贵"的题材表现。

"和"思想是中国历来最高的价值标准，从"礼之用，和为贵"强调和的作用，到"君子和而不同，小人同而不和"，区别了"和"与"同"。和、同思想最早见于西周末年思想家史伯的言论，他提出了"和实生物，同则不继"的命题，"和"是指事物多样性的统一，"同"是指没有差别的单一事物。《国语·郑语》记述了史伯的观点，不同的事物相互为"他"，"以他平他"就是汇集不同的事物从而达到平衡状态的"和"，只有这样才能产生新事物，这种解释明确了"和"的意义。道家始祖老子也讲"和"思想，《道德经》有"万物负阴而抱阳，冲气以为和"，又有"知和曰常，知常曰明"，都肯定了"和"的重要性。但老子冲淡了"和"与"同"的区别，重视"和"的同时也肯定了"同"。儒家"以和为贵"的思想理念，逐渐形成了追求普遍和谐的精神观念与审美理念，对中国陶瓷文化审美艺术风格取向的凝聚起了稳固与促进作用。

儒家思想中"以和为贵"的理念促进民族团结与融合，对中华民族的凝聚与文化发展产生了积极作用。中华民族的文化精神与中国陶瓷文化艺术一样，都是一个多元的统一体，统一中的多元化正是中国古代传统哲学所共同提倡的"和"的体现。中国陶瓷艺术在反映客观事物的同时，必然也会反映出人的主观意识，表达人与自然万物和谐共处的观念，表现人的理想与情感。中国陶瓷艺术的发展反映着人们对美好生活的向往和对美好事物的追求，表现了中国传统民族文化精神中的人文思想。正是由于儒家思想"以和为贵"的审美价值理念的影响，形成了中国陶瓷文化艺术审美认知，从而铸就和发展了中国陶瓷文化艺术审美的强大生命力。总之，"以和为贵"的理念对中国陶瓷文化审美艺术影响深远。

荷兰　威廉·考尔夫《静物》

中西交融　文明互鉴
中国对外贸易陶瓷与西方艺术的文明互鉴

　　在文化接受中，最容易见效的当然是物质文化。西方人在中国的工艺美术、实用美术中，不仅享受了它们的实用价值，而且赏识了它们的审美价值。随着文化交流的扩大，西方人在对中国物质文化赞叹不已的同时，逐渐惊喜地发现，中国的精神文化更灿烂辉煌、博大精深。中国传统文化中，最早被欧洲人接触并接纳的，便是丝绸与陶瓷。最早在古希腊、罗马时期，中国的丝绸就已经传入欧洲，出于对丝绸的喜爱，古代欧洲人称中国为"赛里丝"（Seres），意为"丝绸之国"，这是欧洲人对中国的最初了解。相对于丝绸，中国陶瓷传入欧洲的时间较晚。中国宋代时期，欧洲人才真正接受了中国的陶瓷，于是，中国很快在欧洲人眼中变为"China"，即"瓷器之国"。不管是丝绸还是瓷器，它们实际上都是作为中国文化的一种物质载体，来向世界传播的。瓷器作为一种文化艺术商品，首先具有商品的流通性。随着世界交通的不断发展，特别是地理大发现之后，世界各大洲之间的联系愈加密切，中国与欧洲各国之间的商业贸易活动也越来越频繁，具有东方色彩的中国瓷器逐渐打开欧洲的市场。瓷器作为一种文化艺术，既是物质的，也是精神的。欧洲人在最先倾倒于瓷器细腻、精巧、温润的物质美学后，也逐渐被其所蕴含的丰富精神内涵所折服。这些饱含中国文化元素的瓷器逐渐影响了欧洲的艺术风格，东西方的文化艺术开始相互作用、相互影响。

一、时代背景

新航路开辟之前，欧洲与中国的贸易路线分为陆上路线和海上路线。其中陆上路线是指陆上"丝绸之路"，东起中国，经中亚腹地至小亚细亚，再到欧洲，这中间还包括多条支线；而海上路线主要利用季风的特点，在每年的4—6月，船只从苏伊士或巴士拉出发，分别经过红海或波斯湾进入阿拉伯海，再顺着西南季风航向印度洋和中国，10—12月，再跟随东北季风回到始发地。但是，不管是陆路还是海路，这一时期的欧洲与中国都是间接的贸易关系。

15世纪以后，随着西欧资本主义生产关系的萌芽与发展，商品货币关系的繁荣，封建自然经济逐渐解体。货币不仅取代土地成为社会财富的主要象征，而且日益成为衡量社会地位和权力的重要标志。西欧货币体制由银本位制改为金本位制之后，黄金成为唯一支付手段，需求量急增。因此，欧洲人无不醉心于搜寻黄金和财富。加上《马可·波罗游记》《曼德维尔游记》《世界的面貌》等对印度、南洋和中国财富的夸张描述，这些激起了欧洲人对东方的向往和冒险远游的热情，使他们认定只有到中国等东方国家才能实现他们的"黄金梦"。这从本质上反映了资本主义生产关系对于掠夺财富和加速资本原始积累的迫切要求，它成为探索通往东方新航路的主要动力。此外，当时欧洲与中国的贸易基本上被意大利人和阿拉伯人垄断，欧洲商人想要直接与中国进行贸易，必须绕开意大利和阿拉伯，另辟蹊径。15世纪中后期，奥斯曼帝国崛起，控制了亚欧商路的枢纽，传统的东西方贸易虽没有完全中断，但正常的商业贸易秩序，因土耳其军队的抢劫和高额的关税，遭到破坏。从此，东方运到欧洲的商品数量急剧减少，价格也飞速上涨。加之欧洲上层社会视东方奢侈品为生活必需品，不惜高价大批采购，由此导致贸易严重入超，贵金属大量外流，财政不堪负担。于是各国纷纷采取行动，希望绕过地中海东部，另外开辟一条通往东方的商路。

明 万历 青花开窗山水花鸟纹花口盘

15 世纪末、16 世纪初，西欧各国为寻找地中海以外的直达东方航线，出现了一系列影响人类历史进程的地理大发现。新航路的开辟，使一向相互隔绝的世界各个地区联系逐渐加强，并逐渐形成了以欧洲为中心的世界经济体系，世界开始了一体化的过程，世界市场开始形成。进入 16 世纪后，大批传教士前往中国，一方面传播教义，另一方面从中国获取信息和情报。他们带回国的各种报告、论著，引起欧洲人对中国的巨大兴趣。

16 世纪之前，中国瓷器主要销往亚洲和非洲，只有为数极少的中国瓷器零星流入欧洲。1497—1498 年，葡萄牙人达·伽马开辟了欧洲从海上直通印度的新航路以后，1515 年在印度果阿设立了葡萄牙总督府。16 世纪中叶，商人们从果阿到中国，往来于宁波、厦门等城市，直至租借澳门，并从中国将生丝、丝绸、陶瓷、漆器、玉器等运往具有垄断性质的欧洲市场。可以说，16 世纪，欧洲几乎所有的中国商品都是由葡萄牙人带来的。17 世纪起，荷兰取代葡萄牙，垄断了东西方的海上贸易，将大量的中国瓷器运销欧洲各国。17 世纪后半叶至 18 世纪是欧洲国家与中国进行瓷器贸易最为频繁的时期，也正是清王朝国力最为强盛、瓷器生产最为兴旺的时期。18 世纪前期，清政府允许更多的欧洲国家在广州开设贸易机构，中国因而同欧洲建立了直接的贸易关系，中国瓷器不再通过伊斯兰国家即可输入欧洲，从而使得输入欧洲的瓷器数量激增，在 18 世纪 40 年代到 60 年代的 20 年间，中国对法国的瓷器出口达到了高峰。

频繁的往来，使中国的商品、文化、艺术，特别是 18 世纪清代康乾盛世的美景，引起欧洲人的喜爱和向往。于是，在 17 世纪末至 18 世纪末的 100 年间，在欧洲出现了"中国热"现象，欧洲室内装饰、家具、陶瓷、纺织品、园林设计等方面大量融入和表现出中国风格的元素。中国风格成为一种时尚，1792 年，英国外交官马嘎尔尼在日记中写道："整个欧洲都对中国着了迷，那里的宫殿里挂着中国图案的装饰布，就像天朝的杂货铺。"中国式家具、屏风、壁纸、纺织品、陶瓷器皿、园林建筑等方面都受到欧洲生产者和经销商的竞相模仿，以至于当时的欧洲流行一个法文的新词 Chinoiserie，即"中国趣味"或"中国时尚"。"中国热"当时渗透到了 17、18 世纪欧洲人生活的各个层面，具有东方色彩的中国工艺美术品广泛地走进了西方的艺术生活中，并对西方艺术中的巴洛克、洛可可产生了深层次的影响。

17—18 世纪，法国是引领欧洲"中国热"的中心，这和当时的法国国王路易十四对中国的向往有极大的关联。1670 年，路易十四下令在凡尔赛建造了一座"中国宫"。法国国王路易十四和康熙大帝可谓私交甚密，他们一个是法国的"太阳王"，一个是中国的"天子"，两人同为一代帝王，有着很多相似的经历。虽然天各一方，但是通过传教士的书信传达，两位帝王可谓互相敬仰、惺惺相惜。法国国王路易十四和康熙皇帝的书信交往，也成就了 17—18 世纪中法文化艺术之间的交流。亨利·科尔迪埃先生指出，1685 年，法国国王路易十四派遣首批耶稣会传教士来华，

法国国王路易十四选购中国瓷器

是 17、18 世纪中欧（中法）关系史上一件有重要意义的事件。传教士们努力的奔波拉开了 18 世纪法国"中国热"的序幕。1698 年 3 月，白晋神父自欧洲返华，同时向康熙皇帝献上路易十四的礼物。同年 10 月，开往中国的商船"昂菲特里特号"为第一艘派往中国进行商贸交易的法国船只，在当时被认为是皇家身份的象征。中法正式通商后，中国的丝织品、瓷器、漆器、家具、挂毯、绘画等，源源不断地输入法国。康熙三十七年 (1698 年)，随白晋来华的法国传教士傅圣泽，于康熙六十年 (1721 年) 离华，返回法国，带回宗教、政治、科学、艺术、语言等中文古籍总计近 4 000 册，除部分属于个人收藏外，其余均属于替当时法国皇家图书馆购置，这些书籍，成为后来欧洲汉学家研究中国的基础。1735 年，杜赫德出版《中华帝国志》，至此 18 世纪的"中国热"的风潮席卷法国，可谓是如日中天，势不可挡。

二、巴洛克概述

巴洛克，欧洲早期艺术文化风格代表，巴洛克 (Baroque) 一词源自葡萄牙语 barroco，意思是"形状不规则的珍珠"，用在此处则指"不合常规"。在意大利语 (barocco) 中，意思为"奇特、古怪"等解释。在法语当中，"Baroque"为形容词，有"俗丽凌乱"之意。17—18 世纪，巴洛克泛指奇怪、矫揉造作的风格，是当时崇尚古典艺术的评论家带有贬义的称呼。1888 年，海因里希·沃尔夫林《文艺复兴与巴洛克》一书问世，将巴洛克正式推上艺术流派的舞台。沃尔夫林认为"相对于文艺复兴来说，巴洛克艺术具有从线性到绘画性，从平面到立体，从封闭的形式到开放的形式，从分散到统一，从对象的绝对明确性到相对明确性的变化等特征"。

据西方艺术史划分，巴洛克艺术大约是从 16 世纪末期开始，一直延伸到 18 世纪，以意大利为中心，逐步扩展至德国、法国、荷兰、西班牙等地。巴洛克风格最初发展于罗马，它力图恢复古罗马帝国的庄严、宏伟和富丽堂皇。它是一种以宏伟和华丽为目的，充满骄傲及力量的艺术。虽然巴洛克常常拥有大量富于幻想的装饰，但其主要特点是雄浑，这很能适应太阳王——法国国王路易十四的尊严与壮丽。这时期的新古典主义讲求自然、理性、真实，并通过转向学习古典来表现永恒，但它其实更多地展示了封建宫廷理想的文艺理念。巴洛克艺术突破了文艺复兴古典艺术典雅、匀称和静止的理性特点，不管是艺术精神还是表达手法都与以往文艺复兴时期庄重、和谐、主题鲜明的特征不同。在 17 世纪的欧洲，无论是建筑、绘画，还是雕塑、音乐，都具有巴洛克倾向。因此，将色彩斑斓的 17 世纪说成巴洛克时代也并不为过。

巴洛克艺术，这颗璀璨的"西方明珠"，让我们从绘画、雕塑与音乐的艺术形式里领略到色彩斑斓、富丽华贵的艺术瑰宝。这些艺术形式的诞生及发展，与这艺

意大利罗马 特雷维喷泉

清 康熙 五彩开窗牡丹瑞兽纹盘

术时期的文化交融在一起，互相影响，互相渗透，把最完美的艺术作品展现给人们，甚至在今天的艺术发展中还继续给予我们能量和智慧，为当今世界艺术文化的创造带来启示。

三、明清外销瓷对巴洛克艺术的影响

在 16 世纪葡萄牙人带到欧洲的商品中，中国的瓷器既是实用品，又因其洁白的质地与丰富的纹样，为欧洲贵族所喜爱。在此之前，欧洲的陶器主要为粗陶，其质地无法与中国瓷器相比，于是，细密而有光泽的中国陶瓷就被欧洲人视为宝物。法兰西王弗朗索瓦一世在枫丹白露宫专门设立了中国瓷器收藏室，西班牙的菲利浦二世收藏有 3 000 件瓷器，佛罗伦萨美第奇家族 1553 年的收藏目录中也记有 373 件陶瓷。虽然这些瓷器无法全部确认来自中国，但也证明了收藏瓷器在当时已经成为一股风潮。16 世纪，慕尼黑、维也纳以及英国等地区和国家莫不如此。这一时期，提香和乔凡尼·贝利尼的油画《诸神之宴》，描绘了阿波罗等诸神在林间宴饮的场景，林中仙女宁芙手持和地上放置的器皿是中国青花瓷器，左边萨提尔头顶的是仿中国青花的意大利陶瓷。画中所描绘的 3 个青花瓷器，特别是画面中央盛着果物的大钵，放置在坐着的朱比诺和大地女神该亚、海神尼普顿面前，如同一个主角，展现了中国文化的极高境界与气质。像这样对中国陶瓷器的珍视对于威尼斯派画家来说并不少见。

欧洲人对中国瓷器喜爱的原因，并不只意味着对具有优良质地的珍贵物品的憧憬，更能显示出其对于玄远而高妙的、异质的中国文化的向往。从 16 世纪中叶开始，人们从葡萄牙商人和传教士那里开始了解中国的情况。葡萄牙传教士庚斯波罗·达·库斯到达中国，虽然只是停留几个月，但他宣传中国"所有食物和生活必需品非常充裕"，也留意于中国的国家统治方式。其虽以传教为目的，却对异教的

意大利 乔凡尼·贝利尼《诸神之宴》

中国文化极为称赏。西班牙修士马尔泰·拉达也盛赞同时期的中国"土地肥沃，物产丰富，人口稠密"。16世纪后半叶，欧洲人对中国的认识就不只是作为一种兴趣，而是对其作为一个国家的存在而有了深刻印象。"据说中华帝国的统治，差不多与自然的本性相一致，国家权力并非委托于缺乏教养和本领者，而是交付于学行皆优的人。"这种溢美之词逐渐加强了中国作为欧洲国家典范的形象，使中国成为西欧各国走向强大的中央集权君主制的规范。"行政官员们被确定了各种等级，由于秩序优良，相互协作，几乎不可想象，遍及整个王国的是怎样一种愉快的和平与安定。"这是对中国科举制度下官僚体制的理想化的评价。

在被称为巴洛克时代的17世纪，中国文化对欧洲文学、科学、哲学、宗教、生活等方面都产生了很大影响。法国从16世纪开始，路易十三及其宰相都是热心的收藏家。路易十四更把这种局势向前推进，使王宫中的收藏规模进一步扩大，并在凡尔赛宫修建了著名的"瓷宫"，他还下令将《大学》《中庸》《论语》译为拉丁文。这一时期，中国园林风格传入欧洲，欧洲人给予其"美无定则"的美学评价。而"美无定则"一词也恰当地说出了中国瓷器纹饰的特征。可以说这是向欧洲美学挑战的另一种美学。为欧洲带来"美无定则"这一美学观的，不仅包括园林、瓷器，还包括中国画和屏风等所有中国艺术形式。"巴洛克"一词所追求的"不合常规"显然受到了中国艺术"美无定则"美学观的影响。

中国陶瓷纹饰受到中国绘画艺术的深刻影响，中国陶瓷纹饰中无一不是赋予了作品丰富的情感和人文因素，极富中国绘画的寓意和启发。随着中国瓷器大量进入欧洲，必然对其艺术风格产生深刻影响。欧洲文艺复兴时期的艺术风格追求秩序、庄重、均衡与静止，并通过"远近法"和"比例"的概念来实现。而中国的艺术则有着与其完全不同的秩序与空间把握方法。而引领巴洛克艺术风潮的浪漫主义情怀，将古典主义的严肃、拘谨与理性改创为亲切、柔和、令人惊叹的特有风格，整体风格的概化，是无法脱离时代背景——中华传统文化随古代丝绸之路不断注入的底层背景的。在巴洛克绘画艺术初期，尚未体现出鲜明的中国元素，但线条已由以往的清晰转为模糊光感，尤其在画作背景部分表现得极为强烈，这体现出中国瓷器纹饰绘画写意的部分特征。如彼得·保罗·鲁本斯的《抢劫留西帕斯的女儿》，画面背景的云朵犹如晕染开来，带有流动的气息，树木表现出光影的交错，未体现鲜明的轮廓。模糊的背景更为有力地衬托与对比出画面中激烈的气氛，显现出巴洛克艺术已经突破了以往注重写实的特点，呈现出与明清外销瓷纹饰意会主题不谋而合的气氛晕染。安东尼·凡·戴克1632年所绘的《手指向日葵的自画像》背景中的云朵，伦勃朗·凡·莱因1638年所绘的《石桥》背景中的天空都展现出相似的特征。经过一定时间的发展，巴洛克风格中具有中式晕染效果背景特征的演化愈发明显，如萨尔瓦多·罗萨的《托拜厄斯和天使》。画中的背景表达方式更为写意与模糊，而瀑布、山石、飞鸟的画面处理，与中国瓷器纹饰表达的方式非常接近。至此，中国

比利时 安东尼·凡·戴克《手指向日葵的自画像》

瓷器所蕴含的中国传统元素已由商品表层物象进入平面艺术表达的意识层，并逐步与文艺复兴的艺术风格相融合。细数巴洛克画著经典，宗教主题、人物主题与风景主题等不同素材的底层背景均受到了整体上中式写意风格的影响。

　　明清外销瓷对巴洛克各类视觉艺术作品的表达方式与构图形式也有较为深刻的影响。伦勃朗·凡·莱因的毛笔画《亨德里克·斯拉潘德》因表达方式不同而充分展现出中国陶瓷纹饰对于巴洛克艺术平面表达背景的影响，画作所选择的是中国传统绘制工具，因此，淋漓尽致地表达了巴洛克艺术时期表达方式中的中华传统文化基底与"意会神似"的艺术传递方式。画作较中华传统绘画更加注重光与影的表达，充分体现出中华传统绘画与西方文艺复兴人像绘画所融合的巴洛克艺术精髓。同时，中华传统绘画强调主题与环境之间相互衬托与呼应的关系在巴洛克艺术表达中亦有充分的体现。如伦勃朗的素描作品《三棵树》，画面留白与主体的强力比对，明显体现出主体与背景中晕染效果的云团强烈的光影呼应与有机的结合。

荷兰 伦勃朗 素描《三棵树》

伦勃朗《石桥》

巴洛克视觉艺术的表达所呈现的散点与焦点、平面与空间的繁复、连续、多层次的组合方式，也体现出中式艺术的风格特征。伦勃朗于 1638 年绘制的《石桥》体现出中式构图的特质，柔和平淡的画面主体在环境空间中若隐若现，不具单一焦点，蕴藏中式平面构图风格特点。概括来说，巴洛克艺术打破了传统构图的宁静与和谐，具有浓郁的浪漫主义色彩，充分表达了艺术家的丰富想象力，兼具豪华与享乐主义的宗教特色，极力强调运动与变化，综合表达作品空间构图与立体建构。从某种程度上表现出主题弱化，以及环境背景与画面主体强烈呼应的整体感。在突出的巴洛克艺术特点中，动感的构图方式、主题弱化、环境与主体间的关系强化、多种表达形式的融合与再创均体现出中华传统文化思想在艺术表达底层背景中的积淀与内化。随着巴洛克艺术的蓬勃发展，后期愈发强烈地将中华传统文化思想中的整体观与"意会神似"的特定形式埋藏于洛可可时代全面爆发的底层，为艺术史的新篇章奠定了基础。继而，这种划时代的艺术形式，将中华传统文化吸收与再创后，又回传至中国本土，对于当时的中国文化、艺术乃至意识领域产生了直接而丰富的影响。

　　君主与贵族所提供的经济资源是巴洛克艺术表达得以现实化的基础，在此背后的多种中国传统艺术的表达方式乃至中华传统思想的意识注入，与古代丝绸之路的经济发展和商品流通密不可分。也正是由于古代丝绸之路的经济互动树立了中华传统特色商品，如丝绸、瓷器等的高端与奢华定位，奠定了由中华元素，延伸至中华传统艺术表达，最终确立了中华传统思想在西方欧洲上层人群中的影响力，这种影响力继而不断地注入整个欧洲，经量化汇聚至质化，使得艺术家以多样而丰富的形式，在巴洛克时期淋漓尽致地发挥与表达。

　　总的来说，中国传统艺术在欧洲艺术表达与意识层面的内化，构成了巴洛克艺术发展中的重要元素。古代丝绸之路引发的商品流通与经济往来，使中华古典文化艺术乃至其他艺术层面的智慧结晶抵达欧洲，在西方文化艺术肥沃的土壤中，在时代迁徙的历程中，逐步埋藏于艺术生长的底层意识环境中，借文艺复兴末期的艺术转型，取得了重要的突破，并为后期洛可可艺术的全面爆发提供了重要的基础和原动力。

四、洛可可概述

洛可可 (Rococo) 一词源自法语"Rocaille"，原是指风格主义和巴洛克花园中由石头和贝壳等组成的奇异装饰物，常与涡卷形花、戴饰等不规则造型相联系并构成一种无法进行理性分析的随想物，其特征是华丽、纤巧、轻薄，在造型上重视"线"的律动，喜用弯曲和浑圆的外形，以复杂的波浪线条为主势，颜色上轻淡柔和，基调苍白且无明显的色阶，在主题上偏重罗曼蒂克、神话、幻想、日常生活。

洛可可艺术风格起源于法国上层社会的需要。龚古尔兄弟在《十八世纪的艺术》中指出："当路易十五的时代代替了路易十四的时代时，艺术的理想从雄伟转向愉悦，

法国 枫丹白露宫

讲求雅致和细腻入微的感官享受遍及各处。"1715 年，专制的太阳王路易十四去世后，法国的宗教改革及新专制体系已失去维系人心的力量，君主政体剥夺了贵族的政治权力。很多王宫贵族纷纷离开了枫丹白露的王宫，住进了一些可爱的小居室，他们在经过体制改革之后逐渐与国家及教会绝缘，坐享余荫，寄情花鸟，抛弃了原来的风格，而是采用一些"效法自然"（只是单纯地模仿自然）的物品来美化自己的生活，旨在创造一个环境来满足上流社会的皇室与贵族对物质享受的极致追求。

在路易十五执政时期，法国巴黎贵妇举办的沙龙成为当时世俗的生活核心与文化风尚，许多贵族、上层资产阶级、文学家、艺术家都聚集于此，由此也形成了社会文化以贵妇审美趋向为主导的时尚。其中，蓬芭杜夫人作为路易十五的情妇，她的喜好对于当时整个欧洲的艺术时尚产生了巨大的影响。

五、明清外销瓷对洛可可艺术的影响

18 世纪，启蒙时代的形而上思考及其人文主义精神对宗教及专制信仰起到破坏作用，宗教反改革运动和新专政制度，都已经失去了它们俘获人们的能力。这是一个宗教怀疑主义与幻灭的时代，这个时代的思想意识已经超越了巴洛克时代，巴洛克时代象征帝国与天国风范的雄浑艺术再也不适应这个进一步转向人自身的时代。此时的人们需要用一种尽可能小的宏伟的风格来为自己制造一个新世界，一个想象中的光明、空想、精致、娴雅和欢乐自由的世界。而也就在此时，欧洲的传教士们带回了来自遥远东方的文化，其中就有陶瓷。一位西方学者说过："洛可可艺术风格和古代中国文化的契合，其全部秘密就在于瓷片所体现出来的纤细入微的情调。"

这一时期，随着输入欧洲的中国陶瓷大量增加，种类诸如壶、碗、杯、盘等，还有各种人物与鸟兽的瓷像。其中最值得一提的便是观音瓷像，观音的形象在某些

清 乾隆 粉彩持经卷观音坐像

西方人的眼中很像是他们的圣母，因此非常受欢迎。同时那些画在瓷器上盛开的花木、庭院花草、鸟虫、村庄、猎人及渔民生活等景色的纹饰，因其与当时欧洲人不同的透视习惯、绘画方式及技巧，令西方人感到惊奇和充满联想。中国陶瓷审美文化所包含的形式美与思想美学都是欧洲社会所不曾有过的，对当时欧洲审美观念产生了巨大的冲击，也刺激和推动了欧洲仿效中国瓷器建立自己的制瓷业。对中国瓷器的仿制是洛可可风格运动的一个主要内容，虽然西方并没有能够完全领会到东方艺术的精华而只是撷取了其装饰性的表面部分，但欧美艺术家从仿制中国瓷器的过程中得到了更大的艺术风格改变动力，这一点是不容忽视的。他们只有亲身研究中国瓷器的物理、化学制作过程及艺术构思过程，才能够创造出真正属于欧美风格的瓷器，并自此以后，步向独立，趋于成熟，完成了美学理念的变迁，推动洛可可风格的形成。

中国陶瓷之所以能对当时欧洲的艺术时尚产生影响，究其根源则是由于陶瓷具有高雅、朴素、通俗等多种属性，因此瓷器既能被陈列在博物馆内，也能安置于大雅之堂；它有美的气质，却又是日常生活中随处可见的。瓷器所蕴含的巨大艺术魅力和审美价值是其他许多艺术形式所难以企及的。这也是陶瓷产品从远古至今盛久不衰的最根本的原因。这些充满异国情调的艺术美，也促使欧洲人由喜爱中国陶瓷到喜欢中国绘画和图案，进而喜欢中国的艺术。

中国陶瓷艺术的形式美主要表现在材质的独特性、丰富的画面装饰和造型上。就材质的独特性来说，一方面，瓷土本身的特性使得瓷器总显得轻巧精致，再配以光洁莹润的釉面，其整体的质感就显出一种水中花、镜中月的飘渺朦胧之美，给人带来一种虚幻感，从而营造出一个梦境般的世界。直到 18 世纪，欧洲人才真正拥有了自己的瓷器。这种独特的美感大大激发了艺术家丰富的想象力，这也正是中国陶瓷能在欧洲市场独领风骚的重要原因。另一方面，源于自然的陶土，加上精巧的工艺及单纯朴素的造型，给人的心灵带来一种人性的享受。这种材质的独特性很好地体现了中国形式美学的气韵之美，同时也恰好体现了自然美和艺术美的相互融合。自然与艺术的关系一直是欧洲艺术家关注的焦点之一，中国的陶瓷艺术像其他中国艺术一样，带来一种处理这种关系的思维方式，给西方艺术家开拓了艺术领域的空间。

而在画面装饰方面，中国陶瓷的装饰图案丰富多彩，题材广泛，人物、山水、花鸟应有尽有，手法多样，有国画风格、工笔风格等。中国陶瓷的装饰注重不着痕迹的天然美，不饰过多堆饰，有着"天然去雕饰"的品位，即中国美学精神的"妙造自然"，体现出一种动感十足的生命力，传达了对社会、人生无比热爱的精神。同时，中国陶瓷上的纹饰也是反映中国美学思想的主要表现之一。其中植物性的涡卷形图案以及动物如龙虎图案的曲线式装饰直接影响了欧洲的洛可可风格。可以想

清 乾隆 青花山水亭台楼阁纹盘　　　　　　清 乾隆 粉彩山水纹盘

象，这些绘有中国风格图案的陶瓷输往西方市场，中国式的图案装饰一定使注重立体感、实景感的西方人震惊不已，最终导致了洛可可风格的出现。

陶瓷的造型是由点、线、面组成的空间构架。在中国艺术的空间意识融入了时间的意象，打破了时间的限制；而西方艺术总体而言讲究透视法，在平面上绘出逼真的空间，是艺术与科学结合的空间。而中国艺术讲究境界，艺术意象立在"六合之表"，落在"四时之外"。中国陶瓷的艺术造型传达的是中国文化中的宇宙精神观。它注重点、线、面的完美融合，营造一个神采飞扬、上天入地的境界，时间与空间同时存在，汇聚成形而上的精神感受。

欧洲艺术的传统向来注重具象思维，而中国陶瓷从本质上说是一种抽象性的艺术。当它传入西方时，观众面对新的抽象思维冲击时，他们的茫然可想而知。中国陶瓷在纹饰与造型等方面已简约到接近点、线、面的抽象形式，而这种近乎纯抽象的艺术进入当时以具象艺术为主的欧洲，必定会产生强烈的碰撞。这种形式上的视觉冲击和艺术思维上的强烈碰撞产生了新的观点，向当时盛行的艺术样式展开了无形的挑战，其最终结果导致了艺术风格的变动。

与中国陶瓷的形式美一起呈现在欧洲社会的还有中国陶瓷所蕴含的独特的思想

美学。不管是中国陶瓷的造型、质地，还是纹饰都吸收了中国传统文化中最根本的思想精神，也就是儒家的"礼"、道家的"重己役物"，以及释家的"人生妙悟"。儒家因"克己复礼为仁"而崇尚"礼"，所以审美标准以"礼"为标准，以"仁"为思想指导。表现在工艺器物的设计造型上，通常采用既节制又务实，同时闪耀着浓厚的人文精神的形式。儒家以礼求仁，延伸其意义，即以人为主体而存在。中国陶瓷吸收了这种美学思想，使陶瓷具有了实用性的世俗美，同时由于人性的光环映照，从而使得中国陶瓷情致盎然，并拥有了丰富的内涵。而道家强调"无为而无不为"，作为最高理念的"道"是道家所追求的最高境界。因而，"技近乎道"是道家对技艺的思想要求，工艺创造只有到了浑然天成，丝毫不着痕迹的境地才算"大巧若拙"。因此中国陶瓷追求造型及纹饰色调、构图等的和谐统一，合而不露，力求一种艺术的自然美，及在有限中透出无限的意境美。而释家的思想精神则又给中国陶瓷艺术注入了另一特色——空灵精微、典雅幽远。释家追寻生命的永恒性，有限中求无限，瞬间中求永恒，强调空幻、短暂、寂灭。中国陶瓷既有镜中花、水中月的空幻美，同时又充满了现实生活的生命精神。总之，中国陶瓷艺术是在儒释道三教合一的美学思想下产生，又从日用经验过程中超脱而出，以人为主体，以艺术的方式传达生命精神境界的载体。

艺术上的变化必然影响到现实的生活。中国瓷器对欧洲宫廷生活及其建筑装饰产生了巨大影响。几乎每个欧洲国家的帝王、王后都搜集、收藏中国瓷器的精品。世界上搜集中国陶瓷最多的帝王就是法国的路易十四、路易十五。路易十四在凡尔赛宫内修建了托里阿诺宫，宫内陈列的大量中国青花瓷器和以蓝、白为基调的宫殿建筑风格相协调，被称为是"瓷器的托里阿诺宫"。路易十五的宠姬蓬芭杜夫人是洛可可风格的倡导者，人称"洛可可的母亲"。她的个人趣味影响了法国社会生活的方方面面，时尚、艺术、建筑、宫廷礼仪都以她为标准，她本人居住的小特里亚农宫，就是洛可可建筑的范本。

蓬芭杜夫人对中国瓷器十分喜爱，于是建立了赛夫勒瓷器厂，重视并亲自督导瓷器的生产，精心挑选瓷器的纹样，由多西亚出口到法国的瓷器上也出现了法国宫廷艺术家根据蓬芭杜夫人的需要而设计的图案。这些图案大量地采用和借鉴中国瓷器图案并逐渐地形成了独特的被后人称为"蓬芭杜纹饰"的风格。这些"蓬芭杜装饰"图案主要是在瓷罐的盖和上部描绘五彩鲜艳的花朵，下部描绘法国式花卉图案或金色图案，手法写实、生动活泼，也从侧面反映了这位平民家庭出身的贵夫人的性格。在蓬芭杜夫人的推动下，华丽雕琢、纤巧烦琐的十分女性化的艺术形式——洛可可艺术得以流行，17 世纪太阳王照耀下有盛世气象的雕刻风格，被 18 世纪这位贵妇纤纤细手摩挲得分外柔美媚人。

法国 蓬芭杜纹饰瓷器

随着中国对欧洲的陶瓷贸易不断扩大，瓷器那种光洁莹润的质感、流畅写意的线条、中国式绘画图案都大大刺激了西方艺术家的创作灵感，使他们感受到了一种与中世纪呆板严肃模式完全不同类型的艺术风格，引得西方艺术家纷纷模仿中国风格。从绘画这个侧面，我们也可以看到中国陶瓷对当时洛可可艺术风格的影响。洛可可风格的绘画作品，在选色上都喜用淡雅的白色和闪烁的金色，崇尚蓝、黄色调和温润的光泽。洛可可绘画的艺术氛围轻淡柔和，轻松惬意，这都是从中国瓷器的色彩中汲取的灵感。其中，让安东尼·华托、弗朗索瓦·布歇都是洛可可绘画的主要代表人物。华托在1717年为学院创作完成的油画《发舟西苔岛》的作品中采用了在当时具有革命性的用色，流畅的、经稀释的颜料，透明的用色技巧让观者在看过之后，不得不联想起中国陶瓷特有的那种晶莹剔透的感觉。著名的评论家雷文也曾撰文指出，华托的《发舟西苔岛》风格与中国山水画极其相似。

布歇绘制的《中国皇帝上朝》《中国捕鱼风光》《中国花园》和《中国集市》这四件油画，在画面上模仿中国的古建筑、花园、庭院、人物等，其中还出现了大量写实的中国物品，比如青花瓷器、花篮、团扇等。画家本人并没有到过中国，因此画中的形象有的是合乎实际的，有的则纯粹出自他的臆想。画家努力揣摩东方艺术的风韵，从其大胆的表现手法、追求浪漫情调的风格，我们不难看出他广泛借鉴了中国青花瓷画的表现手法。

在中国璀璨而又漫长的制瓷历史中，青花瓷器长期占据了"主角"的地位，它是中国人发明、中国人生产的，因而是中国陶瓷发展史上的一朵绚丽奇葩，也是世界艺术宝库中一颗璀璨明珠。中国瓷器对洛可可风格的影响以青花瓷器艺术最显著。

德国海德堡博物馆馆长符可思博士在其《中国风》一文中指出，中国瓷器对"洛可可"风格的影响是十分明显的，其大致表现在四个方面：①气氛轻松、自由（这是景德镇明末青花瓷中常体现出的感觉）；②不规则的线条追求类似景德镇青花瓷的随意性；③画花边、图案的边脚装饰，这是从中国瓷器中所学到的；④用线时追

法国 布歇《中国皇帝上朝》

布歇《中国捕鱼风光》

求写意性，这是欧洲历史上没有过的，也是受景德镇明末青花瓷的影响。欧洲的美术以写实为主，注重物象形式美的表现。欧洲人一向侧重于物体的具体比例，追求均衡完美的构图和规范准确的素描，强调轮廓感、几何学的严谨风格。在洛可可建筑、室内装饰、家具制作、日常用品、瓷器、金银器等设计和装饰中，频繁地使用形态与方向多变的曲线、弧线。这种被普遍运用的优美曲线正是构成洛可可装饰的一个主题。这种洛可可艺术在用线上追求类似景德镇青花用线的随意性，一反传统的欧洲风格，这在欧洲历史上是前所未有的。

洛可可时代的总体艺术特征传达了18世纪的时代精神，即一种挣脱束缚，追求生活艺术的人生观念。正是由于中国陶瓷所潜藏的美学精神影响了洛可可风格，这种美学精神充满着人文意识，从而使得洛可可风格显示出对现世人生的积极追求，以及对日常生活的深切关注。洛可可风格显示了人类追求人性愉悦的意识，他创造了"一个想象中的光明、空想、精致、娴雅和欢乐与自由的世界"。这种境界充分体现了人类摆脱世俗社会的束缚，试图进入受过文明过滤后的理想的自由王国的愿望。这是人类在追求解放自身的过程中的一种浪漫的表达方式。洛可可风格艺术所显示的人性美是不言而喻的，它的艺术精神是文艺复兴人文主义精神的延伸。就艺术本身而言，它是艺术发展史上不可或缺的重要阶段，就其反映的内容而言，它对后来的浪漫主义及人性价值的探寻起着奠基的作用。

洛可可艺术是新古典主义与启蒙思想相交杂的产物。一方面，新古典主义强调形式；另一方面，启蒙思想又赋予洛可可艺术以"人"的气息。而中国陶瓷的大规模输入，中国美学精神在西方仿制与模仿中国陶瓷过程中，在艺术家努力汲取灵感的过程中，已经加入了前两者的行列，参与了18世纪的伟大变动，深入洛可可风格的审美核心，即形而上的审美意识领域。这也正是中国陶瓷美学精神对西方洛可可艺术的影响真正意义所在。

清　康熙　青花花卉纹盘